工業工程與管理

Industrial Engineering And Management

鄭榮郎 編著

第8版

八版序

工業工程與管理（Industrial Engineering and Management, IEM）是一門結合科學、資訊科技和管理學等方法，用以提升組織營運效率的學問工具，工業工程有一句名言：「There is always a better way（永遠有更好的方法）」。

工業工程（Industrial Engineering）：協助企業流程自動化和做為執行最佳化的工具，幫助企業做出最佳化的決策，如機臺或人力產能規劃的決策、產品生產排程的決策、產品存貨政策的決策，協助企業進行資料分析，用在品質管理、工程經濟參數設定、改善生產良率或是分析品質特性目的。

管理（Management）：工業工程開設管理課程是要建立學生「勇於改善」的信念，藉由管理工具的傳授，不斷強化「改善」的信念，培養不斷挑戰問題的膽識和勇氣。

本書分為十六章，授課老師可根據系所特色與學生性質，進行課程調整：

▶ 第 1 章：導入工業工程與生產力之觀點。

▶ 第 2～3 章：引導讀者認識「管理機能」的理論。

▶ 第 4 章：說明研究發展是工業工程的源流。

▶ 第 5～11 章：學習「工業工程」技術之意義。

▶ 第 12～15 章：詳述「企業機能」的概論。

▶ 第 16 章：闡述工業工程的未來，如工業 4.0。

本書特色如下：

一、書籍架構完整

區分「工業工程」與「管理」架構，每個單元均利用層級的方式呈現，擺脫傳統書籍冗長的敘述，讀者能在最短時間內吸收內容重點。

二、資料收集詳盡

　　本書更新最新的發展與案例，提供讀者新的觀念與知識，讓讀者更能夠了解工業工程與管理趨向。

三、圖、文、表並茂

　　本書解題內容以圖形及表格方式呈現，加強專業解題技巧的說明，使讀者更易於了解工業工程要領及方法。

四、掌握題庫題型

　　本書收錄工業工程相關證照模擬考題，考題加以分類，透過相似題型的整理，讀者便於準備相關考試，且更容易了解考試重點，提高學習效率。

　　本書出版後廣受讀者好評，本次進行第8次改版，基於前版書的經驗與讀者的建議，本書除依考題趨勢，作大幅度的整編與修正之外，再加上筆者多年教學的體驗，利用分章的方式，讀者更能夠了解工業工程與管理趨向。

正修科技大學　工管系3523研究室

鄭榮郎　謹誌

目錄

CHAPTER 01 工業工程與管理導論

CHAPTER 02 規劃與控制

CHAPTER 03 組織與領導

CHAPTER 04 研究發展

CHAPTER 05 工作研究

CHAPTER 06 設施規劃

CHAPTER 07 人因工程

目錄

CHAPTER 08　生產作業管理

CHAPTER 09　物料管理

Contents

CHAPTER 10　全面品質管理

CHAPTER 11　工程經濟

目錄

CHAPTER 12 行銷管理

CHAPTER 13 人力資源管理

CHAPTER 14 分析與設計

Contents

CHAPTER 15 企業資源規劃

CHAPTER 16 工業工程與管理之其它相關議題

NOTE

CHAPTER 01

工業工程與管理導論

學習目標

　　工業工程與管理（Industrial Engineering and Management, IEM）是一門結合科學、資訊科技和管理學等方法，用以提升組織營運效率的學問工具。需要具有基礎科學的工程知識（工業工程）、行為科學（管理）及廣泛產業系統的基本知識。

　　工業工程是臺灣經濟發展的重要推手之一，IEM 的課程在於訓練學生能夠面對未來工作的挑戰。工業工程不單應用在製造業或高科技產業，也將重心延伸至供應鏈與運籌管理和服務業。本章的內容介紹：

❖ 工業制度階段性的發展。

❖ 工業工程的概念與演進。

❖ 管理概念與管理學派。

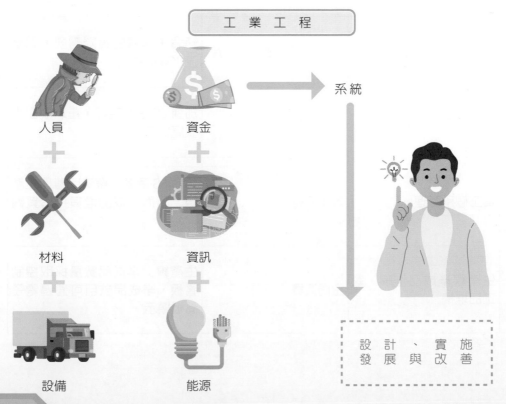

工 業 工 程

人員 ＋ 材料 ＋ 設備

資金 ＋ 資訊 ＋ 能源

系統

設計、實施 發展與改善

服飾業作業現場IE改善

IEM 強調「魔鬼就藏在細節裡」，重視「生產線」細節利潤，就能多「一處的改善」，增加「一倍的獲益」，服飾業雖歸類為傳統產業，但注重日常生產線作業「忽略的細節」，仍然再次提高效率、創造利潤。

表 1-1　生產線改善方案

對象	現況	浪費內容	改善方案
設備工具設計改善	組上無運轉機器擺放過多，增加車工上下工序的傳遞時間	動作浪費	排除無運轉機臺的數量，無運轉機臺應放置在備用機器存放區。
	機修機動性不強	設備機器閒置浪費	1.標準時間設定。 2.可運轉的備用機器區。
	車縫設備進行設計改善	空間浪費	推行 5S 活動，設計附件盒固定位置，節省車縫設備檯面空間。
	生產線流程平衡效率	工序傳遞及動作的浪費	結合生產線的實際需要，調整流水線的貨架。
流水線流程的改善	生產線車衣擺放無次序	空間浪費	加強 5S 活動宣導，重新規劃車衣擺放區域。
	員工個別管理	效率浪費	推動 5S 活動，解決因離開生產線，因而造成的堆貨、堵貨問題。
	生產線半成品堆積、返工品堆積	空間浪費	生產線上半成品數量採取控制看板，半成品數目可通過電子看板顯示。

1-1 工業特質與制度的發展

　　工業工程是工業之父，工業（Industry）是指對各種原物料或自然資源進行加工，改變其外型、性質或創造，增加效用，用以滿足消費者需求的各種生產事業。現代工業特質的變化如下：

1. 經營管理方面

強調現代經營管理趨勢，既要集中管理，又要分層負責；既要做管理者，又要當部屬執行工作，既講究個人表現，又要能團隊合作。

2. 生產作業方面

因應時間基礎（Time-based）及品質基礎（Quality-based）的改善觀念。

　　工業制度的發展，約可分為下列三個時期：

一、手工業技術生產時期（Craft production）

　　產品的生產大都是由有高度技術的工作者利用簡單但具彈性的工具所製造。手工業技術生產時期強調勞工專業化（Labor specialization），生產流程分成幾個階段，每一階段均分配給不同的人來生產，縮小工作範圍，使工作學習變的簡易快速，專精個人的工作和技術。可將之細分為三個生產階段，如表 1-2 所示：

表 1-2　手工業技術生產時期三個生產階段

生產階段	內　容	特性
師徒制（Apprenticeship）	由經驗豐富而技術純熟的師傅，指導學徒直接生產。	控制從生產技術到銷售價格等多方面的因素，雖然保證產品品質，但也阻礙技術革新。
茅舍生產（Cottage）	以人工及簡單工具作業的生產方式，家庭為獨立的生產單位。	現代生產工廠的雛型。
工廠生產（Factory）	機器設備多為專用型生產設備，實施專業的分工。	提高生產力並有效地控制生產成本。

二、大量生產時期（**Mass production**）

　　美國的福特汽車是大量生產方式的傳統典範，建立汽車業的第一條流動式的生產線，讓主要製造流程互相連結，大幅縮短製造時間，降低生產的成本，採用分工專職方式，讓作業員只需熟悉眼前工作，不需要熟練的全能工匠；使用專用設備與模具，消除機臺調整的時間。

圖1-1　大量生產線

資料來源：http://zh.wikipedia.org/wiki/%E5%A4%A7%E9%87%8F%E7%94%9F%E7%94%A2

　　福特琢磨生產線任何一個細節以節省成本，大量的汽車被賣出去，產量的增加，生產的成本則持續下降。

三、彈性生產時期（**Flexible production**）

　　彈性生產，使用彈性而自動化的機器設備，生產量小而多樣的產品群，重視品質與成本控制，能提供使用者最佳化產線效能，降低單位生產成本、縮短訂單交期因應滿足顧客多樣少量的需求。彈性生產系統主要的特色在於生產過程中，若更換產品型態時，不需要頻繁更換生產設備，利用電腦化的工業控制系統修正即可達成，以因應市場快速變化要求，並可因應客戶需求，達到多樣化且量少的生產製品。

圖1-2　典型的彈性生產系統

資料來源：http://zh.wikipedia.org/wiki/%E5%BD%88%E6%80%A7%E8%A3%BD%E9%80%A0%E7%B3%BB%E7%B5%B1

1-2 工業工程的概念與演進

一、工業革命（Industrial revolution）的起源

工業革命之前的生產方式，屬於家庭式代工的生產方式，沒有利用機器設備生產，直到工業革命，許多新的發明產生之後才使製造方式大為改變，運用機器代替人力，使得生產更簡單且速度更快，帶動現代化生產觀念，工廠生產作業的發展，工業革命後的規劃方法與工作安排也跟隨著改變，相關觀念如下：

（一）亞當史密斯（Adam Smith）

1776 年英國人亞當史密斯（Adam Smith）之名著《國富論》（The Wealth of Nations）問世，提倡經由分工（Division of Labor）增加生產力，所謂分工是將不同的工作分給不同的工人，經由作業者專做某一項的工作，作業者更熟練，並且得以發展專用的工具與機器，工作更有效率，同時消除由於工作更換所造成的時間損失。

（二）亨利甘特（Henry Gantt）

甘特提倡獎勵制度來增進士氣，著眼於作業者工作的集體性，提出標準作業加獎金制度，具有集體激勵性質，管理者培訓作業者的職責和利益結合，把關心生產轉變成關心工人。

（三）作業研究或管理科學（Operations Research or Management Science）

作業研究或管理科學，是一門對工業工程技術產生極大影響的學科。作業研究或管理科學利用數學模式描述各種實際情況，並於某些限制下，求取變數的最佳或令人滿意的解答，引導管理者決策並改進系統績效。

（四）電腦整合製造系統（Computer Integrated Manufacturing System, CIMS）

電腦整合製造系統是以電腦為核心並結合各種新的知識與技術，如機器人、自動搬運系統、彈性製造系統、電腦輔助設計（CAD）、物料需求計畫（MRP）等結合而成的生產工廠自動化系統。

二、工業工程之基本觀念

工業工程是一項研究於每件事情中找尋做事情的最佳方法，沒有事情總是保持不變的。亞當史密斯的時代，將插銷製程分成四個不同的步驟，稱為專業化，提高作業者的效率。但豐田汽車強調及時系統（Just-in-Time）的生產哲學，應用多能工概念，將組裝一項產品的作業安排在製造單元中，消除循序部門別製造，提升產品品質、降低成本和搬運浪費。因此，工業工程會因產業觀念的改變，而採取不同的改善手法。

（一）懷特尼（Eli Whitney）

美國發明家懷特尼提出可互換性零件（Interchangeable parts）的觀念，允許一個零件不經修改或挑選即可直接代替另一料件被使用進行互換的零件，每一零件在容許的公差之內，具有相同的物理構型及功能，每一個零件對應唯一的料號，相同料號的零件可互換使用，而不需要另選或更改庫存。

（二）泰勒（Frederick W. Taylor）

泰勒主要在提供一連串的科學方法及技術，強調為了提高效率而在操作層面上進行科學研究和組織的工作，提出管理科學的概念，管理科學是基於對工作的觀察、衡量與分析來改進工作方法及訂定獎工制度，泰勒認為生產工作中管理者與作業人員的責任應該區分，管理者應該負責規劃、指揮及組織的工作，作業人員則負責完成他被指派的工作；泰勒同時強調管理與工人的合作，科學的方法選擇作業者，故被稱為科學管理之父。

泰勒主要在提供一連串的科學方法及技術，強調為了提高效率而在操作層面上進行科學研究和組織的工作。泰勒倡導時間與動作研究、個人激勵、標準化工具、功能化領班以及差別計件制等技術，藉由這些觀念促使員工以省時、省力的有效方式進行工作。

泰勒於 1903 年出版的著作《工廠管理》（Shop management），將管理視為有系統的知識，1911 年發表另一著作《科學管理原則》（Principles of scientific management），提出開創一種管理方法，首次稱為「科學管理」（Scientific management），成為工業工程與管理發展史上的一部經典之作，隨後則發展成目前「工業工程」學門，泰勒在該書中提到科學管理四項主要特徵，稱為科學管理四項原則，如表 1-3 所示：

表1-3　科學管理四項原則

原　則	內　容
動作科學化原則 （Scientific Movements）	個人工作的各項基本動作，應以科學方法為依據，而不是過去的經驗通則。
工人選擇科學原則 （Scientific Worker Selection）	科學方法選擇適任的員工並加以教育、訓練及輔導。
誠心合作原則 （Cooperation and Harmony）	管理者應與工作者密切配合，使每件工作都能符合科學原則的方法進行。
最大效率原則 （Greatest Efficiency）	最大效率原則，工作區分為管理者及工作者，而且兩者都應公平承擔工作量與責任。

（三）吉爾伯斯（Frank Gilbreth）

吉爾伯斯為動作研究原則（Motion study principles）定下基礎。被尊稱為動作研究之父。吉爾伯斯夫婦在動作研究中主要採用觀察、記錄並分析的方法。為了分析和改進工人完成一項任務所進行的動作和順序，他們率先將攝影技術用於記錄和分析工人所用的各種動作。發現動作經濟二十二項原則。

動素（Therbligs）是組成工作的最基本動作元素，將工作劃分為小的單元，藉由消除、結合或重組分析這些基本單元，進行改善。

（四）梅育（Elton Mayo）

1930年代梅育等人在西方電器公司之霍桑（Hawthorne）工廠從事研究，研究結果與科學管理所強調工作的生理與技術面大異其趣，梅育研究證實受試者對於新的實驗處理會產生正向反應，即行為的改變是由於環境改變（實驗者的出現），非由於實驗操弄造成，稱之為「霍桑效應」（Hawthorne Effects）。

霍桑效應是當員工知道自己在被觀察時，他們的行動會不自覺的與不知被人觀察時不同。當員工相信他們被注意、關心，且不會造成太大壓力時，就會更加努力工作。人們會因為受到重視而提高生產力，並非獲得好處所以生產力提高。霍桑工廠之研究建議「人性因素行為面的考慮對生產力有很大的影響」。由於霍桑之研究，改變管理者在傳統管理中注重工作而忽視人性因素的想法，管理者必須瞭解員工心理與社會的因素，並注重工作設計與員工激勵。

（五）史瓦特（Shewhart）

美國統計學家史瓦特在 1931 年以統計的觀念，發展出一套以平均數上下三個標準差的統計管制圖表（Statistical control chart），監控生產過程的前後一致性及變異問題的診斷，開始統計量化的過程管制，開啟應用統計方法從事統計品質管制（Statistical Quality Control, SQC）的時代，協助管理者在生產過程中偵測問題。

（六）美國工業工程學會（AIIE）

美國工業工程學會（American Institute of Industrial Engineering, AIIE）在 1995 年將工業工程定義爲：「工業工程是工程領域的一支，主要專注在人員、物料、資訊、設備，及能源的整合系統的設計、改善與裝置的活動。引用從數學、物理及社會科學所綜合的知識與技能，並採用工程分析與設計的原則與方法做爲描述、預測以及評估該整合系統的執行結果的依據。」

表 1-4　工業工程的演進

年　　代	代表性人物	相關內容
第一期 （19 世紀中後期）	懷特尼 （Eli Whitney）	可互換性零件。
第二期 （19 世紀末期）	泰勒 （Frederick W. Taylor）	1. 工廠管理。 2. 科學管理原則。
	吉爾伯斯 （Frank Gilbreth）	1. 動作研究：動素（Therbligs）是組成工作的最基本動作元素。 2. 二十二項動作經濟原則。
第三期 （二次大戰前）	梅育 （Elton Mayo）	霍桑工廠：研究建議「人性因素行爲面的考慮對生產力」有很大的影響。
	史瓦特 （Shewart）	統計制程品管（Statistical Quality Control, SQC），開啟應用統計方法從事品質管制，協助管理者在生產過程中偵測問題。
第四期 （二次大戰後）	美國工業工程學會 （AIIE）	美國工業工程學會（AIIE）1948 年創立。

三、工業工程之發展

工業工程發展，每個時期都和下一個時期有重疊現象，絕不是每個時期結束，再孕育出下一個時期，即使早期泰勒與科學管理原則其他工業工程先驅者的觀念，仍然持續影響現代工業工程之技術，包含於工業工程與管理的實務中。工業工程的發展，大致經過以下四個階段：

（一）科學管理階段（1900 年到 1930 年）

十九世紀工業革命後，管理的思考方式開始演變為工廠化生產模式。一般稱為科學化管理，科學管理階段探討科學管理的觀念及方法，本階段工業工程的特色包括互換性零件、大量生產、標準化、專業化分工及工作研究等。

（二）工業工程階段（1930 年代延續至現在）

本階段出現的特色：勞工聯盟、工具設計、等候理論、獎工制度、生產力、工程經濟、排程圖及統計品管等。

（三）作業研究時期（1940 年代至 1970 年代中期）

作業研究的目的是要藉數學、行為科學、機率論解決與戰爭有關的複雜問題，作業研究的範圍極廣，例如線性規劃、動態規劃、馬可夫鏈、計畫評核術等，以計量方法解決企業運作上的管理問題、都是來自於作業研究觀念的應用。

（四）系統工業工程（1970 年左右，並延展到未來）

前述三階段皆匯入本階段，早期科學管理的觀念仍可沿用至今，各階段工業工程技術不斷的融入新的觀念以適應新的挑戰。本階段出現的特色有自動化、系統設計、資訊系統、決策理論、系統模擬工程及最佳化模式等。

1-3 管理之一般概念

一、管理（Management）與管理者（Manager）的意義

管理的內涵包含一連串的管理程式，常被接受而明確的管理定義為：「主管人員所從事運籌規劃、組織、領導、用人及控制等管理方式，有效利用組織內所有人力、原物料、機器、資金及方法等資源，並促進其相互配合，有效率（Efficiency）及效果（Effective）的達成組織的最終目標」。管理包括：

1. 管理者與被管理者：若缺少其中一個主體，就不能說是管理。

2. 管理活動：達成管理目標所採取的手段。

3. 管理目標：目標不同，管理過程、手段也將隨之改變。

組織不同階層的管理者皆須具備技術、人際關係、理念性及溝通等四種基本能力。基本能力搭配使用的比例，視管理者在組織中的職級特定角色而有不同的組合。管理者所應具備四種能力的內容如表 1-5 所示：

表 1-5　管理者應具備之四種能力

能　力	內　容
技術性能力 （Technical skills）	強調的是如何處理「事」能力。
人際關係能力 （Human relations skills）	強調如何處理「人」的能力。
理念性能力 （Conceptual skills）	瞭解整個組織及其他外部環境的能力、診斷及判斷不同型態管理問題的能力。
溝通能力 （Communication skills）	具備基本的聽寫、口頭、面部表情及肢體語言等表達方式的溝通能力。

二、管理功能與企業功能（**Business Function**）

管理功能又稱為管理程式（Management process）或管理循環（Management cycle），係指管理人員，若要將管理性工作做得有效，所必須具有的基本技術功能，基本功能包括規劃、組織、領導、用人及控制等項。

1. 規劃（**Planning**）

規劃是指管理者預先擬定欲進行某一事件的方法，代表一項針對未來所擬採取的行動、分析以及選擇的過程。

2. 組織（**Organizing**）

組織的主要目的，在賦予各成員特定的工作，確保工作間能夠相互協調，分工合作達成組織整體的目標。

3. 領導（**Leading**）

管理者要做好有效領導，與部屬進行良性溝通，使用激勵方式，協助員工設定目標，確保部屬達成工作目標並獲得個人滿足。

4. 用人（**Staffing**）

管理者在運用人力資源管理運用，進行工作分析，依分析的結果編制工作說明書與工作規劃兩種書面記錄，決定用人的標準及招募計畫，確立徵選人員計畫，以期人員與工作的配合，發揮工作效能。

5. 控制（**Control**）

確保組織目標的達成，衡量工作績效，對偏差進行矯正，確保實際進度與原定計畫一致。控制活動的分為：制定標準、比較實際績效與標準之差異、改正差異三個步驟。

「企業功能」（Business Function）又稱「企業機能」，是指一個企業的活動種類與範圍分為五種功能：生產（Production）、行銷（Marketing）、人力資源（Human resource）、研究發展（Research and development）、財務（Finance）。管理矩陣（Management matrix）將管理功能與企業功能，視為具有交叉關係的正方形相對關係，表達企業功能均須利用管理功能達成企業目標，如圖 1-3 所示。

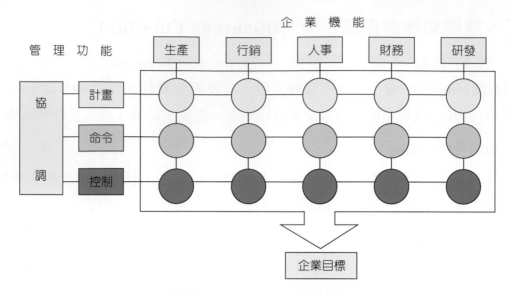

圖 1-3　管理功能與企業機能

三、管理學派之演進

　　管理者必須對整個管理演進有所瞭解，才能知道過去的想法，以及對現今管理潮流對工業工程知識的影響，發展一套適合組織與個人的管理概念。

1. 傳統管理學派

　　運用科學方法及技術解決企業組織的問題，偏重於生產技術層面，對企業內「事」的研究。

　　傳統的管理理論包括三個主要支派：科層式（官僚）管理、科學管理以及行政管理學派等。

(1) 科層式（官僚）管理（Bureaucracy）

　　指組織中的管理體系主要是依靠典章制度、階級制度、明確的工作區分以及各種標準作業程式。

(2) 科學管理

　　管理的思考方式開始進行工廠化生產模式，儘管科學管理學派著實提高生產效率，但是過於注重科學管理，容易把人當作機器使用。

(3) 行政管理

　　行政管理學派重視程序，認為管理的任務在於使組織達成目標，利用群體工作提高生產力，成本達到最小，增進團隊合作，使組織有活力而和諧，強調管理應是一套合理而適用的程序或步驟。

2. 行為管理學派

協助管理者更有效地處理組織中人性面的問題，探討組織中人的動機、滿足與生產力間的相互關係。梅育（Elton Mayo）在 1924 年美國西方電氣公司（Western Electric Company）霍桑廠所做長達十二年的系列研究，霍桑研究發現成員間社會需求所產生之強而有利的影響，著重於人際關係的研究。

3. 系統管理學派

「系統」是指一個具有特定目的或相互關聯部分所組成的集合體。系統主要有下列三個特性：

(1) 每一個系統都是另一個大系統的次系統。

(2) 每一系統都有一特定的目標，系統中為一目標的實現而努力。

(3) 系統是相互關連而複雜的。

系統管理一般模式如圖 1-4 所示。模式中的投入（Input）及產出（Output）所必經的轉換（Transfer）過程，係由組織中許多次級系統所組成，往往某一次級系統常會是另一系統投入，回饋則可對下次投入資源及作業的適當修正，配合環境的變遷進行調整。

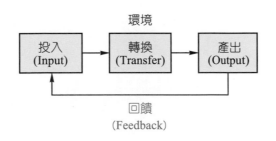

圖 1-4 系統管理模式

4. 權變管理學派（Contingency theory）

權變管理學派認為在管理中沒有放諸四海皆準的管理規範，最正確原則或技術應視管理者當時所面對的情境而定，成功的管理者應利用各種環境偵測的結果，進而採用最佳的原則或技術。

四、管理之環境

現代管理者或企業組織的運作，因開放性系統的觀念，企業的運作無時無刻受組織所面臨的內外在環境影響。

1. 內在環境因素

內在環境因素即指企業的內部條件，內在環境可經由組織良好的管理進行控制，企業面臨的一般內部環境，包括經營規模、經營成效、企業文化、組織氣候、管理方式以及各人力資源、財務、行銷、研發及生產等各部門的業務。

2. 外在環境因素

企業的經營會受到外部環境的影響，外部因素並無法經由內部的努力而消除其影響，必須快速的回應與適應。影響企業經營外部環境的因素，包括經濟、政治、社會文化、法律、科技、國際環境、產業內同業、異業興起。

一、填充題

1. _____（Apprenticeship）：指由經驗豐富而技術純熟的師傅，指導數位學徒以手工（直接生產）製造客戶所訂購的產品，工作者為了本身的聲譽，對品質十分要求。

2. 工業革命後的規劃方法與工作安排也跟隨著改變，1776 年英國人亞當史密斯（Adam Smith）之名著《國富論》問世，提倡經由_____（Division of Labor）來增加生產力。

3. 1790 年美國發明家懷特尼（Eli Whitney）引介了_____（Interchangeable parts）的觀念，每一零件在容許的公差之內，可以輕易的加以組合裝配，逐漸形成裝配線的觀念。

4. 美國的福特汽車是_____方式的傳統典範，福特汽車創立於 1903 年，當時年產量 1,700 多輛。福特建立汽車業的第一條生產線，大大降低生產的成本。

5. 吉爾伯斯為_____（Motion study principles）定下基礎。被尊稱為工作研究之父。

6. 泰勒於 1903 年出版的著作《工廠管理》（Shop management），將管理視為有系統的知識。其後又於 1911 年發表另一著作《科學管理原則》（Principles of scientific management），提出開創一種管理方法，首次稱為「_____」（Scientific management），而成為工業工程與管理發展史上的一部經典之作。

7. 1930 年代梅育等人在西方電器公司之霍桑（Hawthorne）工廠從事研究，研究結果與科學管理所強調工作的生理與技術面大異其趣，即行為的改變是由於環境改變（實驗者的出現），而非由於實驗操弄造成，這種假設性效果目前我們常稱之為「_____」。

8. 管理功能最早由亨利‧費堯（Henri Fayol）在 1916 年所提出的五項基本管理功能：規劃、組織、命令、協調與控制）。管理功能又稱為管理程式（Management process）或_____（Management cycle）。

9. _____（Bureaucracy）：指組織中的管理體系主要是依靠典章制度、階級制度、明確的工作區分以及各種標準作業程式。

10.傳統管理學派、行為管理學派以及系統管理學派雖然代表三種不同的管理理念，但三者均強調管理者的重要性。＿＿＿＿＿＿＿＿＿＿（Contingency theory）則認為在管理中沒有放諸四海皆準的管理規範，亦即最正確原則或技術應視管理者當時所面對的情境而定。

二、簡答題

1. 請問工業制度的發展約可分為幾個時期？

2. 管理（Management）的內涵係包含一連串的管理程序，包括哪三個元素，缺一不可？

3. 美國工業工程學會（AIIE）在 1995 年將工業工程定義為何？

4. 手工業技術生產時期（Craft production），可細分為哪三個生產階段時期？

CHAPTER 02

規劃與控制

學習目標

本章說明管理功能的兩項工作－規劃與控制。

❖ 規劃主要意義在於整體管理過程的基準，有了規劃的前提，才能有效率進行控制工作。因此要瞭解規劃的程序，透過目標管理的技術，完成規劃的內容並進行決策。

❖ 控制過程，說明控制目的與控制程序，為了使控制更有效果，掌握有效控制的原則，注意控制反應過與不及所產生的不良反應。

計畫與決策
決定活動與課題

管理
的功能

組織
活動與資源
的協調

控制
活動的監督
與評估

領導
員工的管理
與激勵

中央印刷廠　目標管理 MBO 的應用

一、SWOT 分析

　　SWOT 分析可以只分析企業本身，也可以同時分析競爭對手，以便對照與比較。表一為中央印刷廠利用 SWOT 分析制定發展目標的例子：

表一

企業	優勢	弱點	機會	威脅
A 大型印刷廠	▶ 印刷品質優而且穩定。 ▶ 被印刷材料沒有限制。 ▶ 財務健全，資金充足。 ▶ 設備與人才齊全，專業能力佳。	▶ 短版印件不符合經濟效益。 ▶ 生產期長，交貨速度慢。 ▶ 受到合板印刷與輪轉機影響，價格定位混淆。	▶ 印刷產品朝精緻與多重加工的方向發展。 ▶ 世界村的貿易時代，免關稅的海外市場。	▶ 產業外移，客戶流失。 ▶ 經濟衰退，企業降低生產，包裝訂單減少。 ▶ 競爭加劇，市場萎縮。 ▶ 電子書取代傳統書籍。
B 合版印刷廠	▶ 大量採購，紙張油墨成本低廉。 ▶ 價格最低，競爭力強。 ▶ 網路接單，客戶群廣。 ▶ 長短版印件都可承接。	▶ 色彩品質不穩定。 ▶ 無法作特殊加工。 ▶ 紙張種類有限制。 ▶ 銀行借貸比率高。 ▶ 與客戶的互動少，客戶忠誠度低。	▶ 新的控墨技術可改善區塊色彩的控制能力。 ▶ 經濟衰退，客戶對價格更加敏感。 ▶ 世界村的貿易時代，免關稅的海外市場。	▶ 銀行利率大幅調高，利息負擔增加。 ▶ 對手以更低價格競爭，客戶將快速流失。
C 快速印刷廠	▶ 品質良好而且穩定。 ▶ 可以作出流水號與騎縫線等特殊加工。 ▶ 被印材料沒有限制。 ▶ 工作效率高且交貨快速。	▶ 業務量小，紙張油墨等成本高。 ▶ 價格昂貴，容易受低價攻擊。 ▶ 無法承接大量印件。 ▶ 無法承接大尺寸印刷。	▶「個人專屬」風格興起，少量多樣印件增加。 ▶ 企業競爭為搶商機，短版急件增加。 ▶ 數位印刷成本下降。	▶ 經濟衰退，客戶對價格更敏感。 ▶ 家用與商業印表機的興起。

利用 S/O 與 W/T 的矩陣分析這個工具來協助定位企業發展的方向，也就是企業的目標。S/O 矩陣分析可用來尋找增強市場競爭的策略，W/T 矩陣分析則是訂定強化企業內部體質的方法。表二是以上述中央印刷廠的 SWOT 分析結果制作 S/O 矩陣分析：

表二

優勢 ＼ 機會	印刷產品朝精緻與多重加工的方向發展	世界村的貿易時代，免關稅的海外市場	總分
印刷品質優而且穩定	10	10	20
被印材料沒有限制	8	5	13
財務健全，資金充足	5	6	11
設備與人才齊全，專業能力佳	9	10	19
總分	32	31	

二、策略的選定

什麼是策略（Strategy）？策略是達成目標的方式或方法。例如從臺北要到高雄，高雄是目的地，是一個目標，從臺北到高雄的方式可以是搭飛機、坐火車、乘巴士或自行開車，甚至騎車與步行也是一種方式。

SWOT 分析同樣可以利用於策略的選訂。表三是以「臺北到高雄」的目標為例，製作出 SWOT 分析：

表三

交通方式	優勢	弱點	機會	威脅
搭乘飛機	▶ 所花費時間最少，約 50 分鐘。	▶ 費用最高。 ▶ 需先訂位。 ▶ 有些物品無法攜帶。 ▶ 要有身份證。	▶ 航空公司提供優惠票。	▶ 因天候班機延誤或取消。

交通方式	優勢	弱點	機會	威脅
搭乘高鐵	▶ 花費時間約為兩小時。 ▶ 安全舒適。	▶ 花費高。 ▶ 需先訂位。 ▶ 要有身份證。	▶ 高鐵公司提供優惠票。	▶ 班車誤點延誤。
搭乘火車	▶ 安全舒適。	▶ 花費時間較長，約四個半小時。	▶ 台鐵公司提供優惠票。 ▶ 台鐵加派加班直達車。	▶ 班車誤點延誤。
搭乘巴士	▶ 花費最低。	▶ 花費時間最長，約五個小時。 ▶ 舒適性差。	▶ 客運公司派出加班直達車。	▶ 塞車延誤。
自行駕車	▶ 花費較低。 ▶ 出發時間可自行掌控。	▶ 需要車輛。 ▶ 需要有駕照。 ▶ 花費時間較長。	▶ 高速公路車少，全程以最高速限行駛。	▶ 塞車延誤。 ▶ 路況不熟延誤。

三、建立目標的連鎖體系

　　中央印刷廠股東，要求公司今年的業績要達到一億。所以總經理的目標是「業績達到一億」。總經理與各部門經理討論後，決定了以下策略：

❖ 增加新的客戶。

❖ 開發 UV 印刷的業務。

　　業務經理與部門內業務員開會後訂出，表四部門業務經理四個季 MBO 目標：

表四

部門年度目標	
業績金額	100,000,000 元
業務經理第一季MBO	
一般平版印刷	
1. 業績金額	15,000,000 元

2. 增加新客戶	增加五家新客戶
UV 印刷	
1. 徵新業務	與人事部合作於二月底前聘請一名具五年經驗的 UV 印刷業務
2. 市場調查	完成一份詳盡的 UV 市場調查呈報總經理並得到總經理的認可
業務經理第二季MBO	
一般平版印刷	
1. 業績金額	17,000,000 元
2. 增加新客戶	增加五家新客戶
UV 印刷	
1. 開發客戶	拜訪所有國內 UV 客戶並且建立客戶資料庫
2. 印刷機採購	根據市調報告與生產部門協商後提供機器規格配備給採購部
業務經理第三季MBO	
一般平版印刷	
1. 業績金額	25,000,000 元
2. 增加新客戶	增加五家新客戶
UV 印刷	
1. 測試訂單	由總經理簽核以特惠價格承接兩筆 UV 印件的訂單
業務經理第四季MBO	
一般平版印刷	
1. 業績金額	30,000,000 元
2. 增加新客戶	增加五家新客戶
UV 印刷	
1. 業績金額	13,000,000 元

根據業務經理第一季的 MBO 目標設定，其一至三月份的 MBO 可以作如表五的訂定：

表五

業務經理一月份的MBO	
一般平版印刷	
1. 業績金額	4,000,000 元
2. 增加新客戶	增加一家新客戶
UV 印刷	
1. 徵新業務	面試八位應徵者
業務經理二月份的MBO	
一般平版印刷	
1. 業績金額	5,000,000 元
2. 增加新客戶	增加兩家新客戶
UV 印刷	
1. 徵新業務	面試八位應徵者
2. 決定人選	在二月底前提報最少三位應徵者，由總經理面談後決定
業務經理三月份的MBO	
一般平版印刷	
1. 業績金額	6,000,000 元
2. 增加新客戶	增加兩家新客戶
UV 印刷	
1. 市場調查	審閱 UV 印刷業務所製作的市場調查報告，修改後交由總經理評核

假設業務部門有兩位一般平版印刷的業務代表，他們的第一季與一月份的 MBO 可以設為如表六：

表六

業務代表甲的第一季MBO	
1. 業績金額	8,000,000 元
2. 增加新客戶	增加三家新客戶
業務代表甲一月份的MBO	
1. 業績金額	2,200,000 元
2. 增加新客戶	拜訪十家未交易過的新客戶
業務代表乙的第一季MBO	
1. 業績金額	7,000,000 元
2. 增加新客戶	增加兩家新客戶
業務代表乙一月份的MBO	
1. 業績金額	1,800,000 元
2. 增加新客戶	拜訪八家未交易過的新客戶

　　MBO 的實行非常簡單，在企業內部完全不需要增添任何單位與人員，沒有成本增加的負擔，卻可以達到非常多的正面效果：

1. 讓企業的目標與各單位及個人的工作目標緊密相連。企業內的每一位員工都可以，也必須參與目標的設訂與承諾達成，不僅增加員工的參與感，也相對的加重了員工的責任感，產生更多的激勵效果。

2. 讓企業內的每一個人都清楚單位與自身所須要達成的所有目標，並且對自身的目標負責。主管與下屬的關係不是命令、監督與服從，而是尊重、協助及自我的管理。由於每位員工都必須隨時依環境的改變，自行調整，達成目標，個人的潛能也可因此不斷開發，為企業帶來更高的價值。

參考資料來源：中央印製廠，第二十八卷第四期（101年12月出版） 第126期

2-1 規劃

一、規劃（Planning）之基本概念

規劃是指設定組織目標，擬定達成目標的策略，發展出可整合與協調組織活動的管理體系，代表一種針對未來所擬採取的行動。

規劃一方面考慮本身所要達成的基本任務，另一方面基於未來面臨的外在環境狀況與內在資源條件，比較各方案之成本與效益，選擇最佳之方案。規劃方案的性質如下：

（一）時間觀點

1. **長期規劃（Long-range Planning）**：三年以上才能完成的目標。

2. **中期規劃（Medium-range Planning）**：以一至三年為期的目標。

3. **短期規劃（Short-range Planning）**：在一年內即可完成的目標。

（二）涵蓋範圍觀點

機構之整體計畫，或是某一部門或某項專案之局部計畫，包括：

1. **策略規劃（Strategic Planning）**：企業長期營運方向與達成方式，界定組織全面性目標及達成策略目標所採取的行動步驟，包含組織行動與為達成目標所需資源分配的藍圖。

2. **戰術規劃（Tactical Planning）**：又稱功能計畫，將企業策略展開成企業各功能計畫，指各部門達成戰術目標所採取的行動步驟，例如行銷計畫、生產計畫、財務計畫與人事計畫等。

3. **作業計畫（Operational Plans）**：達成基層單位目標的作業細節。屬於基層主管規劃，涵蓋時間為短程。

   (1) 特定性計畫（Specific Plans）：又稱細部計畫，基層管理者的規劃工作，計畫的內容詳盡列出明確的目標，以及達成目標的各個步驟與程序，僅需依照指示去執行即可。

   (2) 方向性計畫（Directional Plans）：一般準則的彈性計畫，指出目標的重點所在，留給部屬有較大的彈性。

表2-1　規劃涵蓋範圍相關表

範圍	時間	階層
策略規劃	長期	高階管理者
戰術規劃	中期	中階管理者
作業規劃	短期	低階管理者

　　規劃（Planning）與計畫（Plan）兩者之間各有不相同內容。規劃是一種動態程序，是一連串資料蒐集並透過邏輯思考分析的過程，計畫乃是規劃的產物或結果，如核定或通過的預算或文件。當計畫執行時，如內、外環境有所改變，管理者須再度投入規劃工作，修正計畫。計畫自管理觀點的，真正重要的是在這些計畫背後的規劃程序。

表2-2　規劃（Planning）與計畫（Plan）比較

	規劃（Planning）	計畫（Plan）
態勢	動態	靜態
內涵	程序	結果
重點	步驟	完整

二、規劃程序

（一）確定目標與界定問題

　　界定企業之經營使命，說明企業所能提供社會的服務或效用，有了經營使命，企業才能確定本身的生存理由和發展方向。依所界定之經營使命設定目標，在一定期間內企業希望能達到何種境界或進度，應完成那些工作，做為後續努力之里程碑。

（二）蒐集相關資料

　　進行環境因素之偵測與評估本身資源條件，企業應如何達成其目標以及是否能達成，受內外部環境之重大影響，亦就是 SWOT 分析，對於組織內部優勢（Strength）與劣勢（Weakness）、組織外部機會（Opportunity）與威脅（Threat）進一步分析。

表 2-3　SWOT 分析表案例

內部分析 策略形成 外部分析	內部長短處分析	
	優勢	劣勢
	▶ 可運用自有資產，彈性大且充足 ▶ 產值可再發揮 ▶ 廠房、土地、尚有可發揮空間 ▶ 產品多樣化 ▶ 關係企業化，貿易公司的協助外銷	▶ 無未來的經營方向 ▶ 組織績效不明確 ▶ 資金成本取得高 ▶ 年資高，人才斷層 ▶ 廠房、土地、利用率低 ▶ 機種過於多種少量 ▶ 內需銷售能力不足 ▶ 國內品牌知名度不高 ▶ 企業文化，組織老化未明確
外部環境分析 / 機會	▶ 已開發國家市場 ▶ WTO 開放，汽車關稅降低，維修市場擴大 ▶ 市場互補（代理大陸產品） ▶ 勞力成本降低 ▶ 中東、東歐、中南美市場 ▶ 機車精品市場擴大 ▶ OEM 市場潛力 ▶ 南科成立	▶ 海外生產基地 ▶ 高附加價值活塞 ▶ 新事業開發 ▶ 擴大營業項目，整廠輸出	▶ 組織架構調整，提升人力資源 ▶ 提升切換效率 ▶ 未來上櫃的考量 ▶ 經營理念的落實 ▶ 營業部門強化以開發新市場 ▶ 新事業開發部分成立
外部環境分析 / 威脅	▶ 總體市場衰退 ▶ 競爭者加入（國內外） ▶ 東南亞市場被迫退出 ▶ 東南亞競爭 ▶ 落後國家市場衰退 ▶ 東南亞地區保護政策 ▶ 工時縮短，成本提高 ▶ 往復式產品市場減少 ▶ ISO-14000 環保要求 ▶ OEM 市場萎縮 ▶ 維修市場萎縮	▶ 降低成本、加強促銷 ▶ QS-9000 認證	▶ 尋求外部資源，傳統產業升級 ▶ 組織人事合理化，提升人均產值 ▶ 作業流程合理化

1. 內部環境（S-W 分析）

企業瞭解本身所能掌握或運用之資源條件，如人力、財力、技術、原料等，組織才能決定哪些手段或方法是可行或不可行。

2. 外部環境（O-T 分析）

瞭解經濟情況、消費者需要、競爭力量以及政治變動等。企業不但要對這些因素進行預測，根據可能發展情況，設定狀況作為規劃之依據。

（三）整理與分析資料

客觀評估各種可行方案，隨外界環境與本身資源條件而定，選擇之最佳方案。

（四）確定執行方案

針對發展的可行方案，依據企業面對的內外部環境，選擇最適合企業體質的執行方案。

（五）實施與檢討

實施計畫方案過程，還要看實施狀況而定，計畫實施涉及組織、人員、領導及控制等其他管理功能，進而調整方案內容。

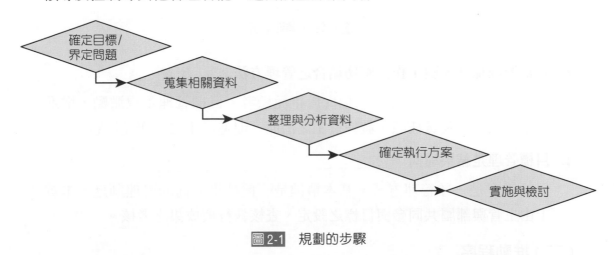

圖 2-1 規劃的步驟

三、目標管理

目標管理（Management by Objectives, MBO）是管理學者彼得‧杜拉克（Peter F. Drucker）於 1954 年之著作《管理實務》（The Practice of

Management）書中所倡導，許多大機構與企業仍持續效法。根據杜拉克指出，任何一個組織都必須有一定的管理原則，作爲該組織運作的行動指標，部門、單位個別目標與組織目標得以協調整合，促成組織團隊的運作績效。

（一）基本意涵

1. 目標管理是一套整體管理循環體系

主要包含整合計畫（Plan）、執行（Do）及考核（See）管理循環。完整的目標管理過程，包括目標設定、參與以及回饋三要素。

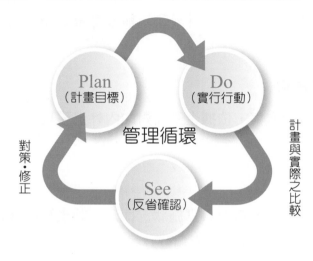

圖 2-2　管理循環體系

2. 目標管理係「人與工作」密切結合之管理方法

重視人性因素，對人性看法趨向於正面思考。目標管理重視激勵，增進員工之榮譽心及責任感，發揮員工之潛能，促進員工之工作滿足感。

3. 目標管理是結果導向

目標管理是一種管理方式，基本精神是一種結果導向的管理制度，本質上由主管與部屬共同參與目標之設定、查核執行與成果之考核。

（二）推動程序

1. 目標設定

組織目標設定爲廣泛性的指導原則，設定的目標，涵蓋組織的長程目標，保持企業整體目標及方向的一致性。確定企業目標之後，依管理的層次，事業部、部門、及個人分別設定目標與行動計畫的依據。

2. 行動執行

目標經共同討論設定後,擬定為達成目標的行動方案,努力以赴實踐計畫。

3. 定期檢討

行動目標執行過程中,定期檢討進行溝通為一項重要的課題,目標管理所需的溝通,為雙向溝通的方式,一方面由上而下,一方面又由下而上,整個企業目標管理形成團隊運作的方式。

4. 回饋

建立目標體系的過程中,透過評價組織績效與員工表現,回饋部門與個人績效,各層部門經理之負責目標。

(三)規劃的工具與技術

1. 甘特圖(Gantt Chart)

以時間為橫軸及工作細項為縱軸,顯示生產的時間表,長條來代表工作起迄時間,協助管理者規劃與控制生產時程與進度。

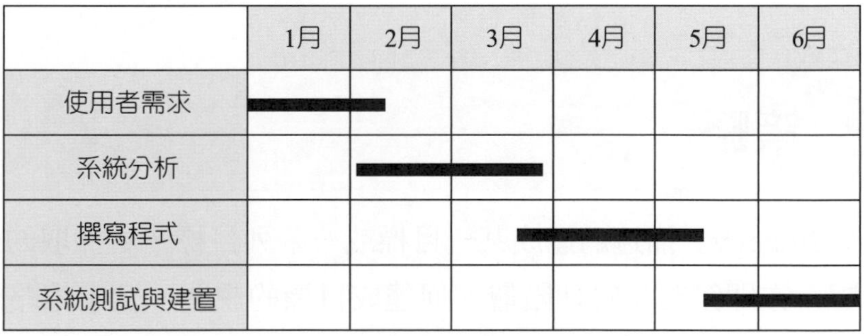

	1月	2月	3月	4月	5月	6月
使用者需求						
系統分析						
撰寫程式						
系統測試與建置						

圖 2-3　甘特圖

2. 負荷圖(Load Chart)

修正甘特圖,將特定人員、部門或資源的使用列於縱軸,讓管理者可以規劃和控制產能的運用。

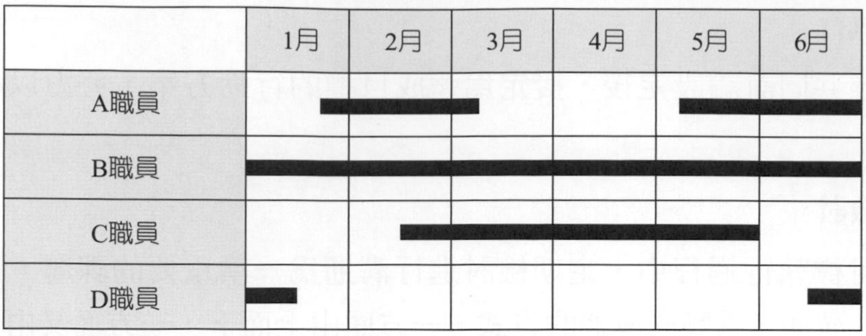

	1月	2月	3月	4月	5月	6月
A職員		████			██	
B職員	████████████████████					
C職員			████████████			
D職員	██					██

圖 2-4　負荷圖

3. 情境規劃（Scenario Planning）

藉由假設在不同特定情況下的沙盤演練，減少不確定性風險，管理者得以事先採取行動因應。

4. 標竿管理（Benchmarking）

標竿管理的三種學習對象，包括：(1) 內部標竿－以組織內事業體或部門為標竿；(2) 競爭標竿－以產業內競爭者為標竿；(3) 功能標竿－以不同產業的企業為標竿。

2-2 策略

　　策略（Strategy）描述為達成某一目標或一系列目標，所採取的管理計畫的基本步驟，亦即策略是管理階層如何達成目標的說明。企業策略最關心的是組織的整理發展方向，必須與企業使命（Mission）相互結合，使命說明想要達成什麼目標。

一、策略的類型

（一）企業總體策略（Corporate strategy）

　　總公司階層策略，決定公司該投資或退出何種產業的營運，及如何有效進行資源分配。企業總體策略包括：

1. **穩定策略（Stability strategy）**：選擇追求穩定發展，或是採取維持原有經營範圍內經營。

2. **成長策略（Growth strategy）**：組織企圖增加其營運水準，擴充產品和市場。

3. **混合策略（Combination strategy）**：同時追求兩種以上的策略。

4. **BCG 矩陣（BCG Matrix）**

為一種事業組合分析（Business Portfolio Analysis），將集團旗下的各事業單位根據其產業成長率與相對市場佔有率兩個構面，區分成明星事業、金牛事業、問題事業以及老狗事業，評估各事業單位所需的現金流量，以及事業單位未來的發展策略，協助管理者建立資源分配的優先順序。

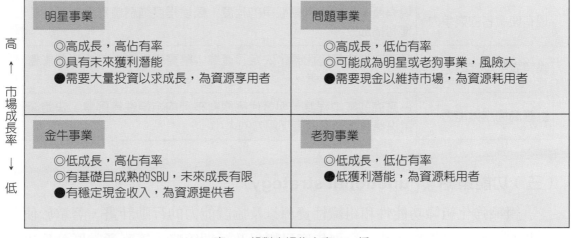

圖 2-5　BCG矩陣

（二）事業策略（Business unit strategy）

1. 一般競爭策略（Generic strategy）

(1) 全面成本領導（Overall cost leadership）策略：以生產比競爭者成本還低的產品為目標。成本領導的方法：規模經濟、標準化生產與垂直整合上下游，以降低供應與配銷成本。

(2) 差異化（Differentiation）策略：提供創新設計、獨特產品等差異化品質吸引顧客為目標。差異化的方法：建立品牌形象與獨特產品或服務。

(3) 集中化（Focus）策略：或稱專注、利基策略（Niche Strategy），集中力量在某特定市場、通路追求競爭利基。可分成成本領導集中化策略與差異集中化策略。

2. 五力分析模式（Five Forces Model）

企業在產業環境中面臨的五大力量，確立企業在競爭環境中地位。這五力的強弱消長都會影響企業的競爭優勢與獲利能力。

表2-4 企業在產業環境中面臨的五大力量

面臨力量	內　容
潛在進入者的威脅力	有能力進入原有業者所經的現有市場，但尚未進入的組織。關鍵在於進入障礙（Barriers to Entry）的高低。
替代品的威脅力	其他產業的產品可提供類似本產業產品的功能，滿足消費者需求，技術上的破壞式創新也會造成替代品的威脅程度增加。
現有競爭者的競爭力	現有產業內競爭者間競爭的程度，競爭程度強弱會影響廠商間的獲利情況。
購買者的議價能力	各種市場力量等因素，決定了產業中購買者影響力的大小並影響其它產業中競爭者。
供應商的議價能力	供應商的集中程度，與替代品原料來源的方便性等因素，決定產業供應商可對廠商施加壓力的大小。

（三）功能策略（Functional strategy）

組織強化組織功能性和組織性資源以及協調能力的行動計畫，著重於使資源的生產力獲得極大化。發展年度目標以及短期策略，策略通常區分為生產策略、行銷策略、人力資源策略、財務策略及研究發展策略。

2-3 決策

決策（Decision-Making），是要從多種可行方案中選擇一種可行方案。決策是依據經驗科學與行為科學所進行的理性與客觀的判斷。決策就其在管理上的意義而言，並不限於政策的決定，也不只指限於高層主管的決策，組織各成員都有或多或少的決策。

一、標準化的決策模式

1. 問題發現階段

說明問題本質所在,問題發現包括效果(Effective)或效率(Efficiency)兩種觀點。效率觀點是指當工作表現不能符合企業內部所訂定之績效標準,就需要立即解決的問題,例如,每天工作進度沒有完成,就要設法馬上改善。效果觀點則是指企業現存狀況不適合外界環境之需要或條件,是屬於長期未來型必須面對的問題,例如,企業如不投資新設備,將無法面對競爭對手的新產品。

2. 資料搜集階段

針對問題的本質,包括現場相關工作記錄,瞭解有關人員的觀感。

3. 問題評價階段

試圖找出其中的相關意義,從中找到對於問題解決有用的資料與事實。

4. 方案發展階段

發掘設計及分析二個以上的解決方案,本階段所發展的方案和最後決策效果是否良好,具有密切關係。

5. 方案分析階段

探討與比較各個方案之可能後果。

6. 選擇方案階段

自可能之解決方案中,選擇一項付諸實施。

二、決策的環境因素

組織中影響決策的環境因素會受到來自組織內的團體、組織內的個人、個人特質與組織本身四方面的影響,如圖 2-6 所示。管理者必須瞭解到他們的決策會受到環境因素的影響,而且對於環境有所影響,兩者之間環環相扣。

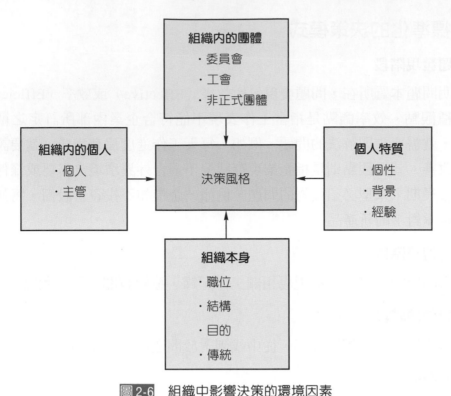

圖 2-6　組織中影響決策的環境因素

三、決策的型態

1. 例行性決策（Routine decisions）

管理者對於問題發生時 進行明確的決策，解決方案可以有明確化的條文、規則與標準可供依循，如 ISO 品保條文。

2. 調整性決策（Adaptive decisions）

調整性的決策是從過去的決策與實例中進行微調，而不是斷然否定過去的決策方式。

3. 創新型決策（Innovative decisions）

創新型的決策是與過去完全不同的做法，管理者對問題加以定義，並尋求新的解決方案。

四、控制

(一) 意義

控制的意義是把實際成果加以衡量,與規劃作比較,再對偏差加以校正,使能按照規劃達成預定的目標,當規劃付諸實施時,確保活動在原規劃上運行,過程中不斷衡量與矯正,以達成組織目標。

控制是管理功能的最後一個環節,提供由結果回饋到規劃之間的必要連結。管理者透過控制手段知道組織的目標是否有達到預期,有效控制系統提供與回饋績效的相關資訊。

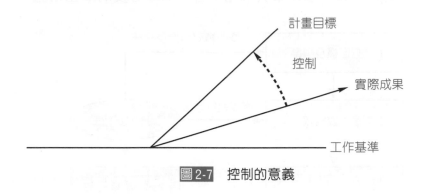

計畫目標

控制

實際成果

工作基準

圖 2-7　控制的意義

(二) 程序

控制程序有四項基本步驟,即建立目標及標準,衡量實際績效,比較實際結果與目標及標準及採取必要行動。

1. 建立目標及標準

標準是對既定目標事先訂定的績效水準,作為設計組織活動的依據,激勵員工表現及評核實際績效的基準。

標準有時可以極為具體,能夠以成本、收益或平均每一單位人員產量等資料,有時則須以質化的方式表示,如維持員工高度士氣,加強公關活動。

2. 衡量實際績效

比較實際表現與目標及標準,可得知組織活動績效與目標及標準之間的差異。從差異分布的範圍及變異程度,分析出問題的根源及決定是否採取矯正行動。

3. 比較實際結果與目標或標準之差異

差異應該從研究何以會發生錯誤開始，及時掌握情況矯正偏差，有些是在規劃階段便已經偏離，例如，銷售量未能達到預期，可能是在預測時犯了過於樂觀的錯誤，或是機器設備發生偏差，造成生產的落後，找出偏差的原因，並採取適當的校正行動。

4. 採取必要行動

組織營運狀態發生顯著偏差時，管理人員必須採取必要的矯正行動，確保可以達成規劃的目標。組織也需要一套回饋系統，有這套回饋系統提供資料，才能發現哪一個作業與規劃不合，採取必要的矯正措施。

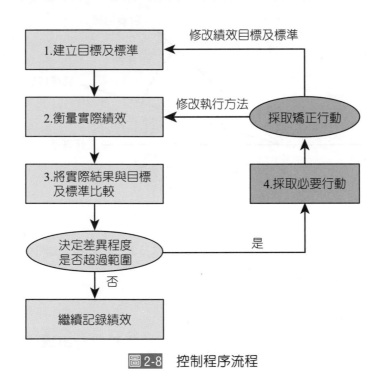

圖2-8　控制程序流程

exercise 本章習題

一、填充題

1. 目標管理（Management by Objectives, MBO）是著名管理學者彼得‧杜拉克（Peter F. Drucker）於 1954 年著作_____書中所倡導。

2. 規劃程序由界定企業之經營使命、_____、進行有關環境因素之偵測、_____、選擇某一計畫方案、_____、_____和評估及修正等所組成。

3. _____主要意義位於整體管理過程的基準，有了此前提，才能有效率進行控制工作。

4. 規劃代表一種程序，而_____乃是規劃的產物或結果。

5. _____或稱做決定，常常被用來代表不同的意義。

6. 控制的意義是把實際成果加以衡量，並與_____作比較，再對_____加以校正，使能按照規劃達成預定的目標．當規劃付諸實施時，要能控制進度，發現偏差，提出修正行動。

7. _____描述為達成某一目標或一系列目標，所採取的管理計畫的基本步驟。

8. _____是以時間為橫軸及工作細項為縱軸來顯示生產的時間表，以長條來代表工作起迄時間，用來協助管理者規劃與控制生產時程與進度。

9. 規劃方案的性質，自_____觀點，可以是十年、甚至二十年或更長的長期計畫，也可能是一年一季，一月或更短的短期計畫。

10.規劃方案的性質，自_____觀點，可以是一機構之整體計畫，也可是某一部門或某項專案之局部計畫。

11.控制程序有四項基本步驟，即標準的建立，工作成果的衡量，及偏差的校正，而在整個控制程序上，要建立_____。

12.一目標管理是一套整體管理循環體系–包括整合_____、_____及考核（See）管理功能，重視各項功能的連續性及依存性。

13. _____策略－以生產比競爭者成本還低的產品為目標。本領導的方法有：規模經濟、標準化生產與─垂直整合上下游以降低供應與配銷成本。

14. _____的假設情況如果發生，管理者得以事先採取行動因應。情景規劃之目的並不是要預測未來，而是藉由在不同特定情況下的沙盤演練，來減少不確定性的風險。

15. BCG 矩陣（BCG Matrix），將集團旗下的各事業單位根據其產業成長率與相對市場佔有率兩個構面，區分成明星事業、_____、_____以及老狗事業，以評估各事業單位所需的現金流量，以及事業單位未來的發展策略，協助管理者建立資源分配的優先順序。

二、簡答題

1. 何謂規劃（Planning）？

2. 請說明規劃程序步驟？

3. 請問目標管理（Management by Objectives, MBO）推動程序為何？

4. 請說明標準化的決策模式程序重點？

5. 請比較規劃（Planning）與計畫（Plan）之不同觀念或內容。

6. 控制程序有哪四項基本步驟？

7. 請說明目標管理具有哪三大基本意涵。

8. 組織中影響決策的環境因素會受到來自哪四方面的影響？

CHAPTER 03

組織與領導

學習目標

組織是為了達成專案的績效,而採取管理手段,瞭解部門如何劃分權責關係與協調基本想法。

領導方面,瞭解領導理論的各類想法,溝通技巧則可保證領導更為成功可行。

❖ 組織:組織結構的要素、職權的來源、集權與分權、部門化。

❖ 領導:領導之基本概念、領導理論與溝通。

計畫與決策
決定行動議案

組織
資源與活動的協調

領導
人員的管理與激勵

控制
活動的監督與評估

星巴克管理學：
善用PDCA循環　打造超強執行力

PDCA 循環又可稱為戴明循環（Deming Cycle），被廣泛應用在各項管理實務中，其所揭櫫的持續改善精神和計畫管考的內涵相當近似，也因此有許多組織依循 PDCA 循環的精神，完成計畫管考機制的建構。針對 PDCA 循環作簡要說明：

Plan 計畫：

計畫撰寫的過程中，若寫得越詳盡，未來在執行的時候，就能更具體，且容易追蹤。而這個計畫從何依據呢？除了大活動的專案目標之外，也可能是小日常的營運機會點。

Do 執行：

當有上一步的計畫之後，便是按照計畫執行。盡可能的遵循你的計畫做，這樣在後續的兩個步驟中，才有辦法去檢視哪些不足，而加以調整。

Check 查檢：

工作時應該有某個問題不斷重演的經驗吧，這時可以追溯過去執行計畫時，是否忽略了 Check 這個步驟，導致無法從錯誤中改善，在下一次計畫中再次展現出同樣的行為模式。

Action 行動：

當上個步驟檢視出與計畫上的進度差距，或是抓到機會點後，便可提出行動方案進行改善。此時提出的解決方案，也將會成為下一個「計畫」，並持續PDCA 的步驟。

PDCA 四個步驟，將如下圖一般，成為一個 cycle。

找出問題原因，制
定「改善計畫」

針對落差原因，
修正與調整

依據計畫，馬上採
取行動

檢討計畫與成果，
邊執行、邊改善

圖3-1　PDCA管理循環

PDCA 實際在星巴克運行時會是怎樣呢？

假設今天有新飲料上市，希望能推廣給顧客做嚐鮮，PDCA 是：

1. Plan 計畫：收銀機前方提供新飲料試飲給排隊等待顧客。

2. Do 執行：依照上述計畫執行，在收銀機前方準備一壺新飲料做試喝，執行時
要記得不時觀察，並記錄問題點。

3. Check 查檢：發現一個問題點，因為試飲杯放在背後工作檯面，經常會忘記
要倒給客人試喝。

4. Action 行動：將試飲杯移至收銀機桌面上，可以減少夥伴忘記倒試喝，也減
少不必要的轉身動作。

這個 Action 所採取的行動方案，將成為下一階段的 Plan。若執行後仍發現
有其他問題點，則再進行 Check 的步驟，並提出下一個 Action 改善。

PDCA 只能在節慶活動、大型專案中使用嗎？

　　PDCA 循環，在服務業可說是每天都在上演。對於當班管理者而言，在掌管每一天、每一個班次之前，心中都存在一個計畫，可能期望達成多少業績、完成多少行政待辦、夥伴訓練進度追蹤等，服務業是一個與人高度互動的行業，計畫波折及變動極大，有時受天氣、商圈活動、風水、星象…影響，就會不斷地和計畫有差距，需要進行多次的 PDCA 以使營運順利。PDCA 不限於活動的規模大小，是每天都能運行的一個目標管理循環。

參考資料來源：瑞克華特　RIKO WHAT

3-1 組織

一、組織的基本概念

組織（Organizing）是動態的過程，其意義為將組織任務及職權予以適當之分組及協調，達成組織目標。組織表達的是一種程序，經過程序所得到的一種結果，某種特定的任務與職權的組織方式，包括正式組織（Formal Organization）與非正式組織（Informal Organization）兩類。

1. 正式組織（Formal Organization）

機構的組織系統圖，組織化結果所表現方式。根據組織系統圖、組織章程、職位說明等文件加以規定。

2. 非正式組織（Informal Organization）

非正式組織是一種由組織成員自行發展的一些非正式的習慣性接觸、溝通或做事方法，和組織原始界定的方法不同，或者組織原本就未予於界定。非正式組織的正向功能是滿足成員從正式組織所無法獲得的需要，提高其士氣及對組織的向心力，增強正式組織的應變適應能力。但負面功能則會造成成員角色衝突，降低工作效率；抵制正式組織的革新，降低應變適應能力。

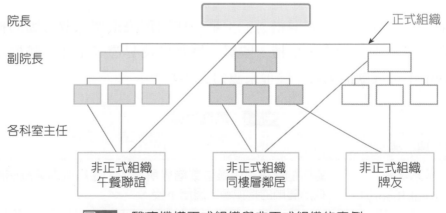

圖3-2　醫療機構正式組織與非正式組織的案例

組織結構的要素包括以下的因素：

（一）工作的專精化（Work Specialization）

組織結構的組成方式是，將工作的每個步驟，讓不同的員工負責，達到工作的專精化，專精化可以有效利用員工的各項技能，但亦可能導致人性因素的不經濟，員工因疲勞與壓力產生低生產力、低工作品質。

（二）指揮鏈（Chain of Command）

指揮鏈強調命令統一原則，每位部屬只能有一位直接負責的主管，否則部屬必須達成不同主管的要求，造成衝突或工作優先順序的問題。

（三）控制幅度（Span of Control）

指一位主管能夠有效直接監督幾個部屬，或向同一位主管直接報告的部屬人數。一位主管監督部屬人數愈多，控制幅度就愈大；反之，監督部屬人數愈少，控制幅度就愈小。管理幅度的大小應考量其影響因素，如組織結構、工作規範、工作內容、產業環境、管理者能力等。

（四）職權和職責（Authority and Responsibility）

正式組織的結構中，各種職位之間的關係，基本上都取決於彼此的「職權」與「職責」，而且身具這種權責者，必須向上級或其他職位者負責。以下列出三個基本觀念並加以說明。

1. 職權

職權指「職務帶來的相關權力」；是一種制定決策與採取行動的權力，管理者可藉由此權力，指揮、監督、控制以及獎懲等工作，職權是組織活動中不可或缺的因素。職權來源如表 3-1 所示。

表 3-1　職權理論

理　　論	內　　容
形式理論 （Formal Theory）	組職的職權是由職位或階級所產生，從組織內最高階層至最低階層間的指揮鏈，層層下授。
接受理論 （Acceptance Theory）	管理者的職權必須因部屬接受他的命令才存在，個人接受區間與廣度必須符合下列四個條件： (1) 讓部屬瞭解命令內容。 (2) 命令符合組織目的。 (3) 命令不能與下屬個人利益相衝突。 (4) 命令須在下屬心智及體力所及範圍內。

理　論	內　容
情勢理論 （Situational Theory）	當雙方都認為在某種情況下有從事某種行動必要時，職權才發生作用。

2. 職責（Responsibility）

與職權密切相關的另一個觀念為職責，職責乃指執行既定活動的義務與責任。當員工接受命令後，職責也隨之而生，管理者有義務執行，並負責部屬們的所做所為，職責和職權必須對等。

3. 負責（Accountability）

指人員在執行既定權責時，針對已達結果或未達成的結果負責。組織中的每個人都該向上司報告個人的責任及在工作程序上的要點。由於一位管理者無法檢查所有部屬所為，因此要求員工遵守這些條件，負責通常都是由下向上運轉的。

（五）集權與分權（Centralization vs. Decentralization）

集權是決策權集中在高階管理者的程度。分權則是決策權下授到組織的低階管理者的程度。優缺點如表 3-2 所示。

表 3-2　決策權優缺點比較

	集　權	分　權
優點	高階主管能協調組織的各種活動，朝共同的目標努力。	1. 第一線主管對於現場、即時的問題有做決策的權力，能提升組織的彈性與應變能力。 2. 第一線主管願意去肩負更大的責任，以及做必要的冒險。 3. 第一線發揮他們的技術與能力，且願意為組織把事情做得更好。
缺點	高階管理者忙著每天的作業性決策，沒有時間思考組織的未來，進行長期的決策。	組織的規劃與協調會變得非常困難，失去對決策過程的控制能力。

（六）部門化（Departmentalization）

　　組織結構部門化，就是將一組織之整體任務，區分為性質不同之具體工作，再將這些工作組合為特定的單位或部門，同時將一定之職權及職責授予單位或部門之經理人員，負責達成所負任務。

1. 功能別部門（Functional Departmentalization）

　　依據製造、技術、銷售、財務及人事管理等不同職能而區分的部門組織，不僅符合專業化的需求，且易獲致最大利益，尤其在中央集權的管理控制下，更能發揮其優點。包括功能基礎部門化與流程基礎部門化兩種基礎。問題點如下：

(1) 隨同組織規模的擴大，形成溝通的障礙、決策延遲等問題。

(2) 容易陷入個別部門單獨目標。

(3) 職能部門彼此間容易發生本位主義，協調困難。

(4) 具有整體經營觀點者僅限於高階經營層的人員，協調性工作。

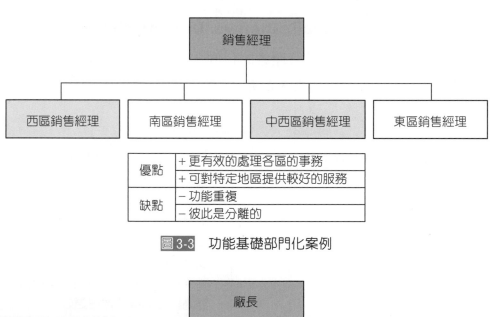

圖3-3　功能基礎部門化案例

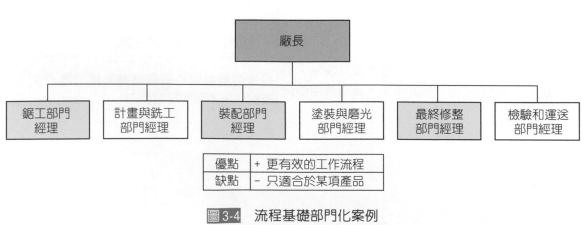

圖3-4　流程基礎部門化案例

2. 事業部制部門

最常見之三種基礎，為產品基礎部門化、顧客基礎部門化與地區基礎部門化。其特徵為業務上決策的責任由事業部主管擔負，總公司幕僚可參與策略性決策，經營層人員不受職能別觀點的拘束，由整體經營觀點確實掌握問題。但問題點如下：

(1) 人員及設備的重複，形成經營管理與人力資源的浪費。

(2) 跨事業部的接單，推動專案管理十分困難。

(3) 知識及資訊的交流有所困難。

(4) 整體事業領域的重估、縮小及擴大等，事業部易產生阻力。

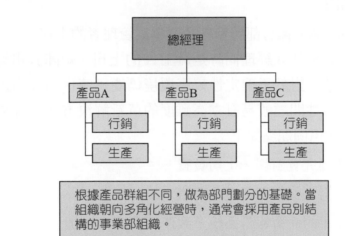

圖 3-5 產品基礎部門化案例

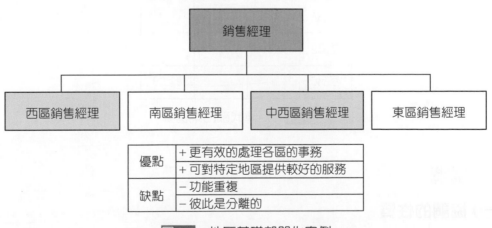

圖 3-6 地區基礎部門化案例

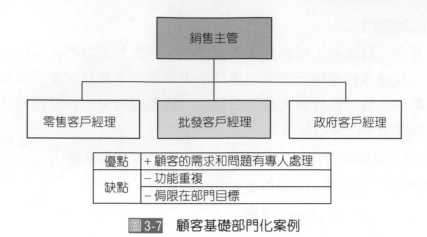

優點	＋ 顧客的需求和問題有專人處理
缺點	－ 功能重複
	－ 侷限在部門目標

圖 3-7　顧客基礎部門化案例

3. 矩陣式組織部門

矩陣式組織內的個人擁有部門管理者與專案管理者的上司各一人，例如、研發主管與專案產品 B 經理同時是員工 A 的上司。矩陣式組織部門可有效利用人力資源，對於不確定性較高環境仍能迅速作彈性的因應，同時對於複雜的技術性問題較易訂立高難度的革新解決方案，容易產生新能力開發的機會。但問題點如下：

(1) 無法明確部屬究竟對那一上司負責。

(2) 兩個上司間對人員管理易發生爭議。

(3) 因屬於多元化的命令報告系統，致使管理成本增加。

專案＼職能	研發	生產	行銷
產品A			
產品B	員工A		
產品C			員工B

圖 3-8　矩陣式部門案例

二、協調

(一) 協調的性質

「協調」指管理人員為順利執行工作場所上的工作，對某一特定問題或共通的狀況與相關人員聯繫，彼此交換意見，以保持雙方的和諧與均衡。

（二）協調的技巧

從事協調工作時，站在中立角色，彼此充分溝通，透過廣泛思考與運用技巧，從雙方對立的要求或不同的意見中，找出新的途徑，並且整合在價值更高之處的方法。要點如下：

表3-3　協調技巧

協調技巧	內　容
確認協調目標	確認協調的目地，仍在達成組織的既定目標。
站在更高階層次的立場	站在更高階層次的立場，用更廣闊的視野來思考問題。
充分發表各自的要求與意見	發表及聽取彼此的要求及意見。
整合雙方的需求	掌握整體的要求與意見。
預估可能反應	相互觀察對方反應的地方，整合雙方需求。
避免趨向理論化	對話內容偏離現實太遠，導致無法完成協調目標。
站在共同負責的立場	共同負責的立場，為達到協調目的而腳踏實地的努力。

3-2 領導

一、領導之基本概念

領導是一種影響他人或組織的活動，達成領導者所設定的目標之一種過程。它包含領導者的行為，以及在某一特定情況中的被領導者。圖 3-9 表示因素因果關係，包含下列三要素：

1. 領導者因素：人格特質、價值觀、動機與領導風格等。

2. 情境因素：工作結構與資源、團體性質與大小等。

3. 部屬因素：人格特質、對上司看法、心理需求等。

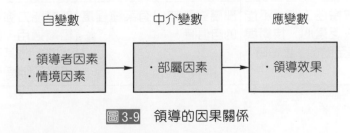

圖 3-9　領導的因果關係

領導者的權力來源，如表 3-4 之所示：

表 3-4　權力來源

權力來源	說　明
合法權力 （Legitimate Power）	正式組織賦予管理者的權力。權力的大小則決定於管理者在組織屬中職級的高低。
報償權力 （Reward Power）	部屬之所以順從管理者的要求，是因為他們相信這樣可能會得到一些有形或無形的好處，例如，休假、加薪、升遷或嘉獎等。
強制權力 （Coercive Power）	部屬之所以順從管理者的要求，也可能是因為害怕受處分而不得不然。管理者所能加諸部屬的處罰愈多、愈嚴厲，則其強制權力也就愈大。
專家權力 （Expertise Power）	領導者因為擁有某種特殊知識或技能，得以影響他人的能力，稱為專家能力。
歸屬權力 （Referent Power）	領導者因具有某種品行，為他人所認同，而得以影響他人的能力。這種認同大都奠基於人們的仰慕之情，也是因為他們本身希望像他一樣所致。例如宗教領袖領導教徒，德高望重的長老說話有分量。

二、領導理論

（一）領導行為模式理論（Behavioral Theory）

1. 類型論

1930 年由愛俄華大學（The University of Iowa）的勒溫（K. Lewin）、李比特（R. Lippitt）、及懷特（R.K. White）所提出來的領導型式，三種類型包含獨裁式（Authoritarian）、民主式（Democratic）及放任式（Laissez-faire），各類型之適用以及優缺點如表 3-5 所示。

表 3-5　三種領導類型之適用情況及其優缺點比較表

	獨裁式	民主式	放任式
適用 情況	部屬初次擔任工作，不能勝任或缺乏信心、技術與知識，甚至膽卻、害怕時。	部屬對工作已有某種程度的自信時。	部屬能力強且深具信心的組織適用，具有研究及創造力，將其研究成果應用實際工作時。

	獨裁式	民主式	放任式
優點	短期間效率較高且容易適應快速變化的情況。即使能力較差的組織成員也能發揮相當的力量。	1. 提高每個人的工作能力，能力較差者，經由組織的統合力而提高。 2. 部屬可參考決策，了解全盤計畫。 3. 產生較大的責任感與熱心，易於合作，對工作與組織有較大滿足感。	部屬對所擔任的工作均有高度的滿足感，提高其對工作的責任感與熱情，容易發揮個人的最大能力。
缺點	1. 組織過度依賴其領導者，領導者一旦離開，工作即告停頓。 2. 組織中的溝通是由上而下的，部屬不易對工作產生熱情與責任感。	調整部屬間的意見較費時間，碰到緊急情況時，難以即時採取應變措施。	1. 對部屬的調整較難控制，導致全盤工作效率的低落。 2. 部屬間各自為政，難以維持組織內的合作。

2. 兩構面論（Two Dimension Theory）

美國俄亥俄州立大學的領導研究學者們，對領導行為進行廣泛的研究，並蒐羅許多關於領導行為的描述。一為「體恤」或「關懷」因素（Considerate Structure），一為「定規」或「結構」因素（Initiating Structure），且發現它們是互相獨立的。

表 3-6　構面因素

構面因素	內　容
「關懷」因素	部屬是自動自發，努力把工作作好，故不太喜歡運用組織所賦予他們的正式職權來威迫、處罰部屬使其就範。
「定規」因素	運用管理功能（計畫、組織、領導、協調、控制）界定部屬的行為，以達成組織的目標。

兩個構面從高度關懷或高度定規到低度關懷或低度定規，中間呈連續性的程度變化，構成一個組合的領導行為座標，如圖 3-10 所示。

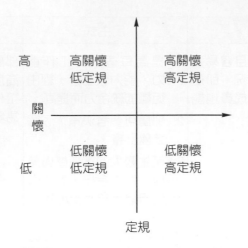

圖 3-10　俄亥俄大學的領導行為座標

(1) 高定規高關懷：領導者重視工作目標的達成，對部屬的需求也同樣重視，鼓勵上下合作無間，在相互信賴與尊重的氣氛中，努力工作達成組織目標。

(2) 高定規低關懷：領導者重視工作績效與效能，少有關懷的行為表現。

(3) 低定規高關懷：領導者對部屬的關懷遠勝於對工作的要求。

(4) 低定規低關懷：領導者對組織目標的達成與部屬心理的需求，均毫不關心。這種領導者容易導致生產力低，組織混亂、瓦解的潛在危機。

3. 管理方格論（Managerial Grid Theory）

管理方格理論是由美國德克薩斯大學的行為科學家教授，在《管理方格》（The Managerial Grid）一書中，提出的「管理方格論」繼續發展著「兩構面論」。管理者的領導作風分別為兩類，一為「關心人員」（Employee Oriented），另一為「關心生產」（Production Oriented）。進一步地將這兩類基本作風各自細分成九種程度，從代表低關心的數字 1 依次提升至代表高關心的數字 9，分別表現在縱軸與橫軸上，構成一個如圖 3-11 所示的方格架構。每一方格代表一種管理者關心人員與生產兩類程度組合的領導作風，共有八十一種，其中的五個方格是最具代表性的五種領導作風。

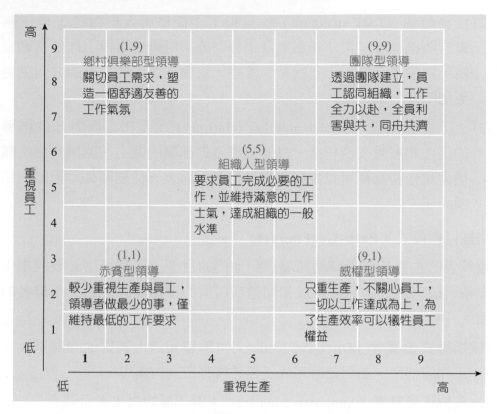

圖 3-11 管理方格

（二）情境領導理論（Situational Theory）

情境領導理論認為沒有任何一種領導型式是可以放之四海而皆準，他們認為領導者與部屬的關係猶如親子關係，把「部屬的成熟度」當作情境變項，成熟度是由兩個因素所決定，即部屬的能力（Ability）與意願（Willingness）。

1. 權變模式（Contingency model）

權變模式認為任何領導型態都有其有效性，取決於是否與所處的動態環境的對應。菲德勒的權變模式把影響領導風格的環境因素，歸納以下三個方面：

(1) 職位權力（Position power）：領導者擁有明確的職位權力，組織成員或部屬會更順從他的領導，有利於提高工作職場的生產力與績效。

(2) 任務結構（Task structure）：是指工作任務與人員對於工作任務職責的明確程度。工作任務本身十分明確，組織成員對工作任務職責明確，則領導者對工作過程易於管控，組織完成工作任務的方向就更會更加明確化。

(3) 上下從屬關係（Leader-member relations）：是指部屬對一位領導者的信任和擁護支持程度，以及領導者對部屬的關心、關懷程度。職位權力和任務結構可以由組織加以控管，而上下從屬關係是組織無法控制的。

2. 路徑目標模式（Path-Goal model）

領導者的主要任務是幫助部屬達到他們的目標，同時提供必要的指導或支持，確保他們的目標可以和團體或組織的目標加以配合。領導者的行為：

(1) 指導式領導者（Directive leader）：部屬知道上司對他的期望及完成工作的程序，並對如何完成工作任務有特別的指導。

(2) 支持性領導者（Supportive leader）：對部屬的需求表示關心。

(3) 參與式領導者（Participative leader）：諮詢部屬意見並接受其建議。

(4) 成就取向領導者（Achievement-oriented leader）：設定挑戰目標，期望部屬發揮其最大的潛能。

領導行為的特別風格被員工特性和任務特性兩個情境變數所決定，如表3-7所示。

表3-7　路徑目標模式

領導者的行為	1. 指導式領導者（Directive leader）：部屬知道上司對他的期望及完成工作的程序，並對如何完成工作任務有特別的指導。 2. 支持性領導者（Supportive leader）：對部屬的需求表示關心。 3. 參與式領導者（Participative leader）：諮詢部屬意見並接受其建議。 4. 成就取向領導者（Achievement-oriented leader）：設定挑戰目標，期望部屬發揮其最大的潛能。
員工特性	領導風格將被部屬所接受，並且確信它是工作滿足的來源或未來工作滿足所必需。

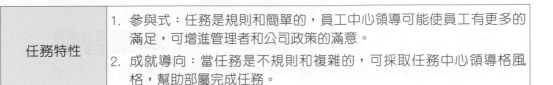

任務特性	1. 參與式：任務是規則和簡單的，員工中心領導可能使員工有更多的滿足，可增進管理者和公司政策的滿意。 2. 成就導向：當任務是不規則和複雜的，可採取任務中心領格風格，幫助部屬完成任務。

三、溝通

（一）溝通的管理內涵

溝通是一必備的過程，管理功能（規劃、組織、領導和控制）才得以發揮。相關的資訊必須經過溝通的程序，告訴管理人員進行決策，決策也只有在有效地溝通告訴他人，否則這些決策是毫無價值的。

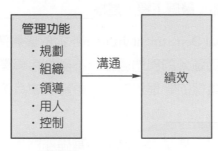

圖 3-12 管理功能和溝通

（二）溝通的方法

溝通的方法僅就較重要而常使用者加以說明，如表 3-8 所示：

表 3-8 常見溝通方法

溝通方法	說　明
面談	個別對員工溝通的最直接方法，面談之目的是在於收集並交換事實與意見，以及建立友好關係。
會議	集思廣益之方式，處理多方面的共同問題，它不但承認個人有表達意見之權利，亦是綜合不同意見之方法。
提案制度	激勵成員對組織營運上之創意，反映業務改善之意見，提高士氣的方法。

exercise 本章習題

一、填充題

1. _____表示一個管理者可以有效管理的部屬人數，是指一位主管能夠有效直接監督幾個部屬，或向同一位主管直接報告的部屬人數。

2. _____指「職務帶來的相關權力」；是一種制定決策與採取行動的權力，管理者可藉由此權力，擔負指揮、監督、控制以及獎懲等工作，它是組織活動中不可或缺的因素。

3. 組職的職權是由職位或階級所產生，傳統上認為它是從組織內最高階層至最低階層間的指揮鏈而傳佈，層層下授，是指_____理論。

4. 功能別部門（Functional Departmentalization）指依據製造、技術、銷售、財務及人事管理等不同職能而區分的部門組織，不僅符合專業化的需求，且易獲致最大利益，尤其在中央集權的管理控制下，更能發揮其優點。主要又包括功能基礎部門化與_____兩種基礎。

5. 事業部制部門最常見之三種基礎，為產品基礎部門化、顧客基礎部門化與_____。其特徵為業務上決策的責任由事業部主管擔負，總公司幕僚可參與策略性決策，經營層人員不受職能別觀點的拘束，由整體經營觀點確實掌握問題。

6. 所謂_____，乃指管理人員為順利執行工作場所上的工作，而對某一特定問題或共通的狀況與有關人員聯繫，彼此交換意見，以保持雙方的和諧與均衡。

7. 用三種類型的領導方式來指導學生，三種類型包含獨裁式（Authoritarian）、民主式（Democratic）及_____。

8. 美國俄亥俄州立大學的領導研究學者們，對領導行為進行廣泛的研究，並蒐羅許多關於領導行為的描述。經因素分析後得到兩個構面，一為「體恤」或「關懷」因素（Considerate Structure），一為「_____」或「_____」因素（Initiating Structure），且發現它們是互相獨立的。

9. 管理方格理論繼續發展「兩構面論」，在 1965 年出版《管理方格》（The Managerial Grid）一書，管理者的領導作風別為兩類，一為「_____」（Employee Oriented），另一為「_____」（Production Oriented）。

10. 權變模式是指，成功的領導依情境之相異而有不同的策略，領導者必須視情境之需要而運作，如此才會有所成就。如同各種行為模式理論，將領導方式分成機械性與人性兩構面，菲德勒也將領導風格分成「＿＿＿＿＿＿＿＿」（Task-oriented）與「＿＿＿＿＿＿＿＿」（Relationship-oriented）兩類。

二、簡答題

1. 請問事業部制部門最常見之三種基礎，為哪三種？

2. 何謂矩陣式組織部門？

3. 請問整合協調方式有哪些要點？

4. 職權是一種制定決策與採取行動的權力，可以從哪三種理論加以探討？

5. 近代的組織理論認為領導是領導者與組織的人際關係，包含哪三項要素？

CHAPTER 04

研究發展

學習目標

研究發展是公司最重要的競爭優勢之基礎,研究發展的投資不一定都能成功,只要一成功,可成為企業競爭優勢的另一個主要來源,沒有任何公司經得起因疏忽研究發展所帶來的損失。本章說明:

❖ 科技管理的範疇。

❖ 科技管理理論架構。

❖ 企業必須進行研究發展的理由。

❖ 研究發展類型。

❖ 確立研究發展設計模式。

❖ 確立研究發展的組織結構。

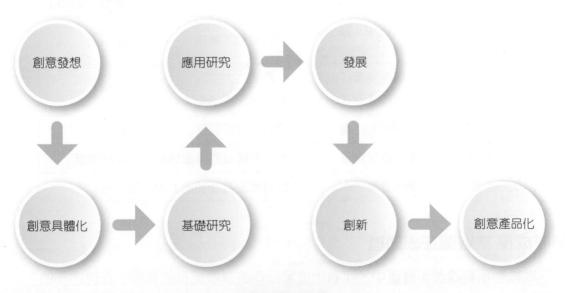

研究發展流程

汽車業「精實生產」案例

精實生產概念導入企業生產流程，在此以汽車業為例，提供企業界參考。此案例組織員工 300 人，資本額 1 億，產業服務項目以工業、汽機車油封製造為主，主要生產各種汽車、卡車、拖運車、叉架起貨機、重機械機器、工業零件之特殊式油封，以及客制化橡膠密封件製品。產品以自創品牌廣泛的銷售至全球各地，其中 30% 為 OEM 代工及 70% 為修補市場零件。2008 年開始接觸 OEM，為世界知名車廠代工。

精實管理，現場改善訣竅

我們可從改善現場，一窺此家企業營收破九億的秘訣。一開始，顧問團隊進入生產線實地觀察，發現現場以大批量生產，無法有效面對各種變異。為了讓現場生產更為流暢，顧問團隊於公司各部門，成立專責小組，推動示範線改善計畫，計畫表如下：

缺失項目	改善目標	改善方法	權責部門
換模工具管理	統一管理	設置收納架	生產組
機械設備保養卡	集中於固定位置	製作壓克力夾	生產組 / 整修組
加硫成品增加搬運成本	鍵盤擺放，減少擺放次數	購買鐵盤、鐵架	生產組
示範改善灰塵過多情況	1. 每周清潔（大 P） 2. 每日清潔（小 P）	1. 每週六大掃除 2. 每日下班清潔	生產組
待料時間過長	訂定供料時間	設置物料定位區	生管
二次加硫距離過遠	縮短運送距離	於示範區設置兩臺烤箱	生產準備課
不良品未妥善管制	統一管理	設置管制區並加蓋上鎖	生產組

營收成長 訣竅藏在細節裡

從推動示範線改善計畫中，可看出這家公司的營收成長的秘密，在於內部的細節改善從示範線改善計畫，現場的改善，可透過三現原則，造成身臨其境的感

受，帶動全員更投入，形成非變不可的氛圍，藉由目視化管理，讓問題顯在化，看出問題與異常，進而減少人力、時間、空間、庫存的浪費。成功減少浪費的訣竅，藏在細節裡，從以下幾個改善訣竅，可以看出一些成功關鍵。

改善訣竅一

改善前用棧板擺放顯得十分凌亂，作業人員拿取時間增加，無形成作業時間浪費，改善後用鐵架擺放模具，明確標示擺放位置，節省作業時間，效率倍增。

改善前：用棧板擺放模具

改善後：用鐵架擺放模具

改善訣竅二

減少搬運動作的浪費，箱子減少後，物流也會變得順暢，空間變得寬敞，減少了 50% 的浪費空間。

改善前：箱子多，增加搬運的動作

改善後：簡單整齊，搬運方便

改善訣竅三

　　將不良品明確區分開來，以避免混入良品之中，另外報廢文件管制可以詳細記錄不良品數量與原因，以便作業人員事後追蹤改善。

改善前：良品與不良品混在一起　　　　　改善後：明確區分良品與不良品

改善訣竅四

　　減少搬運動作的浪費，每臺車省下排板時間約 12 ～ 15 分鐘。

改善前：加硫產品置入箱內費時，送往二次加硫前需將其取出重新排列至鐵盤　　改善後：使用鐵盤直接裝盛，減少放入與取出動作

改善訣竅五

原本堆積如山的箱子，改為兩箱法後，空間使用率多了 75%。

改善前：箱子庫存堆積　　　　　　　　改善後：增加空間使用率

階段性的改善推動，接單能力大開

以上描述的改善訣竅，只是改造過程中微小部分，改變是點滴形成，從小地方開始累積，提升力量才能綿延不絕，像這樣一點一滴改善，營收成長 50%，是遲早的事。企管顧問團隊分為三階段規劃推動改造這家公司，第一階段建立標準作業體系，提出全面性穩定生產計畫，將公司生產效率與品質穩定提升。第二階段提升研發體系，將物流倉儲少量化，並將強供應商管理，三階段導入「精實管理」體系，以需求拉動生產，鞏固供應鏈夥伴關係，最終達成業界 OEM 代工第一品牌目標。

參考資料來源：Ahead 華宇企管官網

4-1 科技的定義與性質

科技（Technology）是指「達成某一使用目的的技術方法」，含所有能增進個人生活及延續人類生活作息所必須事物的各種方法。科技是用來製造產品或提供服務所需的知識、產品、過程、工具和系統。科技的性質分成三類，說明如下：

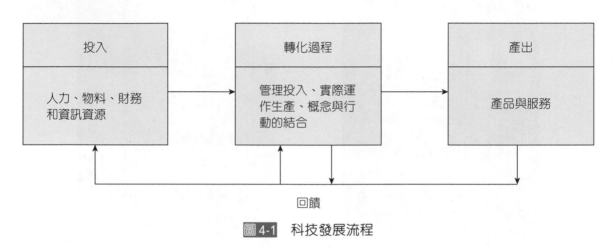

圖 4-1 科技發展流程

一、基礎研究（Basic research）

「基礎研究」是在針對科學知識上的瞭解與深入，為獲得關於某些現象和觀察事務的原理及新知識，進行的實驗性和理論性工作，期間並無任何專門或特定的應用或使用目的。「基礎研究」可能具有未來的潛在商業價值，一旦「基礎研究」可以商業化，則對企業有長遠的影響。

基礎研究通常不會很快取得能獲利的產品，為收取任何報酬，企業要從事長期計畫，因而需要一筆投資資金，大部分的中小企業並不從事純粹基礎的研究計畫，可行方式是由中小企業跟研究機構（如工研院）或育成中心（如金屬工業研究發展中心）進行策略聯盟，研究機構代為從事純粹研究與應用研究，這些研究機構運用本身研究發展的優勢，替中小企業從事基礎與應用研究。

二、應用研究（Applied research）

　　「應用研究」的目的是在針對某一特殊的需求，所進行的科學知識上的探索，為獲得新知識而進行的創造性的研究。應用研究通常投入研發的時間都比基礎研究短，風險也不高，企業獲利較快，但獲利大小仍無法與進行「基礎研究」的企業相比。新產品的範圍可分下列三類：

表 4-1　新產品屬性說明

新產品屬性	說　明
完全新產品	開發一種全新而種類不同的產品，需要新的產品設計，生產方式以及市場活動，途徑有二： 1. 與有這種新產品生產線之企業合作，得到新產品所需要的知識與技術。 2. 向別的企業買進新的設計，設法減少產品設計與發展過程中可能發生的風險。
部分新產品	原有的產品重新設計，產品的外觀性能上部分加以改變，藉此多吸引顧客、增加收益或藉著重新設計，降低產品之成本。
改變包裝的新產品	消費者購買東西時是先從外觀的吸引力加以選擇的，產品的外形亦是決定消費者購買與否的重要因素之一。

　　發展舊有產品之新用途生產的最終目的在銷售，因此產品發展應該考慮市場上消費者之動向，當消費者需求有所變化，應使產品能夠符合市場上的需要，提供消費者最大的服務。

三、發展或開發（Development or research）

（一）發展（Development）

　　「發展」具有運用「基礎研究」、「應用研究」的知識或根據實際經驗，提供新材料、新產品和設備、新工藝、新系統和新的服務，或對已有的前述各項進行實質性的改進，據以開發新的市場為目的。

（二）開發（Research）

　　由基礎研究與應用研究所創造出來的是產品的雛形，產品雛形必須要先加以評價，建立最後產品的特性，確定產品結構，才能加以製造，進而在市場上銷售。

4-2 科技管理

一、定義

科技管理（Management of Technology, MOT）是一個結合各種知識，諸如科學、工程學、管理知識以及實務等跨領域的學科，重點在於科技乃為價值創造過程中最重要的因素。科技性事務管理相關的研究，可以大致分為以下四個不同的方向：(1) 國家層次的創新過程；(2) 政府部門科技研發及政策；(3) 工業組織中的創新過程；(4) 新興高科技事業。

圖 4-2 說明技術提供企業產生價值的基礎，協助企業推出更好的產品，讓企業運作更有效率，科技管理是面臨競爭必要的利器，從企業經營者的立場來看，往往希望保衛技術能力、支援及擴充現有企業，變動的環境下驅動新事業，為公司帶來價值。

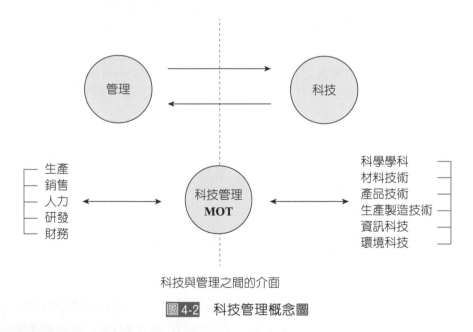

科技與管理之間的介面

圖 4-2　科技管理概念圖

二、重要性

科技產業的主要特徵是，產品的生命週期短、技術發展快、經營風險高，為因應技術、資源等的變遷，企業通常會採取不同的策略規劃與變革手法，如進行策略聯盟，藉由各公司不同的優點達到互補的效果，使其能在本身專

精的領域有更出色的發揮，隨著整個環境的變動及科技的進步，促使產業界尋求更好、更有效的管理方式，幫助企業成長並且獲利。科技管理重要性如下：

1. 善用新科技的機會，整合科學技術與管理技術，創造新價值。

2. 前瞻性的科技管理方式，應付產業環境變化，企業獲取利益。

3. 組織運作更有彈性。

4. 有效地應用新科技增加其競爭力，才能面對國際化競爭。

5. 適時的導入科技管理新概念，改變管理的工具，決定適用科技新工具。

三、科技管理跨領域的特性

科技管理是一個整合各種專業領域，影響組織的研發、設計、生產、行銷、財務、人事以及資訊等各個不同功能部門的活動，包括組織每日的運作以及長程的策略規劃。

科技管理是一個結合各種知識，諸如科學、工程學、管理知識以及實務等跨領域的學科，如圖 4-3 所示。當技術可以被商業化以實際滿足顧客需求，或是可以幫助組織達成策略、營運目標時，則技術的價值才是真實的，科技才能為組織創造財富。

圖 4-3　科技管理的跨領域特性

四、發明與創新（Invention and innovation）

發明與創新是探討科技管理學門時，必然會碰到的問題。

1. 發明

現有知識的重新組合與概念，尚未發生商業利潤，具有「創意」，但尚未付諸行動，不是「創新」。有「創意」，且能夠將之付諸行動，帶出變革，才是「發明」。

2. 創新

以企業為主體，產生市場價值為依歸，創新是賦予資源創造財富的新能力，使資源變成真正的資源。創新是解決問題為主，以「科技」中的「技術」涵義為主要範圍，不是以「科技」中的「科學」涵義為範圍，「創新」是產生市場價值的「發明」。

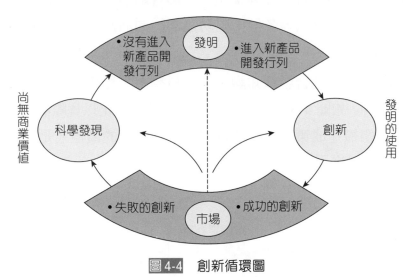

圖 4-4 創新循環圖

資料來源：Tarek Khalil (2001), Management of Technology, P.34

4-3 研究發展基本概念

企業之間競爭相當激烈，生產技術不斷的進步，市場上不斷地出現新的產品，不管那一種產業其目前的產品形狀、包裝、品質、性能、信賴度跟之前相比，必須不斷創新，才能吸引消費者。生產者為爭取生存是不得不重視產品研究與發展，一旦產品不能迎合消費者的需要，在「優勝劣敗」的原則之下，企業就無法永續經營。

　　面對產品競爭十分激烈的產業環境，大部分企業對新產品的研究發展（Research & Development, R&D）均十分重視，進而推出新產品，迎合消費者的需要，創造利潤，進而在同業中具有領導的地位。表 4-2 管理矩陣說明企業目前營運的管理包括生產、行銷、財務、人事管理與研發發展，研發管理是針對企業未來的發展，發展產品或製程創新技術。

表 4-2　管理矩陣

企業機能 / 管理機能	生　產	行　銷	人　事	研　發	財　務
規　劃				✓	
組　織				✓	
用　人				✓	
指　導				✓	
控　制				✓	

一、理由

1. 避免遭受淘汰

任何一種產品在市場上都有其產品生命週期（Product Life Cycle, PLC），產品生命週期在市場出現經幼年期、青年期、壯年期、老年期、而後衰退，如圖 4-5 所示。若企業不推出新產品，則現有的產品經幼年期、青年期、壯年期、老年期後，企業就會遭受到被淘汰的惡運。因此當現有的產品步入壯年期時，企業經營者應兢兢業業推出新產品，企業注入新鮮的血液，才能確保企業永續經營。

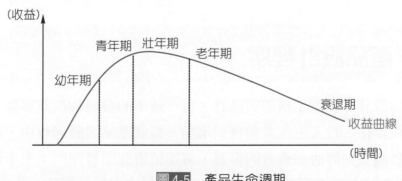

圖 4-5　產品生命週期

2. 提高利潤，提高企業在產業環境之競爭地位

成功的企業一方面要保持高度的利潤率，另一方面要在同業間確保競爭地位。由於同業間激烈的競爭，企業內每年員工人事成本的調整，若不發展新產品，以現有的產品之發展，無法確保或提高企業的利潤率，如圖 4-6 所示。若企業不發展新產品，則等到推出新產品後，產品原先之市場佔有率或同業間的競爭地位恐難以維持。

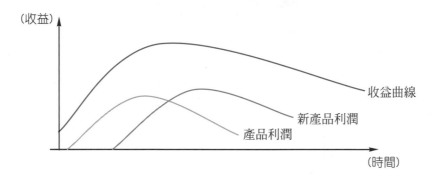

圖 4-6　新產品與企業的利潤率

3. 適應顧客需求型態的改變

由於時尚、嗜好等的改變，顧客對產品的要求也隨著發生變化，或由於所得水準的提高，顧客對產品的要求更嚴格化，在消費者主導的市場之下，生產者處處應以顧客的需求作為產銷的依歸，企業應設法瞭解並適應顧客需求型態的種種改變，就有新產品上市之必要。

4. 降低成本

產品競爭十分激烈之情況下，增加利潤之最佳法寶莫過於降低成本，不妨礙原有產品之機能下，改變產品的設計或包裝，節省不必要材料與工時之浪費，亦為新產品發展主要課題之一。

4-4　產品設計程序

新產品的設計係先產生構想與設計，再一連串的發展和測試步驟，決定出詳盡的生產規格，投入生產並銷售到市場。整個產品開發過程中，行銷部門的任務在於調查、評估消費者的需要，傳達給研究開發部門；生產部門的任務則在於生產程序及分配系統之設計。產品構思來自五個來源：

1. 供應商提供訊息與競爭對手的產品。

2. 業務人員市場搜集訊息。

3. 研發單位產品改良。

4. 政府法規的要求。

5. 消費者需要調查。

　　產品之設計程序，隨其研發特性而有所差異；但不脫離圖 4-7 新產品開發過程概念之範圍。

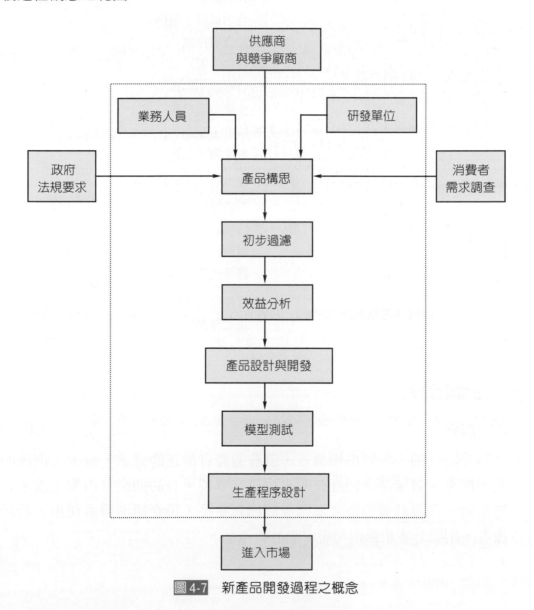

圖 4-7 　新產品開發過程之概念

實務上，產品之誕生，常分爲企劃、設計、試作、量產等四個階段，各階段又分別包含數個內容，如表 4-3 所示，各階段內容說明如下：

表 4-3　產品設計程序

階段	程序	內容
一、企劃階段	產品構想與可行性分析	1. 市場調查 2. 製造決策 3. 資金預算
二、設計階段	確認產品雛型	1. 設計圖製作 2. 分析資料、規格 3. 製作零件表 4. 零件估價 5. 材料成本計算 6. 生產設備規劃 7. 設計生產方法，完成作業指導書 8. 成本損益計算
三、試作階段	確認產品標準作業程序	1. 模具發包、樣品確認 2. 性能試作 3. 性能改善試作 4. 量產試作 5. 量產改善試作
四、量產階段	確保正常運轉	1. 零件發包入廠 2. 正式量產

一、企劃階段

1. 市場調查

產品設計之前，進行市場調查，瞭解消費者眞正的需求，減少上市後的失敗機率。新產品之創意有的來自研究單位，有的則來自市場需求。若是前者，則設計者憑研究部門發展出新產品，再介紹消費者使用；若是後者，則設計者根據市場需求設計新產品。

2. 製造決策

根據市場調查的資料，瞭解消費者對構想產品的需求程度，考慮其他因素後，決定是否要生產。若決定生產，則下一步便要決定產品之品質水準，決定品質水準時，考慮到市場區隔與產品定位。一種產品也許有多種生產方式，利用價值工程（Value Engineering, VE）以及價值分析（Value Analysis, VA），在眾多方案中，選出最適合企業的產品。

3. 資金預算

資金預算的企劃案，估計的方法，初步分析產品之成本，將來須投入的固定費用。

二、設計階段

1. 設計圖製作

包含零件圖，組立圖等各種設計圖之製作。

2. 分析資料規格

分析各部分之材質、尺寸，各種材料方案中，選出最佳者。

3. 製作零件表

不論是物料管理，廠內生產，或外包加工，零件表（Bill of Material, BOM）或材料表是不可缺少的，BOM 表內包含編號、名稱、材質、尺寸、規格、公差等資料。

4. 零件估價

根據各種零件之材質，請外包廠估價，決定是內製或外包，符合企業的發展。

5. 材料成本計算

預計之材料價格雖然還會變動，一般均極接近未來之價格，故以此預估材料費用，相當合理。

6. 生產設備規劃

生產設備之決定與產品特性、材質、數量等皆有關係。使用之工具、治具、夾具等，也應一併規劃。

7. 設計生產方法，完成作業指導書

產品尚未問世，生產方法就應安排妥當，整理成「作業指導書」。

8. 成本損益計算

產品之材料成本、人工成本、和製造成本，進行分析成本與損益評估。

三、試作階段

1. 模具發包、樣品確認

一次產品零件有可能千種左右，安排模具製作之日程，否則將會延誤生產。模具之驗收，以樣品之確認為依據，若樣品合格則表示模具沒有問題，若樣品不合格，則必須修改模具。

2. 性能試作

了解各零件組合成成品時，結構的配合上有無問題，以及成品之機能是否能合乎要求。

3. 性能改善試作

改善後之新樣品零件試作，直到所有問題解決為止。

4. 量產試作

生產單位利用正常的生產設備試作，試作一定數量的單位以確認方法、生產程序上有無問題，量產試作時必須模擬真正生產之情況。

5. 量產改善試作

量產試作中，若發現生產方法、程序不妥或所用機器、工具、治具、夾具不理想，物料供應方式等問題，經改善後再試作，直到問題解決為止，正式進入量產階段。

四、量產階段

1. 零件發包入廠

確認發包零件規格，入廠後即可正式生產。

2. 正式量產

若發現問題，應立即回溯至設計部門或研發單位，加以改善，適當時機變更設計。

4-5 為製造而設計

設計配合製造（Design for Manufacturing, DFM）指產品設計能與組織的製造能力相容，DFM 的重點在於，減少裝配線上的零件數，考慮易製性（Manufacturability），產品易於製造或裝配。

一、同步化工程（Concurrent Engineering）

早期設計階段，聚集設計人員與製造工程人員，同步研發產品與製程。同步化工程之主要優點與缺點，如表 4-4 所示：

表 4-4　同步化工程之優點及缺點

優點	1. 基於對生產能力的了解，製造人員能對製程的選擇有相當的幫助。 2. 在設計前考慮成本以及品質，大幅降低生產過程中的衝突。 3. 縮短產品發展時間取得競爭優勢。 4. 考量技術的可行性，避免生產時有重大缺失。 5. 重點放在解決真正的問題，而非解決衝突。
缺點	1. 設計與製造間的長期溝通隔閡難以克服。 2. 仰賴設計與製造者間的頻繁溝通與彈性。

傳統流程：直線思考方式

VS

同步工程：團隊合作方式

圖 4-8　同步化工程之運作

二、工程設計軟體（CAD/CAE/CAM）

工程設計軟體指應用電腦繪圖進行產品設計，愈來愈多產品透過這種方法進行設計，為生產建立資料庫，提供產品的外形、尺寸、誤差以及原物料規格等資訊。工程設計軟體增加設計者的生產力、無須費力準備產品或零件的手繪稿件，重複地校訂或整合其他產品的校訂。

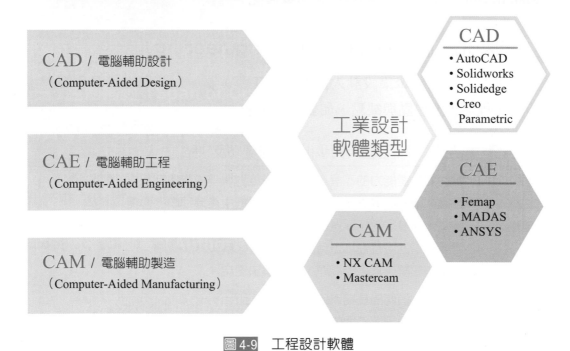

圖 4-9　工程設計軟體

三、品質機能展開（Quality Function Deployment, QFD）

品質機能展開指產品與服務在發展過程時融入顧客心聲，並將顧客要求的因素分解進入製程每一層面。QFD 以矩陣為基礎建立顧客需求（What）與對應技術要求（How）的關係。基本矩陣通常會加入其他額外的特性，包括重要性加權、競爭力評估等。由於具有房屋狀的外形，通常稱為品質屋（House of quality）。

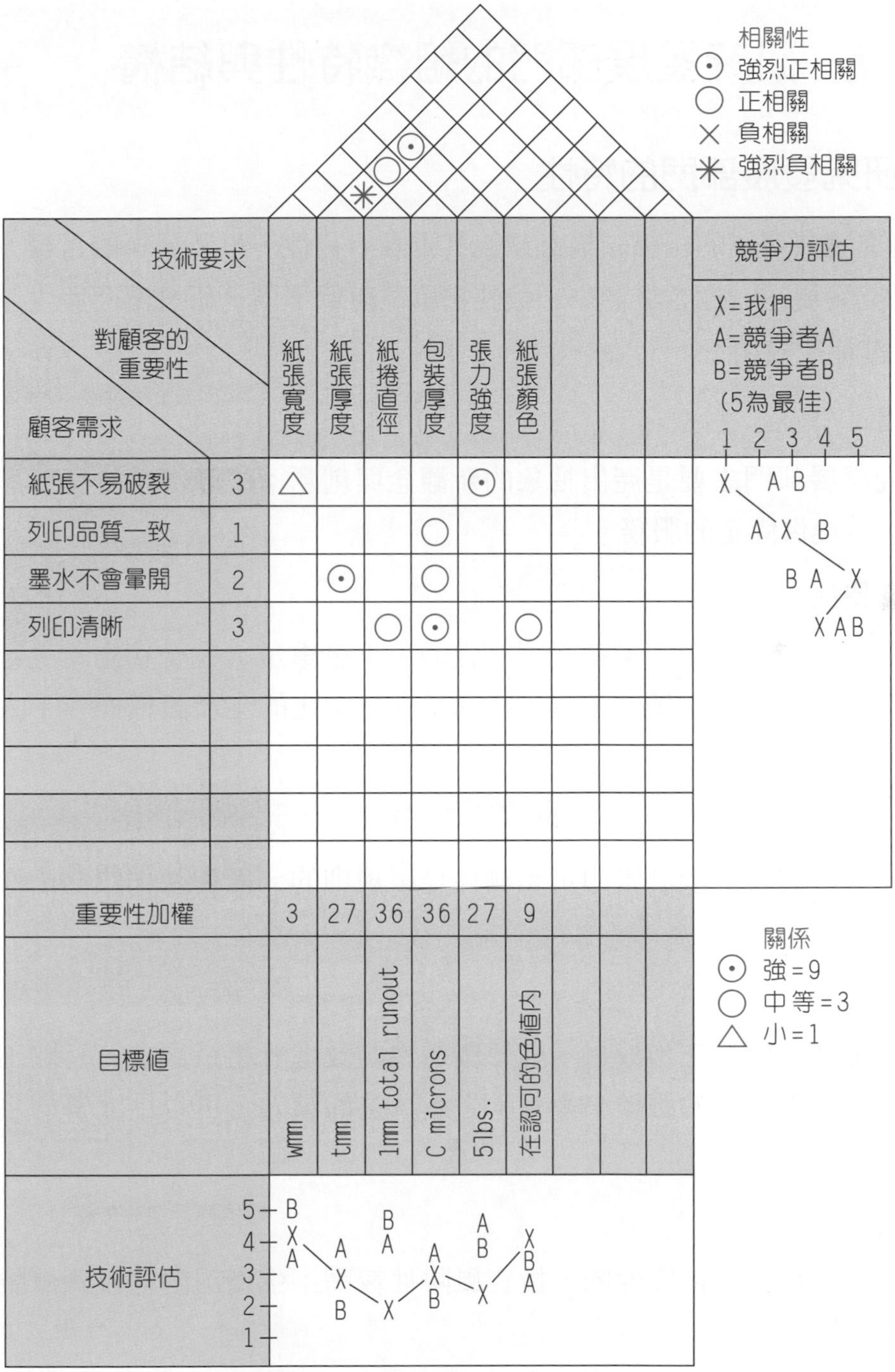

相關性
⊙ 強烈正相關
○ 正相關
× 負相關
✳ 強烈負相關

技術要求		紙張寬度	紙張厚度	紙捲直徑	包裝厚度	張力強度	紙張顏色			競爭力評估
對顧客的重要性										X = 我們 A = 競爭者A B = 競爭者B （5為最佳） 1 2 3 4 5
顧客需求										
紙張不易破裂	3	△				⊙				X A B
列印品質一致	1				○					A X B
墨水不會暈開	2		⊙		○					B A X
列印清晰	3			○	⊙		○			X AB
重要性加權		3	27	36	36	27	9			
目標值		wmm	tmm	1mm total runout	C microns	5lbs.	在認可的色值內			

關係
⊙ 強 = 9
○ 中等 = 3
△ 小 = 1

技術評估
5
4
3
2
1

圖 4-10 品質機能展開 （品質屋）

4-6 研究發展部門的組織特性與結構

一、研究發展部門的特性

　　研究發展單位的組織結構必須視其本身的特性，以及公司的目標方向而定。研究發展在一個企業體中，較其它單位與眾不同，研發部門與生產部門的組織結構比較如下：

1. 產出

　　研究發展部門主要是產出抽象的新觀念與創意；生產部門生產有形的產品，並提供固定的服務。

2. 作業特性

　　研究發展的每一項作業都是單一性的，不會重覆，完全獨立；生產部門的作業情況則是重覆性生產，特別是在自動化的生產設備操作下大量生產。

3. 可預測性

　　研究發展的每一項計畫的可預測性是不規則的，而生產部門的工作計畫具有規則性。

4. 效果衡量

　　研究發展部門的工作成果，屬於創造性的改進計畫或觀念，有關工作成效，很難用實質的數據來衡量；生產單位的績效，可以用實質的生產力來計算。

5. 風險性

　　研究發展是屬於前瞻性的，投資風險性較高；生產部門的投資風險性相對地就較低。

表 4-5 研發部門與生產部門的組織結構

	研發部門	生產部門
產出	產出抽象的新觀念與創意。	有形的產品或提供固定的服務。
作業特性	單一性、不重覆、完全獨立。	重覆性生產、大量生產。
可預測性	不規則性。	規則性。
效果衡量	創造性的改進計畫或觀念。	實質的生產力。
風險性	投資風險性較高。	投資風險性相對地就較低。

二、研究發展的組織結構

組織結構應有效結合各項功能，以利組織目標的達成，研發部門組織結構可略分為：

1. 集權式組織：將所有研究發展設備與人力集中在一地點，除了總部所設定的研究室外，其它分支結構皆沒有研究發展的活動。

2. 分權式組織：分權的組織下，設有多個研究發展的單位於各分支機構，授權各單位進行 R&D。

3. 矩陣式組織：目前最能符合要求的，廣泛運用研究發展功能的組織結構。

上述三種組織結構是指研究發展部門在整個公司內之地位，至於研究發展部門的內部組織結構，又可分為兩種：

1. 機能式組織：某一特殊領域內的專門人才組成的一個次級單位，如化學組、能源組等。

2. 專案式組織：因應某項開發專案，臨時編組方式組成，當專案告一段落後，就予以解散，專案式組織的計畫需要特殊領域內的專門人才，如圖 4-11 所示。

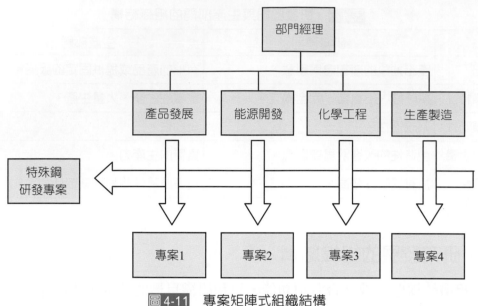

圖 4-11 專案矩陣式組織結構

三、研發與製造之界面管理

　　新產品發展過程中，研發與製造兩功能間之界面管理問題加以整合後，新產品將能擁有較好的開發績效。研發與製造的互動領域包括：

1. 評估新產品生產之可行性。
2. 確認生產線現有設備製造新產品之能力與限制。
3. 進行線上量試。
4. 檢討並解決量試樣品時所發現的問題。

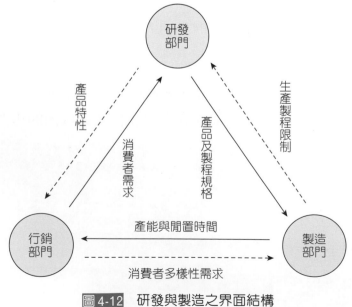

圖 4-12 研發與製造之界面結構

（一）影響研發與製造兩部門的互動主要因素

1. 兩部門人格特質上的差異所形成。

2. 正式組織的障礙。

3. 文化的障礙。

4. 技術性之障礙。

5. 其他因素。

（二）研發與製造界面管理改進之道

1. 加強研發專案的管理能力。

2. 製造功能的早期參與投入研發工作。

3. 實施研發與製造部門工作相互輪調的機會。

4. 資料的整合與分享。

5. 善用管理工具，如品質機能展開。

6. 選擇適當的協調機制。

7. 使用有效率之溝通方式。

8. 將增進製造效率的觀念，應用到設計方面。

9. 打破各部門的藩籬。

10. 高階管理者的支持。

exercise 本章習題

一、填充題

1. 企業必要進行研究與發展的理由有哪些？＿＿＿＿＿＿＿、＿＿＿＿＿＿、＿＿＿＿＿＿＿＿＿、＿＿＿＿＿＿。

2. 一項產品設計程序有何種階段性步驟？＿＿＿＿＿＿、＿＿＿＿＿＿、＿＿＿＿＿＿、＿＿＿＿＿＿四個階段。

3. 研發部門組織結構可略分為哪三類？＿＿＿＿＿＿、＿＿＿＿＿＿、＿＿＿＿＿＿。

4. 開發一種全新而種類不同的產品，需要＿＿＿＿＿＿、＿＿＿＿＿＿以及＿＿＿＿＿＿。

5. 整個產品開發過程中，＿＿＿＿＿＿部門的任務在於調查、評估消費者的需要，並將之傳達給研究開發部門；而＿＿＿＿＿＿部門的任務則在於生產程序及分配系統之設計。

6. 將研發部門與生產部門的組織結構做比較，在產出方面：研究發展部門主要產出＿＿＿＿＿＿新觀念與創意；而生產部門生產＿＿＿＿＿＿產品，或是提供＿＿＿＿＿＿服務。

7. 在產品設計的企劃階段中，又分為哪三方面？＿＿＿＿＿＿、＿＿＿＿＿＿、＿＿＿＿＿＿。

8. ＿＿＿＿＿＿＿＿＿是指「達成某一使用目的的技術方法」，也包含所有能增進個人生活及延續人類生作所必須事物的各種方法。

9. ＿＿＿＿＿＿＿是一個結合了各種知識，諸如科學、工程學、管理知識以及實務等跨領域的學科，其重點在於科技乃為價值創造過程中最重要的因素。

10. ＿＿＿＿＿＿＿＿＿＿指在早期設計階段，聚集設計人員與製造工程人員同時研發產品和製程。

11. 設計配合製造（Design for Manufacturing, DFM）指產品設計能與組織的製造能力相容，DFM 的重點在於，減少裝配線上的零件數，考慮＿＿＿＿＿＿，使產品易於製造或裝配。

二、簡答題

1. 請問企業必需進行研究與發展的理由為何？

2. 一項產品設計程序有哪些階段性步驟？

3. 研究發展可細分哪些組織結構，各種適用狀況為何？

4. 何謂科技？科技管理的範疇為何？其內涵為何？

5. 在應用研究裡，新產品的範圍可分為哪四大類？

NOTE

CHAPTER 05

工作研究

工作研究的技術追求提高生產力，降低成本，積極增加企業利潤，工作研究可分為方法研究以及時間研究兩大部分。

❖ 方法研究：目的在進行作業方法標準化，包括總體觀點（Macro）的程序分析以及微觀觀點（Micro）的作業分析。

❖ 工作衡量：設定標準時間，制定產能標準，標準時間設定必須要瞭解評比與寬放。

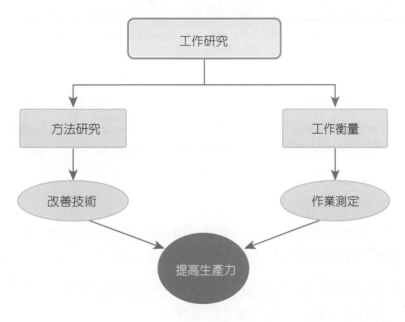

IEM 個案

茶飲店工作改善

資料來源：https://pngtree.com/freepng/working-man-tea-shop-making-a-drink-of-the-little-brother-hand-painted-poster-illustration_4212643.html

工作研究不是只有工廠需要研究改善方法，飲料店也可以進行改善，從一些細節著手，省略不必要的等待和不必要的動作。透過操作人程序圖和線圖分析，研究出比現行方法更省時的建議方法，可縮短的時間和作業流程，平常看不出差別，當訂單多的時候，建議方法就會有比現行較有效率。

1. 操作人程序圖

    (1) 雙手運用：收刪減現行中一些的姿勢，使用曲線圓滑的動作，使兩手同時使用，避免讓單手負荷過多，而另一隻手空閒等待。

    (2) 擺放位置重新規劃：店內設備器材與材料位置的擺放方式，造成工作動線不順暢、操作員容易疲勞與時間上的浪費。

2. 線圖

    動線改善，減少時間和操作員的疲勞，縮短搬運或移動的距離，避免交叉及走回路之現象。

流程程序圖（改善前）

工作物名稱：四季春茶		時間：106.11.12		方法：現行
動作：調製四季春茶		地點：高雄市 -- 區　路 *** 號		研究者：全組組員

距離	時間	符號	說明
1	6.94	●⇨□D▽	排單，抽單、將單拿至吧檯
0	2.78	●⇨□D▽	拿起雪克杯
0	6.43	●⇨□D▽	舀糖
1.5	4.18	●⇨□D▽	至冰槽前，裝冰塊
0.3	3.84	●⇨□D▽	加茶
2.5	6.68	○➡□D▽	上搖搖機
0	6	○⇨□◖▽	等待搖搖機
2.5	5.15	○➡□D▽	拿起雪克杯，走回吧檯
0	3.27	●⇨□D▽	取喝杯
0	3.34	●⇨□D▽	打開雪克杯
0	4.04	●⇨□D▽	將飲料倒入喝杯
5	5.13	○⇨■D▽	調整冰塊量和茶量
0.6	3.95	○➡□D▽	把飲料拿至封口機封杯
0	6	○⇨□◖▽	封口機封杯
1.3	3.60	○➡□D▽	把飲料拿至等候區
0.5	4.50	●⇨□D▽	包裝飲料
1.3	3.01	○➡□D▽	雙手將飲料交給客人

總計

事項	操作	檢驗	搬運	儲存	延遲	備註
次數	9	1	5	0	2	
總時間	78.84 秒					
總距離	16.5 公尺					

改善前後比較

指標	改善前	改善後	差異
總時間	78.84 秒	59.78 秒	19.06 秒
搬運距離	16.5 公尺	10 公尺	6.5 公尺

流程程序圖（改善後）

工作物名稱：嵐四季春茶　　　　時間：106.12.12　方法：現行
動作：調製四季春茶　　　地點：高雄市 -- 區 路 *** 號　　研究者：全組組員

距離	時間	符號	說明
1	6.94	●⇨□D▽	排單，抽單、將單拿至吧檯
0	2.78	●⇨□D▽	拿起雪克杯
0	6.43	●⇨□D▽	舀糖
1	4.18	●⇨□D▽	至冰槽前，裝冰塊
0.3	3.84	●⇨□D▽	加茶
0.5	3.86	○➡□D▽	上搖搖機
0	3.27	●⇨□D▽	取喝杯
2.5	5.15	○➡□D▽	拿起雪克杯，走回吧檯
0	3.34	●⇨□D▽	打開雪克杯
0	4.04	●⇨□D▽	將飲料倒入喝杯
4.2	3.85	○⇨■D▽	調整冰塊量和茶量
0.5	2.5	○➡□D▽	把飲料拿至封口機封杯
0	6.9	●⇨□D▽	包裝飲料
0	2.7	○➡□D▽	雙手將飲料交給客人

總計

事項	操作	檢驗	搬運	儲存	延遲	備註
次數	9	1	4	0	0	
總時間	59.78 秒					
總距離	10 公尺					

5-1 工作研究概述

工作研究（Work study）的範圍包含以下兩種技術：

1. **方法工程（Method Engineering）**：方法工程著重於工作以及作業的分析技術，進行作業或工程的經濟化，提高勞動生產力以及動作改善。

2. **工作衡量（Work Measurement）**：著重於各種時間研究方法，作業層次設定標準時間，確定科學化的管理。

一、目的

工作（Work）不可能是沒有目的的，任何工作必然對社會或企業具有效用的目的。例如採購物品的工作，是在必要時期，以更廉價取得必要數量且品質良好物品的目的，可知工作就是為達成目的的手段，工作係由人員、組織、制度、機械、方法等所構成。

方法研究的目的在於制定最佳的工作方法，制定出為產出產品而能充分運用有關人、設備、材料的工作方式，必須對現行工作方法有系統的進行記錄、分析與檢討，並基於這些分析資料而設計新的工作方法。

本階段是以排除材料或作業員不必要動作浪費為主要觀點，對於材料、產品設計、作業程序、機械設備與工具，以及人的動作加以檢討。

工作衡量的目的在於訂定最適的標準時間，決定一受過適當訓練而有經驗的人，以正常速度從事某項作業時「應該」（Should）投入的標準時間。

標準工時可用在計畫與排程上，亦可用以估計成本，控制人事費用，或獎工制度的基礎。

二、範圍

工作研究範圍包含以下的重點：

1. 最經濟之工作方法，進行方法研究與工作改善。

2. 工作方法、材料、工具及設備等之作業標準化。

3. 進行工作衡量、設定平均工作者完成工作所需之標準時間。

4. 新方法之作業指導維持標準作業程序。

　　工作研究係由吉爾伯斯夫婦的方法研究（動作研究）與泰勒（Taylor）的工作衡量（時間研究）合流而成的技術，如圖 5-1 所示。

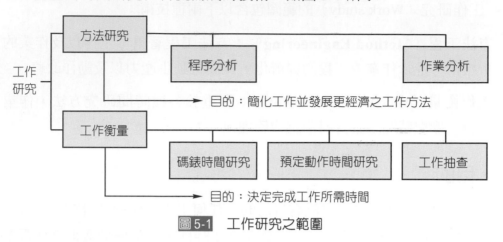

圖 5-1　工作研究之範圍

三、工作研究的起源

（一）吉爾伯斯之動作研究

　　動作研究之創發，全歸功於吉爾伯斯（Gilbreth）夫婦。吉爾伯斯受雇於一家營造商，發現作業者造屋砌磚時所用之方法各異，且每一作業者並不常用同樣動作，這些觀察促使吉爾伯斯開始研究，他不斷尋求最佳之工作方法，結果使作業者之工作量大增，每砌一磚之動作由 18 次減至 4.5 次，每小時只能砌 120 塊，新方法則可砌 350 塊，工作效率增加近 200%。對工時學而言，是一項了不起的貢獻，吉爾伯斯被稱為「動作研究之父」。

表 5-1　砌磚研究彙總

	舊方法	新方法
動作	18	4.5
每小時砌磚數	120 塊	350 塊
效率	100%	300%

　　吉爾伯斯夫婦還進而將手部動作歸併成為十七個基本項目，稱之為「動素」（Therblig）。經研究發現，總計人體動作之基本要素可細分為十七種動素，而為了方便討論，將此十七種動素分成三大類：

表 5-2　三類動素

第一類	進行工作之要素（1～8）
第二類	阻礙第一類工作要素之進行（9～13）
第三類	對工作無益之要素（14～17）

表 5-3　動素分類

類別	編號	動素名稱	文字符號	象形符號	定義
第1類	1	伸手 (Reach)	RE	⌣	接近或離開目的物之動作
	2	握取 (Grasp)	G	∩	為保持目的物之動作
	3	移物 (Move)	M	⌣	保持目的物由某位置移至另一位置之動作
	4	裝配 (Assemble)	A	♯	為結合兩個以上目的物之動作
	5	應用 (Use)	U	∪	藉器具或設備改變目的物之動作
	6	拆卸 (Disassemble)	DA	⧺	為分解兩個以上目的物之動作
	7	放手 (Release)	RL	⌢	放下目的物之動作
	8	檢驗 (Inspection)	I	( )	將目的物與規定標準比較之動作
第2類	9	尋找 (Search)	SH	👁	為確定目的物位置之動作
	10	選擇 (Select)	ST	→	為選定欲抓起目的物之動作
	11	計畫 (Plan)	PN	㇄	為計畫作業方法而延遲之動作
	12	對準 (Position)	P	9	為便利使用目的物而校正位置之動作
	13	預對 (Pre-position)	PP	8	使用目的物後為避免「對準」動作而放置目的物之動作
第3類	14	持住 (Hold)	H	⌒	保持目的物之狀態
	15	休息 (Rest)	RT	㇇	不含有用的動作而以休養為目的之動作
	16	遲延 (Unavoidable Delay)	UD	⌐	不含有用的動作而作業者本身所不能控制之遲疑
	17	故延 (Avoidable Delay)	AD	ﻭ	不含有用的動作而作業者本身可以控制之遲疑

（二）泰勒之時間研究

泰勒於 1878 年加入密德魏爾鋼鐵廠（Midvale steel company），對於領班及作業者之工作，開始抱持懷疑的態度，如：「做此事之最佳方法為何？」、「一日應做那些事？」等。泰勒希望部屬盡力工作，對每件事必設法尋求最適當的工作環境，並規定每一工作所須之時間標準，使在標準時間內完工之作業者，正常工資外再獲得績效獎金。

泰勒進入伯斯利恆鋼鐵廠（Bethlehem steel works），研究該廠工人鏟煤屑、礦砂等物料的工作，從前該鐵工廠須用 400 至 600 所做之工作，泰勒僅用 140 人即可完成之，鏟煤鐵之成本，每噸由美金 7 元 8 分降至 3 元 4 分，如表 5-4 所示。

表5-4　鏟煤研究彙總

	舊方法	新方法
作 業 員	400~600 人	140 人
每人每日平均工作量	16 噸	59 噸
每人每日平均工資	1.15	1.88
每噸人工成本	0.072 美元	0.033 美元

泰勒為執行工作管理，擬定下列四大原理：

1. 選定「唯一最好的方法」（One Best Way）。

2. 選定的工作，指派最適當的作業員。

3. 作業員實施最佳工作方法的訓練。

4. 建立勞資間的協調關係，確立合理的薪資及獎金。

5-2　方法研究

方法研究（Method study）係有關工作方法的改善以及標準化之技術體系，對於生產活動，從以下列兩方面加以檢討。

1. **程序分析**：從空間、時間上研究生產對象（物）在製造過程中的變化。

2. **作業分析**：生產主體（人）對生產對象的操作之研究。

分析工作時通常可分為二類，一為程序分析（Process analysis）一為作業分析（Operation analysis），如圖 5-2 所示。

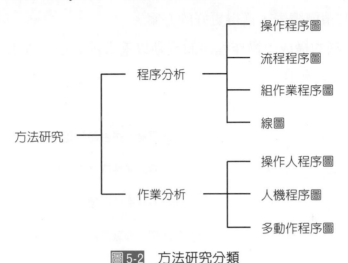

圖 5-2　方法研究分類

一、程序分析（Process analysis）

從大處著眼，IE 改善之起步，為對整體製程做全盤大體性之分析，研究各個操作程序，依照工作流程，從第一個工作站到最後一個工作站，全盤考慮，分析有無多餘的作業、有無重複作業、程序是否合理、搬運是否太多，遲延與等待是否太長等問題，從而改善工作程序與工作方法，以達到最高效率。程序分析目的在於降低成本、增加生產量、縮短生產週期、減少材料損傷與維持品質、空間的有效利用與提高安全與環境。

（一）操作程序圖

操作程序圖為顯示產品的整體製造程序的工作概況圖，又稱「概要程序圖」（Outline process chart）。以「操作」及「檢驗」之分析順序為重點，並對原材料、零件投入製程的特點、及操作所需時間均予標明，惟不包括物料之「搬運」、「停滯」及「儲存」之情況。

操作程序圖可以掌握從原料至產品整體製程，為分析及改善的主要基本工具。操作程序圖的用途：

1. 生產線上的大致位置次序，品質管制的重點站。

2. 零件或原料的規格、設計。

3. 製造程序及工廠佈置的大體概念，可作生產線平衡的依據。

4. 推算工具和設備的規格、型式和需要數量。

5. 製造程序的精簡總表，獲得更好的方案。

　　操作程序圖的構成：操作程序的流動以垂直線表示，以水平線代表材料的流動，如圖 5-3 所示。

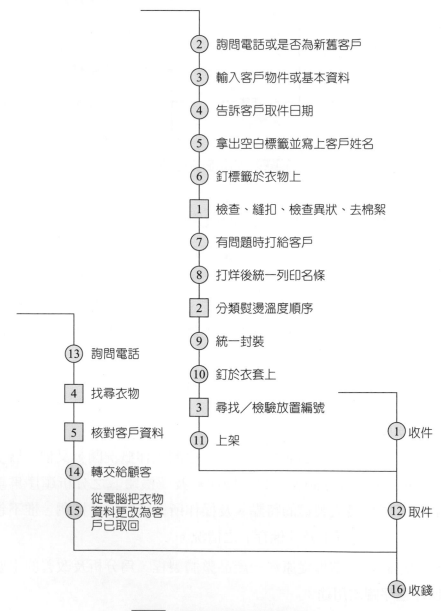

圖 5-3　櫃檯收取件的操作流程

（二）流程程序圖

流程程序圖是對整體製造程序中之「操作」、「檢驗」、「遲延」、「儲存」、「搬運」五種事項作最詳盡記錄，如圖 5-4 所示。流程程序圖比操作程序圖更為詳盡複雜，對每一主要零件或材料單獨作圖，使每件之搬運、儲存、及檢驗均可獨立研究，特別用以分析搬運距離、遲延等隱藏成本（Hidden Cost）之浪費。研究對象可以區分為：

1. 材料流程程序圖：製程或零件被處理的步驟。

2. 人員流程程序圖：操作人員之所有一連串的動作。

　　流程程序圖比操作程序圖更為詳盡複雜，對每一主要零件或材料單獨作圖，使每件之搬運、儲存、及檢驗均可獨立研究，特別用以分析搬運距離、遲延等隱藏成本（Hidden cost）之浪費。

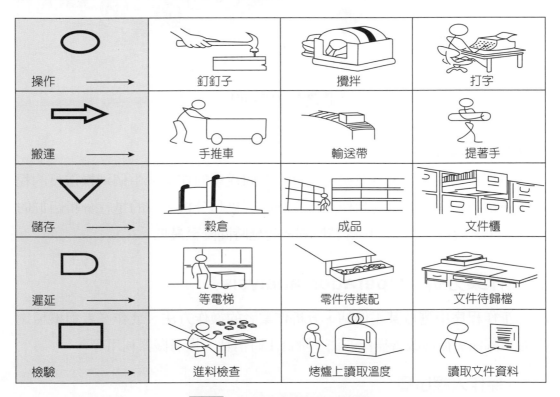

圖 5-4　流程程序圖之分析符號

（三）線圖

　　將流程程序圖的內容，動線的型態繪在配置圖上。將物料或人員所流經之路線，依流程程序圖所記錄之順序方向用直線或絲線（String）來表示。

線圖用以表現廠房、機械設備、作業人員、與工作物於生產過程中實況，掌握人或物的移動爲主要目的。線圖常與流程程序圖配合使用，可顯示實際的路徑，便於分析與研究。

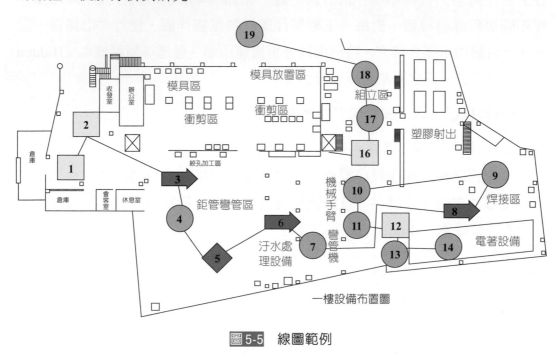

圖 5-5　線圖範例

（四）組作業程序圖

組作業程序圖的用意在研究一群人共同從事的作業。由個別操作員的程序圖所構成，同時發生的動作並排在一起，以利分析。目的是在分析組群的作業，重新編排工作群，將等待時間與遲延時間降至最低。

二、作業分析（Operation analysis）

工作程序中選取某工作站，分析作業者的操作方法、或作業者與機械之間各種關係，從而改善操作方法，降低工時消耗、提高機器利用等。

（一）操作人程序圖

操作人程序圖爲一種特殊之工作程序圖，又稱爲左右手程序圖（Left and right-hand process chart），因爲它分別將左右手之所有動作與空間都予以記錄，並將左右手之動作，依其正確之相互關係配合時間標尺（Time scale）記錄下來。

目的在於將各項操作更詳細的記錄，以便分析並改進各項操作之動作。例如：資料影印裝訂的研究，最主要的有四個動作，分別是影印、貼膠膜、裝訂及修剪，繪製操作人程序圖時，如圖5-6所示。

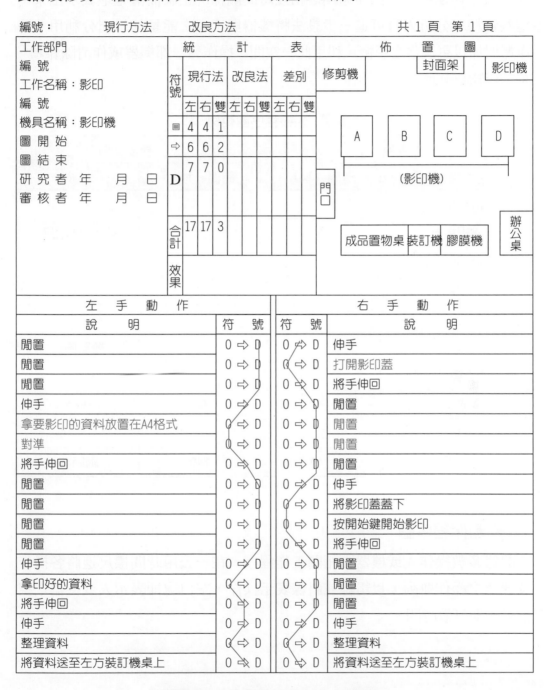

編號：　　現行方法　　改良方法　　　　共 1 頁　第 1 頁

工作部門									統　計　表								佈　置　圖		

統計表：

符號	現行法			改良法			差別		
	左	右	雙	左	右	雙	左	右	雙
▣	4	4	1						
⇨	6	6	2						
D	7	7	0						
合計	17	17	3						
效果									

佈置圖：修剪機　封面架　影印機　A　B　C　D　（影印機）　門口　成品置物桌　裝訂機　膠膜機　辦公桌

工作名稱：影印
編　號
機具名稱：影印機
圖 開 始
圖 結 束
研 究 者　年　　月　　日
審 核 者　年　　月　　日

左　手　動　作			右　手　動　作	
說　　明	符　號	符　號	說　　明	
閒置	O ⇨ D	O ⇨ D	伸手	
閒置	O ⇨ D	O ⇨ D	打開影印蓋	
閒置	O ⇨ D	O ⇨ D	將手伸回	
伸手	O ⇨ D	O ⇨ D	閒置	
拿要影印的資料放置在A4格式	O ⇨ D	O ⇨ D	閒置	
對準	O ⇨ D	O ⇨ D	閒置	
將手伸回	O ⇨ D	O ⇨ D	閒置	
閒置	O ⇨ D	O ⇨ D	伸手	
閒置	O ⇨ D	O ⇨ D	將影印蓋蓋下	
閒置	O ⇨ D	O ⇨ D	按開始鍵開始影印	
閒置	O ⇨ D	O ⇨ D	將手伸回	
伸手	O ⇨ D	O ⇨ D	閒置	
拿印好的資料	O ⇨ D	O ⇨ D	閒置	
將手伸回	O ⇨ D	O ⇨ D	閒置	
伸手	O ⇨ D	O ⇨ D	伸手	
整理資料	O ⇨ D	O ⇨ D	整理資料	
將資料送至左方裝訂機桌上	O ⇨ D	O ⇨ D	將資料送至左方裝訂機桌上	

圖5-6　雙手程序圖 - 影印　（改善前）

（二）人機程序圖

分析在同一時間（或同一操作週期）內，同一工作地點之各種動作，並將機器操作週期與工人操作週期之相互時間關係，正確而清楚地表示出來。由這些資料，分析人員可進一步設法將機器與工人之能量加以充分利用，將操作週期加以更適當之平衡，利用此一空閒，操作另一部機器或作清除雜項、規劃工作物或其他手工之操作。

表5-5　人機程序圖範例

作業員		機器	
作業	時間（秒）	時間（秒）	作業
取椅架	3	24	等待材料置入
放入銲接機	6		
置入銲接部位至椅架	15		
開機	5	5	開機
等待機器加工	45	45	機器加工
機器停止	2	2	機器停止
檢查是否銲接完成	8	64	等待
取成品	4		
修整	52		
總時間	140	140	總時間

（三）多動作程序圖

記錄多數操作人或機器之相關工作程序，在一公用時間標尺邊將各操作人及機器之操作並列，以粗線或斜線表示操作，空白處即表示人或機器之空閒情形，即無效時間。

5-3 動作經濟原則

　　動作經濟原則的目的在於減少工人的疲勞與縮短工人的操作時間，動作經濟原則綜分為二十項，並歸納為下列三大類：

1. 人體之運用。

2. 工作場所之佈置與環境條件。

3. 工具和設備之設計。

　　動作經濟原則的目的在於減少工人的疲勞與縮短工人的操作時間。

表5-6　20項經濟原則

類別	項目
人體之運用	1. 雙手應用同時開始並同時完成其動作。
	2. 除規定休息時間外，雙手不應同時空閒。
	3. 雙臂之動作應對稱，反向並同時為之。
	4. 手之動作應以用最低等級而能滿意結果者為妥。
	5. 物體之運動量儘可能利用之，但如須用肌力制止時，則應將其減至最小度。
	6. 連續之曲線運動，較含有方向突變之直線運動為佳。
	7. 彈道式之運動，較受限制或受控制之運動輕快確實。
	8. 動作應儘可能使其輕鬆自然之節奏，因節奏能使動作流利及自發。
工作場所之佈置	9. 工具物料及裝置於工作者之前面近處。
	10. 零件物料之供給，應利用其重量墮至工作者手邊。
	11. 「墮送」，方法應盡可能利用之。
	12. 工具物料應依照最佳之工作順序排列。
	13. 應有適當之照明設備，使視覺滿意舒適。
	14. 工作檯及椅子之高度，應使工作者坐立適宜。
	15. 工作椅式樣及高度，應使工作者保持良好姿勢。

類別	項目
工具設備	16. 儘量解除手之工作，而以夾具或足踏工具代替之。
	17. 可能時。應將兩種工具何併為之。
	18. 工具物料應儘可能預放在工作位置。
	19. 手指分別工作時，其各個負荷應按照其本能，予以分配。
	20. 機器上槓桿，十字桿及手輪之位置，應能使工作者極少變動其姿勢，且能利用機器之最大能力。

5-4 工作衡量

一、標準時間（Standard Time, S.T.）之意義及其用途

（一）意義

　　「標準時間」是在某種「標準狀態」下，決定某操作需要多少時間。更詳細地說，工作衡量就是在決定一位「合格適當」而有「良好訓練」之操作者，在標準狀態下，對一特定之工作，以「正常速度」操作所須時間。標準工時的必要先決條件，如表 5-7 所示，若四項條件有所變更時，標準工時亦應即時修正。

表 5-7　標準工時先決條件

標準工時先決條件	內容
工作條件	工作環境（溫度、濕度、通風、照明、噪音與灰塵）、機器、工夾治具與加工材料等，在正常及安全的情況下。
作業方法	加工方式、操作順序、操作動作、操作佈置、姿勢等。
完整而熟練的作業員	合格的作業員，並受過完全的訓練。
正常的速度	操作員在正常速度下工作，不能勉強自己過度努力，亦不能過度怠慢。

（二）用途

1. 應用於「能率管理」

$$作業者的努力程度＝工作效率＝能率＝\frac{總標準時間}{實際之作業時間}×100\%$$

 例題5-1

假設某作業員生產件數 250 件，標準時間為 1.5 分 / 件，一天生產時間 8 小時，如何衡量作業者對工作之努力程度？

解

$$作業者的努力程度＝\frac{總標準時間}{實際之作業時間}×100\%$$

$$＝\frac{生產件數 × 標準時間}{實際之作業時間}×100\%$$

$$＝\frac{250\ 件 ×1.5\ 分}{8\ hr×60\ 分}×100\%$$

$$≒78.13\%$$

2. 應用於「人員計算」

$$必要人數＝\frac{生產作業負荷}{每人月份直接時間}$$

 例題5-2

下月份生產某 A 零件 8,000 件，標準時間為 25 分 / 件，每日上班時數 8 小時，每月工作天數 25 天，員工出勤率 95%，生產效率 90%，應該需要多少作業人員？

解

$$必要人數＝\frac{生產作業負荷}{每人月份直接時間}$$

$$＝\frac{產量 × 標準時間}{（每日上班時數 ×60\ 分）× 每月上班天數}×\frac{1}{出勤率}×\frac{1}{生產效率}$$

$$＝\frac{8,000\ 件 ×25\ 分}{（8\ hr×60\ 分）×25\ 天}×\frac{1}{0.95}×\frac{1}{0.9}$$

$$≒19.5 → 20\ 人$$

3. 應用於「工資制度」、「獎工制度」

應得工資及獎金總數＝

（實際工時 × 每小時工資率）＋ [獎金率 ×（標準時間－實際工時）×
每小時工資率]

 例題5-3

作業員從事某項工件用 6 hr，該工作標準時間為 8 hr，問該作業員應得多少工資
及獎金？

解

應得工資及獎金總數＝（實際工時 × 每小時工資率）＋ [獎金率 ×（標準時間－
實際工時）× 每小時工資率]

$$= (6\ hr \times \$50) + [\ 40\% \times (8\ hr - 6\ hr) \times \$50]$$

$$= \$340$$

二、工作衡量之技術與階次

工作衡量之技術，就資料之取得方式而言，分成直接法與合成法兩種，
主要內容如圖 5-7 所示。

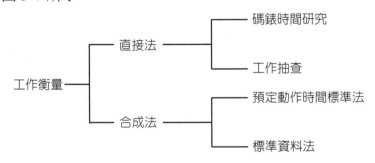

圖 5-7 工作衡量之技術

表 5-8　時間研究的階次

階次	工作	工作衡量之技術
第一	動作（Motion）	預定時間標準法
第二	單元（Element）	碼錶時間研究、標準資料法
第三	作業（Operation）	工作抽查、標準資料法
第四	製程（Process）	工作抽查、標準資料法
第五	活動（Activity）	
第六	機能（Function）	
第七	產品（Product）	

時間研究之實施步驟如圖 5-8 所示。

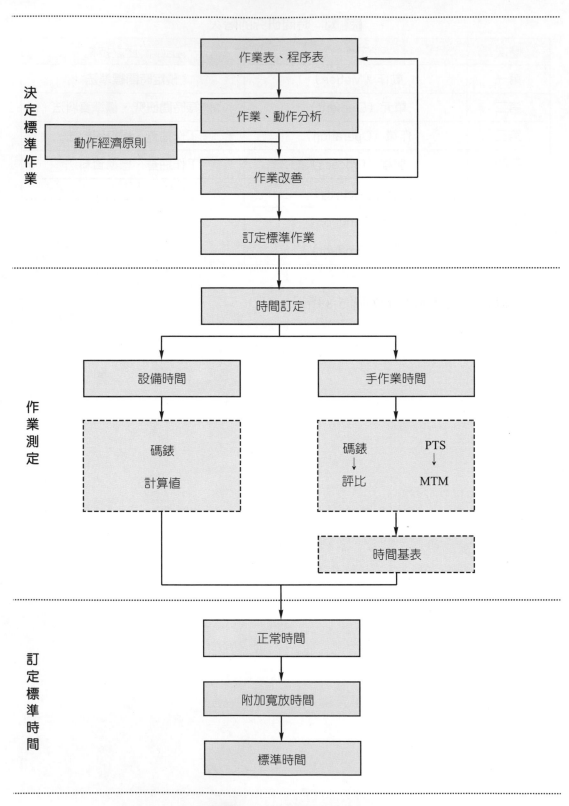

圖 5-8　訂定標準時間程序

（一）碼錶時間研究

碼錶時間研究是在一段有限的時間內，連續的直接觀測操作員的作業，稱為密集抽樣（Intensive Sampling）的時間研究，稱為「直接時間研究」。

1. 收集與記錄操作與操作者有關之資料

時間研究所最重要的基本資料為設備，材料規格，被觀測者品質與操作方法四者。時間研究表格應在實際觀測之前，計入下列各資料：操作工人姓名或工號、使用機器性能工具、夾具、手工具等設備資料至少應計入代號。詳密之工作方法及操作之動作單元，取得現場主管之確認。

2. 將工作劃分成單元並加以完整之記述

工作劃分單元其理由有下列四點：

(1) 便利確切之記述、劃分各單元可得各單元之標準時間。

(2) 劃分單元可將各單元個別賦予評比。

(3) 補救速度不平均之弊。

(4) 易於查出操作單元實際工時之過長或過短。

3. 觀測並記錄操作時間，即測時工作

表 5-9　測時方法

方法	說明	優點	缺點
連續法	第一觀測週期第一操作單元開始時，立即按碼錶進行測試，觀測整個研究過程，均不再按停歸零。	整個操作過程詳細記錄，增加資料確實性。	書面作業較為繁多。
歸零法	每一單元開始時將碼錶按行，指針由零位開始走動。	觀測中，各單元次序如有差錯時，不必另行標明，可不記入延遲及外來單元。	遲延及外來單元未予記錄，資料失去確實性，分析可能錯誤。

4. 決定觀測週期數

決定觀測次數要考慮四項因素：

(1) 觀測人員之技術。

(2) 操作本身之安定性。

(3) 經濟觀點觀測工人之人數。

(4) 決定觀測次數的方法。

5. 對操作者之各單元加以評比

實施測時工作之前，要求操作者為具有良好訓練，熟悉該項操作細節，且以一「正常速度」操作。

評比是一種判斷（Judgment）或評價（Evaluation）的技術，目的在使實際的操作時間，調整至「平均工人」之「正常速度」的基準。評比之後得到「正常時間」可由以下公式計算：

正常時間（Normal time）＝觀測時間（Time observed）×評比係數（Rating factor）

6. 檢視並決定觀測週期數是否已經足夠

7. 決定寬放值（Allowance）

寬放一項工作是為了實際上的需要，要求操作者在整個被觀測的過程中每分每秒均能完全維持其「平均速度」或「正常速度」。

操作過程，總會偶爾發生一些干擾性的中斷，增加操作時間。被觀察者可能需要喝茶、上廁所，偶而因疲倦而稍事休息或降低速度，偶而工具損壞需要修理，或者替機器上油，有時候領班有所指示而不得不暫停工作，這些都不是他自己意志所能控制。寬放時間的決定，依不同工廠與工作性質而有很大差異，寬放的型態如圖 5-9 所示。

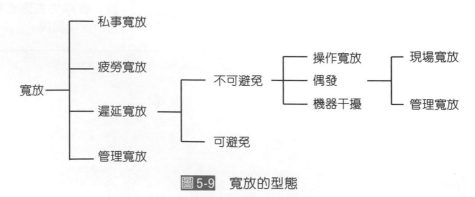

圖 5-9　寬放的型態

計算寬放率依其分母為作業時間或淨時間，而有下列兩種方法：

(1) 外乘法（計算標準工時使用）

$$寬放率（\%）＝ \frac{寬放時間}{淨時間} ＝ \frac{寬放時間}{作業時間－寬放時間}$$

$$標準工時＝淨時間＋寬放時間$$

$$＝淨時間(1＋\frac{寬放時間}{100})$$

(2) 內乘法（由連續觀測法計算寬放率時使用）

$$寬放率（\%）＝ \frac{寬放時間}{淨時間} ＝ \frac{寬放時間}{作業時間－寬放時間} ×100$$

$$標準工時＝淨時間 × \frac{1}{1－寬放率}$$

8. 訂定操作之時間標準

$$標準時間＝觀測時間 × 評比 ×(1＋寬放率)$$

$$＝正常時間 ×(1＋寬放率)$$

$$＝正常時間＋寬放時間$$

 例題5-4

某一單元觀察時間為 0.8 分鐘，評比為 110%，寬放為 20%，則標準時間為多少？

解

標準時間＝ 0.8×110%×(1 + 20%)

　　　　＝ 0.88×1.2

　　　　＝ 1.056（分）

例題5-5

依據表格中觀測時間（Observe , Obs），計算其標準時間，評比為單元 1=1.0，單元 2=1.1， 單元 3=0.9，寬放比 = 18%。

單位：分（minutes）

單元	Obs 1	Obs 2	Obs 3	Obs 4
1	2.60	2.34	3.12	2.86
2	4.94	4.78	5.10	4.68
3	2.18	1.98	2.13	2.25

 解

單元	Obs 1	Obs 2	Obs 3	Obs 4	平均(分)	評比	正常時間
1	2.60	2.34	3.12	2.86	2.73	1.0	2.730
2	4.94	4.78	5.10	4.68	4.875	1.1	5.363
3	2.18	1.98	2.13	2.25	2.135	0.9	1.922
					總正常時間 =10.015 分		

表格中元素的正常時間是平均時間乘以評比。

總正常時間為三個單元正常時間的總和：2.730 + 5.363 + 1.922 = 10.015 分。

ST = 10.015 × (1 + 0.18) = 11.82 分

例題5-6

工作單元組合如下標表，回答以下的問題（單位：秒）。

觀察次數順序	單元 1	單元 2	單元3
1	15	23	45
2	17	25	51
3	16	23	52
4	13	26	49
5	15	25	46

觀察次數順序	單元 1	單元 2	單元3
6	14	23	43
7	16	24	51
8	14	25	50
9	15	23	49
10	16	22	49
評比（%）	110	115	105

(1) 單元 1 平均時間？

(2) 單元 2 正常時間？

(3) 單元 3 正常時間？

(4) 假設評比為單元 = 115%，則正常時間？

(5) 假設評比為單元 = 110%，寬放比 = 15%，則標準時間？

(1) (15 + 17 + 16 + 13 + 15 + 14 + 16 + 14 + 15 + 16) / 10 = 15.1 秒

(2) 單元 2 平均時間 = 23.9 秒

　　正常時間 23.9×115% = 27.485 秒

(3) 單元 3 平均時間 = 48.5 秒

　　48.5×105% = 50.925 秒

(4) 單元 1 平均時間 + 單元 2 平均時間 + 單元 3 平均時間

　　= 15.1 + 23.9 + 48.5 = 87.5 秒

　　正常時間 = 87.5 秒 ×115% = 100.625 秒

(5) 單元 1 平均時間 + 單元 2 平均時間 + 單元 3 平均時間

　　= 15.1 + 23.9 + 48.5 = 87.5 秒

　　正常時間 = 87.5 秒 ×110% = 96.25 秒

　　標準時間 96.25×(1 + 15%) = 100.6875 秒

（二）工作抽查

工作抽查在較長的時間內，以隨機（Random）的方式，觀測操作者。抽查之時，立即評定抽查對象之績效指標（相當於碼錶時間研究之評比），並記錄下來，抽查完畢後，即可計算標準時間，公式如下：

$$每件之標準時間 = \frac{總觀測時間 \times 工作評比 \times 平均績效指標}{總生產數量} \times \frac{1}{1-寬放率}$$

例題5-7

某工廠之機械裝配作業，配置 10 名操作員作同樣工作。為了制定標準工時，某觀測員以 3 天的時間，同對這 10 位操作員作工作抽查研究。3 天之中，共作 725 次觀測，其中，這 10 個操作員有 711 次是在工作中，在該 711 次觀測時，觀測員並立即的記錄了績效指標。試問每件之標準時間為多久？

解

- 觀測期間，10名操作員之總上班時間為13,650分鐘。
- 工作比率為98.0% (711÷725)，空間比率為2.0%，工作時間為13,378分鐘（13,650×0.98＝13,377）。
- 3天中，10名操作員總共生產合格品16,314件，平均績效指標120%，連續觀測寬放率20%。
- 將以上資料整理成下表：

總上班時間（總觀測時間）	13,650 分鐘
工作比率	98.0%
平均績效指標	120%
寬放率	20%

- 每件之標準時間

$$= \frac{總觀測時間 \times 工作比率 \times 平均績效獎金指標}{總生產數量} \times \frac{1}{1-寬放率}$$

$$= \frac{13,650 \times 0.98 \times 1.2}{16,314} \times \frac{1}{1-0.2}$$

$$= 1.23 \text{ 分鐘}$$

（三）預定動作時間標準

　　預定動作時間標準（Predetermined Motion Time Standard, PMTS），不需直接測時，而是將各工作單元依序記錄後，依每個單元之特質逐項分析查表得其時間值，再經過累加合成即得「正常時間」，加以適當寬放，即得標準時間。

exercise 本章習題

一、填充題

1. 可記錄多數操作人或機器之相關工作程序，在一公用時間標尺邊將各操作人及機器之操作並列，以粗線或斜線表示操作，空白處即表示人或機器之空閒情形，即_____。

2. 工作衡量的目的在於訂定最適的標準時間，亦即決定一受過適當訓練而有經驗的人，以正常速度從事某項作業時「_____」投入的時間。標準工時可用在計畫與排程上，亦可用以估計成本，控制人事費用，或獎工制度的基礎。

3. 泰勒為執行工作管理，擬定下列四大原理：

   (1) 分析作業方法或機械設備，選定「_____」（One Best Way），並以此設定科學的工方法。

   (2) 對於選定的工作，指派最適當的作業員。

   (3) 對於作業員實施最佳工作方法的訓練。

   (4) 對建立勞資間的協調關係，確立合理的薪資及獎金。

4. 標準工時的必要條件有四項：

   (1)_____

   (2)_____

   (3)_____

   (4)_____

5. 巴恩斯將動作經濟原則綜分為二十項，又可歸納為三類：

   (1)_____

   (2)_____

   (3)_____

6. 工作研究可分兩種：

    (1)＿＿＿＿＿＿＿＿＿＿＿＿

    (2)＿＿＿＿＿＿＿＿＿＿＿＿

7. 方法研究的目的在於＿＿＿＿＿＿＿＿＿＿＿＿。

8. 工作衡量的目的在於＿＿＿＿＿＿＿＿＿＿＿＿。

9. 工作衡量可分兩種：

    (1)＿＿＿＿＿＿＿＿＿＿＿＿

    (2)＿＿＿＿＿＿＿＿＿＿＿＿

10. 直接法可分兩種：

    (1)＿＿＿＿＿＿＿＿＿＿＿＿

    (2)＿＿＿＿＿＿＿＿＿＿＿＿

11. 合成法可分兩種：

    (1)＿＿＿＿＿＿＿＿＿＿＿＿

    (2)＿＿＿＿＿＿＿＿＿＿＿＿

二、簡答題

1. 請說明工作研究可細分為哪二大部分，其重點有哪些？

2. 請說明吉爾伯斯與泰勒對於工作研究之貢獻。

3. 請說明方法研究的程序與作業分析圖。

4. 請說明動作經濟原則的重點。

CHAPTER 06
設施規劃

　　設施規劃先著手進行設施內部設計與設施位置選擇，以物料流程搬運系統的設計為首要步驟，設備和空間的最佳配置，從原料的接收到成品之運出能以經濟的方式流通順暢，將人員、物料及設備做最有效的組合與規劃，產生最大效率與績效，本章討論的議題重點如下：

❖ 設施規劃對於企業的運作重要性。

❖ 決定設施規劃的方向、目標以及應用的時機點。

❖ 位址選擇因考慮的因素以及分析技術。

❖ 如何決定工廠佈置的步驟。

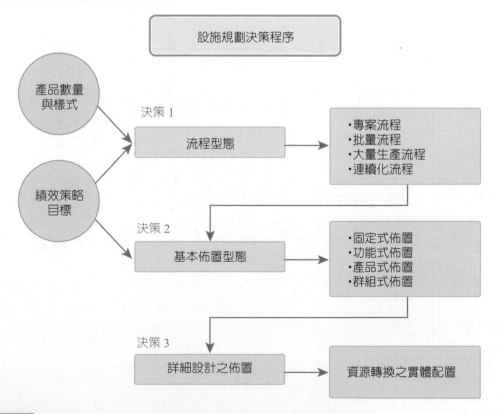

設施規劃

　　ASE 半導體新產品之 LAYOUT 規劃，讓生產更為快速便利，減少製程時間，節省不必要的人力資源，降低公司的生產成本，這些效益都可以幫助公司在無形中減少成本、增加收益。

一、工作關係圖

BGA 工作關係圖

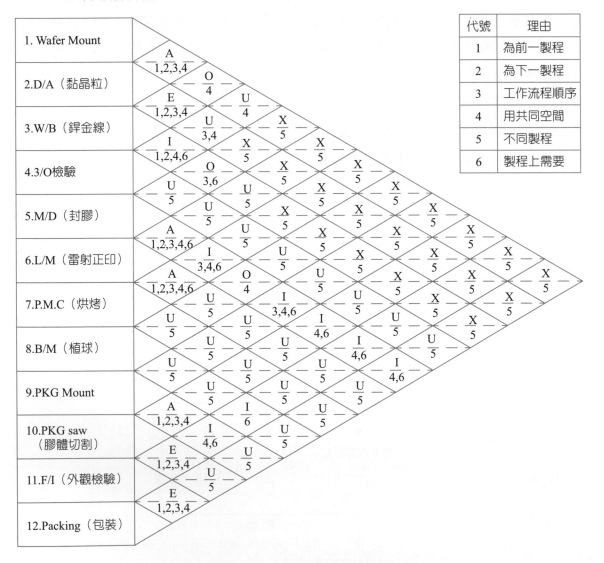

代號	理由
1	為前一製程
2	為下一製程
3	工作流程順序
4	用共同空間
5	不同製程
6	製程上需要

二、流程程序圖分析

步驟	作業	運輸	檢驗	檢驗	儲存	說明	設備	距離
1	○	⇨	□	D	▽1	Wafer儲存於接收單位		0
2	○	⇨1	□	D	▽	將wafer送至S/W機台	手	12
3	○1	⇨	□	D	▽	利用sawing機台將wafer切割至一定大小	機器	0
4	○	⇨	□1	D	▽	已切割好wafer至2/0sorting work	手	2
5	○	⇨2	□	D	▽	將sorting完之wafer送至D/A work	Walk	10
6	○2	⇨	□	D	▽	由D/A機將DIE黏至導線架上	機器	0
7	○	⇨3	□	D	▽	已完成之半成品送入烤箱	Walk	6
8	○	⇨	□	D	▽2	在烤箱內烘烤4hrs	機器	0
9	○	⇨4	□	D	▽	移至W/B機台	Walk	20
10	○3	⇨	□	D	▽	將手指&鉛墊用GOLD做連接	機器	0
11	○	⇨5	□	D	▽	送至A120 molding機台	Walk	8
12	○4	⇨	□	D	▽	封膠	機器	0
13	○	⇨6	□	D	▽	移至正印機台	Walk	4
14	○5	⇨	□	D	▽	在膠體正面打上mark	機器	0
15	○	⇨7	□	D	▽	移至A160烤箱	Walk	8
16	○	⇨	□	D	▽3	在烤箱內烤4hrs		0
17	○	⇨8	□	D	▽	移至植球機台	Walk	4
18	○6	⇨	□	D	▽	植上錫球	機器	0
19	○	⇨9	□	D	▽	移至PKG saw機台	Walk	12
20	○7	⇨	□	D	▽	將膠體切割至一定大小，並入tray盤	機器	0
21	○	⇨10	□	D	▽	移至A265檢腳機	Walk	15
22	○	⇨	□2	D	▽	檢驗	機器	0

BGA製程動線

零件名稱：BGA生產封裝	符號	數目
程序說明：wafer 切割、銲線、封裝	◯	7
部門：MFG	⇨	10
公司：ASE	▢	2
記錄者：	◗	0
日期：	▽	3
	總步驟	22
	移動距離	101m

三、線圖分析

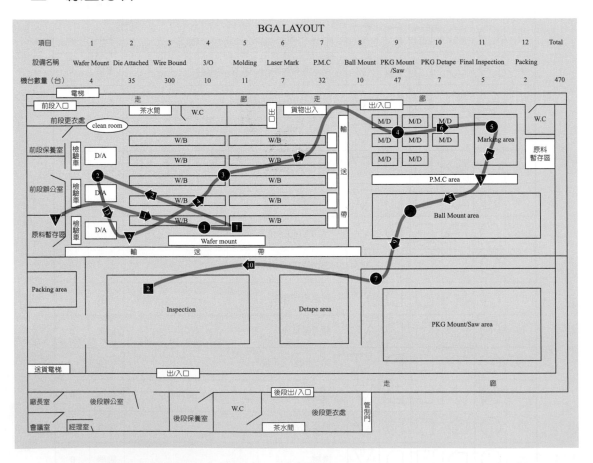

項目	1	2	3	4	5	6	7	8	9	10	11	12	Total
設備名稱	Wafer Mount	Die Attached	Wire Bound	3/O	Molding	Laser Mark	P.M.C	Ball Mount	PKG Mount /Saw	PKG Detape	Final Inspection	Packing	
機台數量（台）	4	35	300	10	11	7	32	10	47	7	5	2	470

BGA LAYOUT

四、預期改善效益分析

成本分析改善

單位：千元	現有流程（BGA）			新製程（BUMPING）			差異
	數量	單價	TOTAL	數量	單價	TOTAL	
人員	150 人 / 一班	$21	$9,450	20 人 / 一班	$25	$2,000	$7,450
機臺數	470 臺 / 廠	-	-	40 臺 / 廠	-	-	430 臺
直 / 間材需求量	全線（300 捲 /D）	$50	$15,000	酸洗液（3 次 /D）	$40	$120	$14,880
製程流程	12 個站別	-	-	7 個站別	-	-	5 個站別
						總計 $22,330	

五、結論與建議

　　研究製造程序過程中，現場佈置的空間沒有被有效利用，造成現場空間浪費。藉由移動或合併機器擺設的位置，增加空間有效利用率，更由 Layout 圖看出一間公司的現場平面圖以及各項設備合理配置是相當重要的。

6-1 設施規劃概述

　　佈置規劃（Layout Planning）或設施設計（Facilities Design）乃是生產管理系統運作之初，配合所生產的產品的製造程序及物料流程的需要，安排機器設備、人員、物料及辦公室所佔空間的相關位置，使產品的生產能自原料進入至成品完成出廠的過程，以最迅速、最大效率進行。

　　設施規劃問題是探討如何將機具設備做最有效的規劃佈置，使得製造資源能得到最充分有效的利用。輔助衡量設施規劃優劣的績效指標，包括部門的相關性、最小化物料回流、最小化物料搬運時間、最大化總產出量與最大化移動次數，探討設施規劃問題，仍較著重在將物料搬運總成本最小化。

　　設施規劃（Facility layout）係工業工程與管理最基本的活動之一，是源於現場管理合理化之重要工具，基於改善企業體質，設施規劃必須系統分析、概念化、設計與執行整體生活製造動線，並由一群小團體在工作現場，不斷地實施計畫－執行－確認－改善（Plan, Do, Check, Action, PDCA）管理循環活動。

圖6-1 工廠自動化亦是設施規劃方向之一

資料來源：http://zh.wikipedia.org/wiki/File:Factory_Automation_Robotics_Palettizing_Bread.jpg

一、設施規劃之目標

生產系統設計工作一般必須具備三項目標，才能使設施規劃活動達到最佳的效益：

1. 可行性：符合製程之需求，生產流程在最有效率之情況物流動線儘可能：

(1) 依流線化（Flowline）方式流動。

(2) 儘量避免迴路（Backtracking）現象產生。

2. 安全性：運作過程中，人、物、機能夠不受設施不良的影響。儘可能：

(1) 隔離發生極大噪音的機器，機器之震動力。

(2) 避免影響到鄰近的機器或人員之操作。

(3) 考慮有損傷性的特殊物品或設備之位置。

(4) 不危害員工或其他物料及設備。

3. 經濟性：最小的成本，符合企業的效率。

(1) 減少物料搬運：搬運是生產過程中必要之惡，並不能增加產品價值，故良好之佈置應盡可能將搬運降低。

(2) 保持高度週轉率：物料及在製品能在最短時間內，依流程移動於製之間，搬運量減至最低，減少物料週轉時間。

(3) 機器設備適當配置：避免非充分利用能量的重複投資，設法安排流程或機器之位置，使兩零件經過同一工作站，避免機器產生閒置現象。

(4) 廠房充分利用：儘量不要使廠房存放空氣（無法增加附加價值），擴建廠房之前，亦應對舊廠房儘量再利用。

(5) 人力之有效應用：機器和操作者互相之間沒有不必要的走動空間，提供良好督導的基礎。

二、設施規劃之應用時機

設施規劃已成為企業界推動現場合理化活動中不可或缺的一環，對於生產力提升與改善，扮演著極重要角色，因而帶給傳統產業競爭力的提升。設施規劃是製造業必須解決的一項重要課題，設施佈置不僅發生在新廠設立時，廠房的搬遷、生產規模的調整、新產品的引進，甚至於生產效率的改進，都會衍生設施佈置的問題，設施規劃之應用時機歸納如下：

（一）籌設新廠房

一項完整的佈置工作，首先必須先考慮廠址的選擇，設計時需有長遠計畫，考慮企業之成長性與發展的可能性，具有適度的擴展彈性。

（二）擴增或縮減產品

市場需求之變動，改變某項產品的需求量，需要添購機器設備或減去一些機器設備。因產量之變動，經濟成本之考慮，改變作業程序，要整體重新佈置。

例如某生產汽車之引擎部門，長期生產量為數百件，現行設備及空間足可應付，一旦生產量要求增至數千件產能以上，必須考慮增置幾部一整套的專用機器，應付產能的增加，操作程序亦隨之調整。

（三）增設或遷移部門

如果部門原來的佈置未符合理想，則重新佈置之良機，如果有新產品加入生產行列，有時候僅在某部門內增列該條生產線，但有時也必須增設新部門、增購新的機器設備。

（四）陳舊機器設備之替換

符合供給所需而必須替換陳舊之機器設備，設施規劃應考慮是否有足夠之空間，將替換之設備鄰近之機器加以整合，尤其大幅度的設備更新時，更須重新考慮佈置。

（五）局部調整現行佈置

發生於工作情況之改變，例如，部分建築設計改變或發現新的生產方法、檢驗方法、改變或採用新的物料搬運方式及設備。

（六）為降低成本而改變佈置

為了降低生產成本，例如，改變工作方法、物料搬運方式、製造加工程序機器、以及使用新材料，每一種方式都有可能牽涉到佈置的改變。

（七）操作人員之方便

操作人員的因素也會造成工廠佈置的修改，工作位置或機器的佈置方式阻礙作業員操作，導致降低工作效率，就應改變佈置。

（八）安全理由

政府明文之工業安全衛生，若平時就疏於防範，往往在發生狀況後，造成嚴重之後果，為符合工業安全法令，就必須做好相關佈置。

6-2 位址選擇

一、位址選擇考慮之因素

對於任何企業的策略規劃，位址、位置的選擇都是一項重要的因素，選擇位址適當位置的基準，考量單一集中在成本最低或距離最近，定性與定量議題皆影響到廠址決策。企業長期成功有賴於管理者對於不同層次的位址問題，進行系統性的整合。影響位址地點的選擇之因素如下：

（一）接近顧客

日益增加顧客導向的需求，廠址接近顧客是有其重要性，可快速將貨送到顧客手上，也可把顧客的需求整合在公司的產品發展上。

（二）商業氣候

包含現有同性質的產業、相同規模的公司、廠址中有其他外國公司的設立、政府有利於商業的法規、地方政府介入企業設廠等相關因素。

（三）總成本

選擇最低總成本的區域市場，總成本包含區域成本、內部物流成本、外在物流成本以及土地建築、勞力、稅賦、能源等區域性的成本。此外尚有很難加以衡量的隱藏性成本，包含尚未到達顧客之前的物料搬運工作、顧客配送的困難而導致出現顧客流失率。

（四）運輸考量

足夠的道路、鐵路、空運與海運是選擇位址相當重要的關鍵，能源與通訊設備的需求也必須加以滿足。

（五）勞力市場

勞力市場的教育與技術程度必須符合企業的需求，更重要的是員工有意願與能力去學習。

（六）接近供應商

適當的廠址必須有高品質與競爭力強的供應廠商，重要供應商的接近性能讓精實生產（Lean production）加以實現。

（七）物流中心

同一企業其他工廠物流中心的位置，影響企業網路中新工廠配置的決策，產品與產能也會與廠址決策產生強烈關連。

（八）自由貿易區

自由貿易區基本上是一封閉的區域，國內外產品能自由進出而不必負擔任何稅賦，如新竹科學工業園區或是高雄加工出口區，以此方面的誘因，吸引投資設廠。

二、選擇位址之分析方法

宏觀分析（Macro analysis）是指評估區域、次區域及社區的選擇方法，評估特定的區域則採取微觀分析（Micro analysis）。宏觀分析的技術包含因素評等系統、線性規劃法與重力中心法，每項方法都有對應的成本分析，必須與企業策略互相配合，才能為企業帶來效益，選擇分析方法如下：

（一）因素評等系統（Factor-rating system）

主要是以公式結合不同因素，是最被廣泛使用的廠址決策技術。各地點在一各項因素評比，同時決定各項的評估（得分）值，各項評估值之加總予以比較，選擇最高分者為最佳廠址。

首先由決策者決定選擇新廠址的關鍵成功因素（Critical Success Factor, CSF），然後根據決策考量來評估各關鍵成功因素，依其對廠址規劃的重要性而給予各關鍵成功因素適當的權重，再以各關鍵成功因素分別對每一新廠址替代方案進行評分，最後將評分結果依各關鍵成功因素的權重計算每一新

廠址替代方案的加權總分數，獲得最高總分數的廠址替代方案即為最佳的廠址選擇。

表6-1　廠址的選擇步驟

步驟1	選出並決定影響廠址選擇的關鍵成功因素。
步驟2	依對廠址規劃的重要性，給予各關鍵成功因素適當的權重。
步驟3	決定評量級距（一般為 1~10 或 1~100 級分），分別以關鍵成功因素對各廠址替代方案進行評分。
步驟4	將評分結果與各關鍵成功因素的權重相乘，計算各廠址替代方案的加權總分數；獲得最高總分數為最佳的廠址選擇。

例題6-1

新廠址的影響因素如表 6-2 所示，有 A、B、C 三個地點提供選擇，試問最適地點為何？

表6-2　因素評等系統

場位／因素	廠　　址		
	A地分數	B地分數	C地分數
交通便利性	2.5	2.5	1
租金成本	2	3	1
水利	2	3	1
休閒設施	2	3	1
電力	2	3	2
環保	2.5	2.5	1
環境（地理位置）	3	4	2
總　計	16	21	9

解

因 B 地點的權數 21 最高，依因素評等系統原則，選擇 B 地點。

例題6-2

在選址過程中,企業如何使用因素評等系統(Factor-rating system)來進行選址,下面通過事例來說明:一家電腦公司打算在某地區設分公司,下表是兩個可供選擇的地點的有關信息:

因素	權重	分數範圍(0—100)	
		A地點	B地點
勞動成本	0.25	70	60
運輸系統	0.05	50	60
文化與教育	0.1	85	80
稅務因素	0.39	75	70
資訊方便性	0.21	60	70
總計	1.00		

 解

因素	權重	分數範圍(0—100)		衡量值	
		A地點	B地點	A地點	B地點
勞動成本	0.25	70	60	0.25×70=17.5	0.25×60=15.0
運輸系統	0.05	50	60	0.05×50=2.5	0.05×60=3.0
文化與教育	0.10	85	80	0.10×85=8.5	0.10×80=8.0
稅務因素	0.39	75	70	0.39×75=29.3	0.39×70=27.3
資訊方便性	0.21	60	70	0.21×60=12.6	0.21×70=14.7
總計	1.00			70.4	68.0

A 地點的得分高,是更好的選擇。

(二)重力中心法(Center-of-gravity method)

重力中心法利用地理位置的重心來選擇新廠址的方法,考慮到現有設施彼此之間的距離與商品運輸量,常用於物流倉儲的決策。

　　重力中心法是利用地理位置的重心來選擇新廠址的方法，考慮到現有設施彼此之間的距離與商品運輸量，常用於物流倉儲的決策。

　　重力中心法確保進貨與出貨之運輸成本相等，同時為考量未滿載的特殊運輸成本。首先是把目前現有儲存位置標示在座標上，座標軸的擔任可任意選，主要的目的是在建立廠址位置彼此相對的距離，若是使用經度與緯度標示，將有助於國際性廠址選擇重大決策。

　　重力中心法是在尋找 x 軸與 y 軸的座標位置，以得到最低運輸成本以 k 個生產點的物流中心設置為例，假設為第 i 個生產點的地理位置座標為 (x_i, y_i)，若物流中心的設置點為各零售點的地理位置重心，則其座標為：

$$重心的\ x\ 座標 = \sum_{i=1}^{k} x_i / k\ ，重心的\ y\ 座標 = \sum_{i=1}^{k} y_i / k$$

例題6-3

臺灣農產公司必須在生產工廠與主要的配送點建立中間物流倉儲，圖 6-2 顯示其座標的關係，表 6-3 表示位置配送的數量。

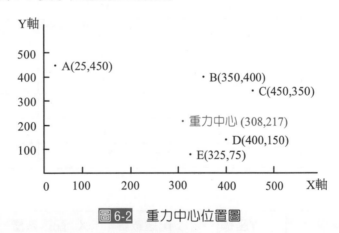

圖6-2　重力中心位置圖

表6-3　運送數量與重力中心的位置

位置	座標	位置每月配送數量(噸)
A	(25,450)	450
B	(350,400)	350
C	(450,350)	450
D	(400,150)	250
E	(325,75)	1,500

可計算此座標的重力中心：

$$c_x = \frac{(25 \times 450) + (350 \times 350) + (450 \times 450) + (400 \times 250) + (325 \times 1{,}500)}{450 + 350 + 450 + 250 + 1{,}500}$$

$$= 923{,}750 \,/\, 3{,}000 = 307.9$$

$$c_y = \frac{(450 \times 450) + (400 \times 350) + (350 \times 450) + (150 \times 250) + (75 \times 1{,}500)}{450 + 350 + 450 + 250 + 1{,}500}$$

$$= 650{,}000 \,/\, 3{,}000 = 216.7$$

x 軸與 y 軸的約略座標在 (308, 217)。

例題6-4

以重力中心法利用地理位置的重心，選擇新廠址的方法。

地點	X座標	Y座標	配送數量
B1	5	16	8,000
H1	13	15	9,000
W	5	12	8,000
N	10	9	12,000
H2	2	7	9,000
P1	7	5	10,000
B2	3	1	10,000
總數量			66,000

 解

地點	X座標	Y座標	配送數量	X 配送數量	Y 配送數量
B1	5	16	8,000	40,000	128,000
H1	13	15	9,000	117,000	135,000
W	5	12	8,000	40,000	96,000
N	10	9	12,000	120,000	108,000
H2	2	7	9,000	18,000	63,000
P1	7	5	10,000	70,000	50,000
B2	3	1	10,000	30,000	10,000
總數量			66,000	435,000	590,000

1. X 重力中心法＝

   Σ(X Y 配送數量) ÷ Σ 配送數量＝435,000 ÷ 66,000 ≒ 6.59

2. Y 重力中心法＝

   Σ(Y Y 配送數量) ÷ Σ 配送數量＝590,000 ÷ 66,000 ≒ 8.94

x 軸與 y 軸的約略座標在 (6.59, 8.94)。

（三）損益平衡分析法（Break-even analysis）

損益平衡分析法即是利用成本效益分析比較各廠址替代方案，藉以選定成本效益最優者為最佳廠址替代方案。

損益平衡分析方式，假設廠址替代方案 i 的成本與生產（或需求）的數量（Q）呈比例變動，其固定成本為 FC、單位變動成本為 v_i，則廠址替代方案 i 的總成本（TC）為 TC＝FC＋Q×v_i，比較各廠址替代方案的總成本與生產（或需求）數量 Q 之間的關係，即可以求得在不同數量的情形下，使總成本達到最小化的最佳廠址替代方案，總收益＝總成本，P×Q＝FC＋Q×v_i，則 $Q_{BEP} = \dfrac{FC}{P - v_i}$。

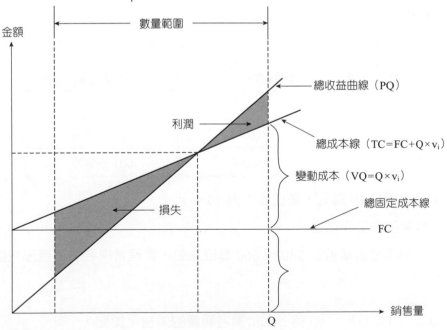

圖6-3　損益平衡分析

例題6-5

ABC 公司正在決定是以手動焊接，還是購買焊接機器人進行自行車車架（frames）。如果採用手工焊接，設備的投資成本僅為 10,000 美元，手動焊接自行車車架的單位成本為 50 美元 / 車架。另一方面，能夠執行焊接機器人的成本為 40 萬美元，機器人的單位成本為 20 美元 / 車架。ABC 公司對這些替代方法是自製或外購？

	手工焊接（自製）	焊接機器人（外購）
固定成本	$10,000	$400,000
單位成本	$50	$20

解

$$Q = \frac{F_{自製} - F_{外購}}{C_{外購} - C_{自製}} = \frac{(10,000 - 400,000)}{(20 - 50)} = 13,000 \text{ 車架}$$

1. 低於 13,000 自行車車架數量，自製。

2. 高於 13,000 自行車車架數量，外購。

例題6-6

某管理者正考慮購買 1 部、2 部或 3 部機器。固定成本與潛在產量如下：

機器數量	年度總固定成本	產量範圍
1	$9,600	0 ～ 300
2	$15,000	301 ～ 600
3	$20,000	601 ～ 900

變動成本為每單位 10 美元，單位收入為 40 美元。

a. 計算各範圍的損益平衡點。

b. 假設預估的年需求量位於 580 ～ 660 單位之間，管理者需要購買幾部機器？

解

a. 利用 $Q_{BEP} = FC / (P - v_i)$ 的公式計算各範圍的損益平衡點：

1 部機器：$Q_{BEP} = \dfrac{\$9,600}{\$40 - \$10} = 320$ 單位（不位於該產量區間內，故沒有 BEP）

2 部機器：$Q_{BEP} = \dfrac{\$15,000}{\$40 - \$10} = 500$ 單位

3 部機器：$Q_{BEP} = \dfrac{\$20,000}{\$40 - \$10} = 666.67$ 單位

b. 比較兩範圍的需求與損益平衡點（下圖所示），可知在產量範圍位於 301～600 單位間，其損益平衡點為 500 單位，表示即使需求落於範圍的最低點，仍高於損益平衡點，會有利潤。

產量範圍位於 601～900 單位時，即使需求位於預估值的最高點，仍低於損益平衡點，所以不會有利潤。故管理者應購買 2 部機器。

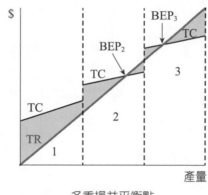

多重損益平衡點

 例題6-7

一家公司正在考慮在生產過程的，需要生產零件的設備兩種選擇。具體情況如下：

專業性設備	固定成本 = $9,000 / 月	變動成本 / 單位 = $2
一般性設備	固定成本 = $3,000 / 月	變動成本 / 單位 = $5

兩種設備損益平衡的數量？

解

$9,000 + 2Q = 3,000 + 5Q$

$9,000 - 3,000 = 5Q - 2Q$

$Q = 6,000 \div 3$

$= 2,000$ 單位

1. 低於 2,000 單位數量，一般性設備。

2. 高於 2,000 單位數量，專業性設備。

（四）德爾菲法分析模式

　　針對受試者進行一系列問卷訪談，問卷除核心問題外，提供每位參加成員和其他成員所提出來的不同觀點做爭論。

1. 優點

(1) 集思廣益。

(2) 資料蒐集之廣度與深度高於個人意見。

(3) 維持專家獨立判斷能力。

(4) 打破時空隔離困境。

(5) 不需要複雜統計。

2. 步驟

(1) 組成德爾菲委員會。

(2) 確定威脅與機會點。

(3) 決定組織的方向與決策目標。

(4) 方案的發展。

(5) 決定方案的優先順序。

6-3 工廠佈置的進行步驟

一、佈置之型式

　　生產設施的佈置依其生產流程，可分三種基本型態（功能式佈置，產品式佈置以及固定式佈置）和一種混合形式（群組技術或是蜂巢式佈置）。

（一）功能式佈置（Process Layout）

　　又稱為程序別佈置，是指將類似的設備或功能集合在一起，如圖 6-4 所示，所有車床（Lathe, L）都在同一區域，所有沖壓機器（Driller, D）以及焊接設備（Miller, M）在另一區域。零件生產依其生產作業流程，從一生產區域至另一生產區域，而適當的機器則配置在各個部門。

功能式佈置的代表如醫院，我們所看到的區域都依其科別，例如婦產科以及急救中心。

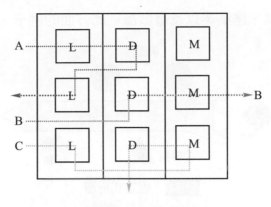

圖 6-4　功能式佈置

（二）產品式佈置（Product Layout）

又稱為流程別佈置，設備或工作程序的所有配置都依照生產產品的步驟而定。基本上產品的流程都是直線式生產線，生產線如鞋子、化學工廠以及汽車生產都是產品式佈置。

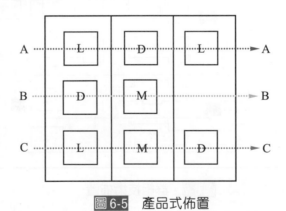

圖 6-5　產品式佈置

（三）固定式佈置（Fixed-position Layout）

產品（主要是體積龐大或重量太重）固定在一個地點，生產設備則移至產品生產處，造船業、建築業以及電影都是此方面的例子。

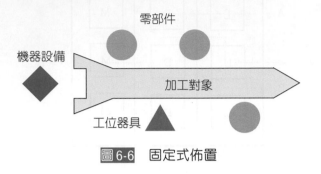

圖6-6　固定式佈置

（四）群組技術佈置（Group Technology Layout）

依生產形狀相同或加工需求類似的產品，機器設備分配到各個工作中心。群組技術佈置類似功能式佈置，將工作中心依執行特定加工步驟排列，同時，也類似產品佈置，是在每個工作中心執行特定產品加工。

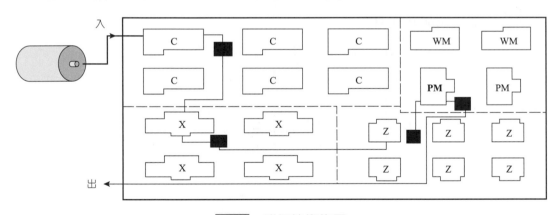

圖6-7　群組技術佈置

製造業都是不同佈置型態的組合，例，一廠商有兩個生產樓層，一個生產樓層採取功能式佈置，而另外一個樓層則採取產品式佈置。同時也可以看到一家工廠整體而言。其產品加工線、零件組裝線與最後組裝線是採取產品式佈置；而在產品加工線內則採取功能式佈置，以及在零件組裝線採取產品式佈置。部門內則採群組技術佈置，而整個工廠則為產品導向的佈置。

6-4 系統化佈置規劃程序

　　全面基本佈置及細部佈置時，依照圖 6-8 程序進行，將工廠佈置分為選擇最佳廠址、全盤基本佈置、細部佈置及整體建設四階段，選定廠址以前應先考慮全面基本佈置之需要，從數個廠址中選擇最適當之一處，廠址選定後進行全面基本佈置，當全面基本佈置完成時再進行細部佈置，應就實際建築安裝機器設備事項一併考慮，方能圓滿完成工作，使工作順利地有系統進行。

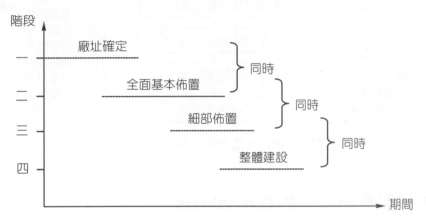

圖 6-8　全面基本佈置及細部佈置之時程

　　SLP 主要對象是以製造廠及工廠為對象，考量產品、數量及作業流程，以產品（Product, P）、數量（Quantities, Q）、途程安排（Routing, R）、輔助設施（Supporting service, S）與時間（Time, T）五項因素為設施佈置之關鍵因素，並說明佈置的本質是由關係（Relationship）、空間（Space）與調整（Adjustment）三者所構成。

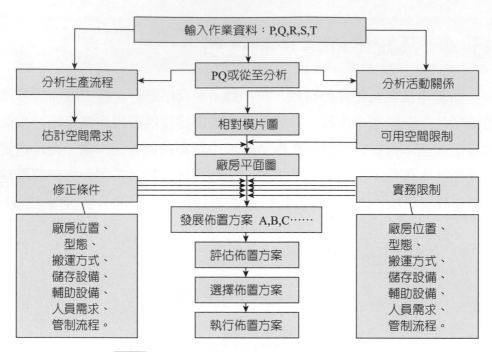

圖6-9 系統化佈置規劃（SLP）的流程步驟

一、產品數量分析（P-Q analysis）

P-Q Analysis 是為設施規劃與製程設計進行初步產品分類，以產品、數量分析作為設施規劃的基準依據，各種產品予以區分或分類，計算個別產品的產能，依照不同的產品與數量，採取不同的佈置方法、製程設計。

二、從至圖（From-to chart）分析

從至圖是一種比較精確的流程分析技術，將零件的重要性（權數）列入考慮，計算各種工作站（機器）配置時的效率，將加工的工作站（即機器代號）分別列在矩陣的左方以與上方，列於矩陣左方的垂直順序則稱為矩陣的「從」（From）側，而列於上方的水平順序，則稱為矩陣的「至」（to）側。每種零件都需要「從」某種機器移「至」另一種機器，每次發生移動時，我們便在表格中相對填上一個權數，如表 6-4 所示。

表6-4　從至圖

	R	1	3	5	7	9	8	6	4	2	S	Total
R		16.8	16	30.4						16		79.2
1					16.8							16.8
3									16			16
5					15.2	15.2						30.4
7											16.8	16.8
9											15.2	15.2
8											15.2	15.2
6											16	16
4											16	16
2								16				16
S												

總數：237.6

正向力距（對角線右上部）

1： (16.8)×1 = 16.8

2： (16+15.2+16)×2 = 94.4

3： (30.4+16.8+15.2+16)×3 = 235.2

4： (15.2)×4 = 60.8

5： (15.2)×5 = 76

6： (16+16.8)×6 = 196.8

9： (16)×9 = 144

　　合計：824

逆向力距（對角線左下部）

2：(16)×4

　　合計：64

總力距＝正向力距＋逆向力距

　　　＝ 824 ＋ 64

　　　＝ 888

三、活動關係圖與相對模片

（一）活動關係圖

　　活動關係圖是藉由分析各區域或部門之間關係的密切程度，決定合理的相對位置關係，作為理想之區域配置，如評估理想之區域配置與原設施區域配置有不同之處，應予以改善，就是合理的活動關係。

（二）依活動或功能性質劃分成若干區域

　　各區域都包含部分寬放（如通道、空地、人員活動空間、物料和半成品暫存區等），每個區域代表一種模片，所有的區域構成整個設施。

（三）決定每個區域所需要的面積

　　仔細分析以瞭解各區域的作業內容，及其對面積的需求。如表 6-5 所示，AEIOUX 的基準。

　　「A」只用於兩區域之間必須移動大量物料時，或區域間人員的移動非常頻繁時，也可定為「A」。「A」的使用必須仔細衡量，以免在安排區域模片相對位置時，會因活動關係為「A」者太多而無解。

　　「X」的重要性和「A」一樣，當兩區域絕不能相鄰時，其關係應該定為「X」。例如，噴漆和焊接部門不應該安排在相鄰的位置，以免發生爆炸危險。

表 6-5　符號之意涵

符　　號	定　　義
Absolutely	絕對必須將兩區域安排在相鄰的位置
Especially	非常重要
Important	重要
Ordinary	普通重要
Unimportant	不重要
X	不應彼此靠近

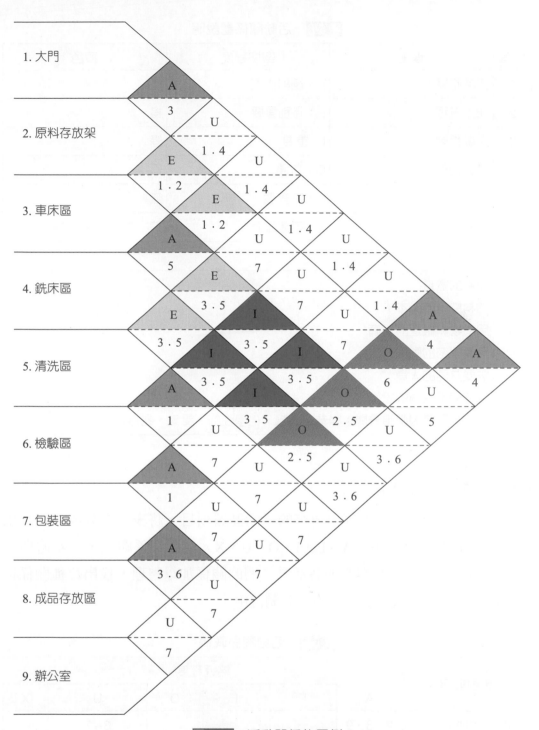

圖6-10 活動關係的圖例

表 6-6　活動關係圖說明

代號	理由	密切程度	顏色
1	作業相關	A：絕對必要	紅
2	加工流程	E：特別重要	橙
3	人員移動	I：重要	綠
4	物料管理	O：普通	藍
5	沒關連	U：不重要	無
6	互相排斥	X：不應靠近	棕

理　由	
1	流通的數量
2	物料搬運的成本
3	用於物料搬運的設備
4	需要緊密的聯繫
5	需要共同的人員
6	需要使用共同的設備
7	由於下列原因必須分開：噪音、危險、化學性的、毒氣、易爆炸

（四）活動關係底稿

　　如表 6-7 所示，左方列出所有的活動區域項目。將表右方分成六欄，依序標示活動的關係代號：A、E、I、O、U、X。活動關係圖上，一次處理一項活動區域，將該活動與其他各活動之間的關係加以整理，找出每種關係符號的活動區域，填寫在表右方的六個欄位中。

表 6-7　活動關係底稿

活動項目		接近程度					
		A	E	I	O	U	X
01	大門	2、8、9				3～7	
02	原料存放架	1	3、4		8	5、6、7、9	
03	車床區	4	2、5	6、7	8	1、9	
04	銑床區	3	2、5	6、7	8	1、9	
05	清洗區	6	3、4			1、2、7、8、9	

活動項目		接近程度						
		A	E	I	O	U		X
06	檢驗區	5、7		3~4		1、2、8、9		
07	包裝區	6、8		3~4		1、2、5、9		
08	成品存放區	1、7			2~4	5、6、9		
09	辦公室	1				2~8		

註：藍字是代表由下往上數的代號。

（五）模片相對位置圖

取一個正方形模片，參考工作底稿，將與該活動區域關係為「A」的項目列於正方形的左上角，關係為「E」的項目列於正方形的右上角，關係為「I」的項目列於左下角，關係為「O」的項目列於右下角，而關係為「X」的活動項目，列於模片中央活動項目的底下（關係為「U」者省略）。

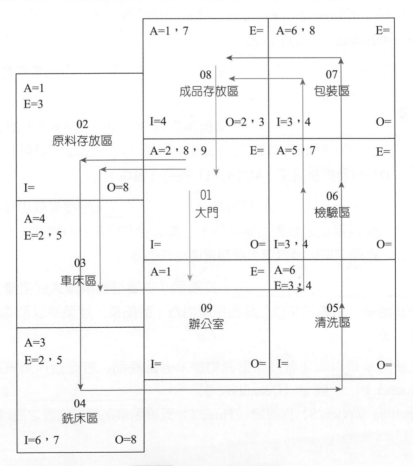

圖 6-11　模片相對位置圖

exercise 本章習題

一、填充題

1. 佈置規劃（Layout Planning）或＿＿＿＿＿＿＿＿＿＿乃是生產管理系統運作之初，配合所生產的產品的製造程序及物料流程的需要，安排機器設備、人員、物料及辦公室所佔空間的相關位置，使產品的生產能在原料進入至成品完成出廠的過程中，以最迅速、最大的效率進行。

2. 設施規劃之設計，配合製成之需求，必須使生產流程在最有效率之情況下順利進行，應安排機器設備及工作場所，物料儘可能依＿＿＿＿＿＿＿方式流動，儘量避免回路（Backtracking）現象產生。

3. 改變工作方法、物料搬運方式、製造加工程序機器、以及使用新材料，每一種方式都有可能牽涉到佈置的改變，以物料搬運為例，啟動現有重複通路，擁擠使物料停頓、遲延時間、停滯造成過多的物料暫存現象，則為了＿＿＿＿＿＿須將現行不合理之佈置加以改變。

4. 生產設施的佈置依其生產流程，一般有三種的基本型態（功能式佈置、產品式佈置以及固定式佈置）和一種混合形式＿＿＿＿＿＿＿＿＿＿＿＿。

5. ＿＿＿＿＿＿＿＿＿＿＿＿，又稱為程序別佈置，是指將類似的設備或功能集合在一起，例如所有車床（Lathe, L）都在同一區域，而所有沖壓機器（Driller, D）以及焊接設備（Miller, M）在另一區域。

6. 產品式佈置（Product Layout）又稱為＿＿＿＿＿＿＿，是設備或工作程序的配置都所依照生產產品的步驟而定。基本上產品的流程都是直線式生產線，生產線如鞋子、化學工廠以及汽車生產都是產品式佈置。

7. ＿＿＿＿＿＿＿＿＿＿＿＿＿＿＿＿，將產品（主要是體積龐大或重量太重）固定在一個地點，生產設備移至產品生產地方，造船業、建築業以及電影都是此方面的例子。

8. SLP 主要對象是以製造廠及工廠為對象，考量產品、數量及作業流程，以產品（Product, P）、數量（Quantities, Q）、＿＿＿＿＿＿＿＿＿、輔助設施（Supporting Service, S）與時間（Time, T）五項因素為設施佈置之關鍵因素。

9. _____目的是初步為設施規劃與製程設計進行產品分類，強調生產導向的理念，以產品、數量分析作為設施規劃的基準依據，依照不同的產品與數量，採取不同的佈置方法、製程設計。

10. _____是一種比較精確的流程分析技術，將零件的重要性（權數）列入考慮，計算各種工作站（機器）配置時的效率。

二、簡答題

1. 何謂設施規劃？

2. 請說明設施規劃要達成哪些目標？

3. 請說明在何種情況下，必須進行設施規劃。

4. 請說明位址選擇要考慮哪些因素？

5. 請說明工廠佈置有哪些形式，以及通用的情況為何？

6. 請說明工廠佈置進行的步驟。

7. 何謂損益平衡點？對企業管理有何意義？

NOTE

CHAPTER 07

人因工程

學習目標

探討人員在工作與日常生活中所使用的器物、設備以及所處環境的互動,設計時應考慮到人體特徵,心理期望及動作行為等,設計及操作時,考慮人體和機器的各方面特性及設計原則,才能在最省力、安全、舒適的情況下有效工作,提昇工作效率與工作品質。

❖ 人因工程概論。

❖ 人機系統與人體測計。

❖ 人體感覺系統。

❖ 人員的資訊輸入與處理。

❖ 照明及聲音。

❖ 人因工程與作業空間。

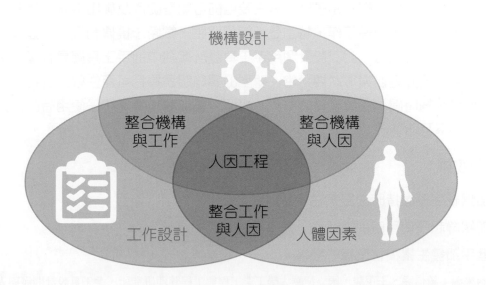

IEM 個案

人因工程改善作業效率之案例

手工具設計開發與人因評估——以螺絲起子為例

改善前後之作業概要

〈改善前〉

　　現今螺絲起子使用相當普遍，種類和功能也不斷的增加與更新，但是還是有許多螺絲起子無法安全與有效的操作，當發生不良的作業姿勢及不當的施力方式，不僅僅會產生立即性的傷害，還會導致人體累積性肌肉骨骼傷害或是手部的病變。

〈改善後〉

　　改善後素材將使用橡膠材質，避免使用滑脫，並且符合人體工學曲線設計，使螺絲起子握持舒適，並且適合各種工作角度，而整體採用直柱型加六角形設計，此可分辨快速旋轉，且方便施力，此些設計可平均分配手掌及手腕所承受的壓力。

人體工學的思考觀點

　　螺絲起子是現今最常用的工具之一，不管是在工廠或是家庭幾乎都是必備之工具，而當一個人使用螺絲起子時，其主要目的可能是旋入及旋出螺絲，這些作業均涉及到手部的重複性工作，特別是手腕的背屈、掌屈、橈偏和尺偏等運作，所以易造成累積性傷害。此次設計利用手工具設計準則中的手工具應具有握把供操作者使用及把握直徑與形狀要適當。新型的螺絲起子握把可產生較大的扭力、較短的鎖附螺絲時間、主觀整體疲勞評比較低，並能增加螺絲起子使用時的握持舒適性、效率及功能。

期待之效果

1. 增加螺絲起子握持時的舒適性。
2. 增加螺絲起子使用時的靈活度、效率及扭力。
3. 降低手部發生累積性傷害的機率。

參考資料來源：錡信堯、王茂駿，國立清華大學工業工程與工程管理研究所，手工具設計開發與人因評估——以螺絲起子為例，2004。

掃帚的人因研究

改善前後之作業概要

〈改善前〉

傳統掃帚為直柄式,在工作時則容易造成手腕橈偏及尺偏,而若處於此種情況下進行重複性工作,則容易造成手部肌肉傷害與痠痛,進而造成手腕不舒服。

〈改善後〉

改良過後掃帚握柄可調整長度,且握柄角度也具有調整功能,則掃帚以側握的手握姿勢最佳,可維持手腕正直,穩固手的握持,而在清掃作業時可減少手部肌肉的施力且降低心搏率。

人體工學的思考觀點

現今家庭家家都具有至少一把掃帚,而路上清掃的人員也是使用掃帚做為清掃工具,則若長期使用傳統掃帚做重複性動作,則會導致清掃人員手腕疾病的產生及手臂也會更容易產生痠痛。利用手工具設計準則中的手工具應具有握把供操作者使用及把握直徑與形狀要適當等準則改善,則改良後的掃帚則可以避免工作時的手腕偏尺,在重複性工作時也可以減少手臂痠痛,使清掃人在工作時可以更輕鬆、更有效率。

期待之效果

1. 減少手腕偏尺

2. 減少手臂痠痛

3. 減少工作時心搏率

4. 減少手腕不適

參考資料來源:葉俐君、蔡登柏,國立雲林科技大學工業設計系碩士班,掃帚的人因研究, 2010。

7-1 人因工程概論

人因工程為人體工學（Human Factors Engineering, HFE）的代名詞，相關的研究及應用領域包括工程心理學（Engineering psychology）及人為失誤降低（Human error reduction），相關的研究及應用領域包括工業 / 職業人因（Industrial / occupational ergonomics）、工作生理學 / 生物力學（Work physiology / biomechanics）。人因工程的廣義定義是在人與環境、系統或機器設備的交互作用過程，重視並考慮人的因素，使得人與其他組件能適當配合，產生最佳結果。人因工程旨在設計人與系統組件間的交互作用，增進健康、安全、舒適、生產力及品質，並降低人類失誤。

一、人因工程的基本理念

人因工程是一門科學，設計規劃過程之實徵資料和評鑑，並非只憑感覺進行判斷。人因工程的基本理念如下列所示：

1. 使用者為中心（User-centered）的觀念，認知工作人員才是工具與工作環境等設計規劃的中心，物品和機器是製作來服務人們的，不應過分遷就這些工作媒介本身設計製造、安裝的便利性及經濟性。

2. 工具設備或工作程序的設計會影響人的行為與福祉，考量人類在能力與限度上有個別差異，儘量對於不同的需求的人給予不同的規劃。

3. 人因工程是系統導向，工具設備、工作程序、環境與人員並非孤立存在，改變其中一個系統單元，會對於其他的單元，相當的衝擊及影響，規劃時特別注意其相互的關係。

二、人因工程目的與目標

人因工程旨在發現關於人類的行為、能力、限制和其他特性等知識，而應用於工具、機器、系統、任務、工作和環境等的設計，使人類對於它們的使用能更具生產力、安全、舒適與效率。人因工程除了著眼於工業工程的中心思維、工作效率與效能，強調工作人員的健康安全與工作之雙贏。人因工程之研究及改善切入點，是就人員在完成工作所使用或是存在於其中的媒介

為對象，人因工程透過對於工具設備、工作環境、作業方法及程序及組織團體的改變，達成人與工雙贏的目標，如表 7-1 所示。

表 7-1　人因工程

類別	定義	內容
實體人因工程 (Physical)	研究或應用與實體活動有關的知識	工作姿勢、物料搬運、重複性工作、工作引起肌肉骨骼問題、工作空間配置，以及安全與健康等
認知人因工程 (Cognitive)	研究或應用與人類心智活動有關知識或技巧	工作的心智負荷、技術之養成、人與電腦交互作用、人類可靠性，以及工作壓力與訓練等
組織人因工程 (Organizational)	研究或應用社會技術系統的最佳化的知識與技術	溝通、飛航組員資源管理、工作設計、工作時間安排、團隊工作、參與式設計、社區人因工程、合作式工作、新工作典範、組織文化，以及虛擬組織等

（一）人因工程目的

1. 人在生活上或工作上涉及的產品、設備與環境的交互作用。

2. 了解人體的能力與限制，運用人因工程，改善使用的器物與環境，配合人體的能力及人們的需求。

3. 工作人員在其作業環境中以安全、有效、舒適的方法發揮最大績效。

（二）人因工程目標

1. 活動與工作的效果（Effectiveness）及效率（Efficiency）的提高，包括：增進使用方便性、減少錯誤或不安全與促進生產力。

2. 生活價值的增進，包括確保安全、減輕疲勞與壓力、增進舒適感、讓使用者更能得心應手、激發感覺滿足、改善生活品質。

三、人因工程發展史

（一）前導期（1945 之前）

　　1900 年代之初，Gilbreth 夫婦開始致力於動作研究，可視為人因工程的先驅，二次大戰期間篩選適合某工作之人員，及改進人員訓練的方法與程序，

使員工工作適得其所。概念由讓人適合工作（Fit the people to the job）轉變為讓工作適合人（Fit the job to the people）。

（二）誕生期（1945～1960）

1. 1945 年美國空軍與海軍成立工程心理實驗室。

2. 1949 年英國成立 Human Research Society 後改為 Ergonomics Society。

3. 1957 年美國心理學會成立 Division 21:Society of Engineering Psychology，1957 年美國人因工程學會成立 Human Factors Society，1958 年美國 Human Factors Society 發行了學術期刊。1992 年改為 Human Factors and Ergonomics Society。

4. 1959 年，國際人因工程協會（International Ergonomics Association, IEA）成立，以結合世界各國的人因工程學會。

（三）成長期（1960～1980）

1. 1964 年日本人間工學會（Japan Ergonomics Research Society）的創立，與 1965 年《人間工學》學刊的發行。

2. 1960 年美國人因工程侷限於國防工業，20 年間，美國許多生產汽車、電腦、藥品與其他用品之公司都有人因工程小組。

（四）普及期（1980 之後）

1. 1993 年 2 月 14 日成立中華民國人因工程學會（Ergonomics Society of Taiwan, EST），申請加入國際人因工程學會聯合會（IEA），於民國 84 年成為正式會員，並在民國 88 年出版《人因工程學刊》（Journal of Ergonomic Study）。

2. 國際人因工程學會聯合會（2000）表示，人因工程（學）家，要考慮人因工程包含的幾大領域：實體的（Physical）、認知的（Cognitive）、組織的（Organizational）、及其他相關領域。這幾個領域之間，並不是全然相互獨立的，而是隨實際工作需要互補的。

3. 美國人因工程學會出版學術期刊《人因工程》Human Factors 和英國的人體工學學會出版的《應用人體工學》Applied Ergonomics 以及《人體工學》Ergonomics 並列此學域三大重要期刊。

7-2 人機系統與人體計測學

一、人機系統

作業人員與機器設備共處在一個工作環境之中而形成一個人機系統。人機之間靠著密切的訊息交流確保二者之間溝通良好，稱為人機互動，訊息交流之處稱為人機介面，設備機具的設計必須適時提供作業人員足夠的訊息工作生理學。作業中常需考慮到的機械防護中，如何設計防護空間避免使用者誤入或誤觸危險區域，是一項非常重要且實務上的人體測計應用。

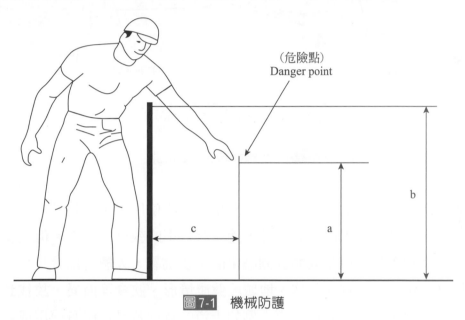

圖 7-1 機械防護

二、人體計測學（Anthropometry）

「人體計測」是建立人體幾何學、人體質量特性以及施力能力資料的量測科學，也是一門應用的藝術。人體計測包括靜態人體計測（Static anthropometry）與動態人體計測（Dynamic anthropometry），靜態人體計測亦稱為「結構性」（Structural）人體計測，主要是在人體靜止不動的標準姿勢下進行量測，尺寸數據描繪出人體的架構與外形，無論人是否在活動，大致是姿勢都是相同不變的。動態人體計測又稱為「功能性」（Functional）人體計測，人體在執行不同的工作（功能）時，配合該項功能的發揮而測得的身體相關部位尺寸或人體各部位活動範圍的角度。

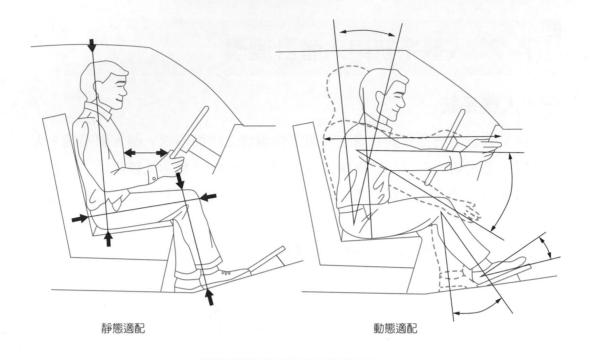

靜態適配　　　　　　　　　　　　　動態適配

汽車駕駛室之靜態與動態適配圖

圖7-2　靜態與動態人體計測

　　人體計測的應用的主要目的，在於使人員所使用的工具設備與所處的空間環境等，符合各人員的身體尺寸，適切有效率的執行其工作。但是使用族群之間的個別差異一直是人體計測應用的主要挑戰，人體各部分尺寸常因種族、性別、年齡、年代、職業、地域、健康情形、飲食等而異，故找到一個最佳的規劃並不是一件簡單的事。例如走道的寬度若是以所有使用成員肩寬的平均值規劃，則實際肩寬比平均值高的那一半的人將會覺得過於狹窄。規劃時應就作業、設備、環境、及使用者族群之特性來考量規劃，儘量要符合所有人體平均值。

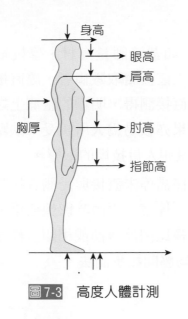

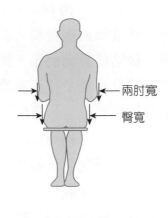

圖 7-3　高度人體計測　　　　　　圖 7-4　寬度人體計測

（一）探討內容

1. 影響人體尺寸之因素

如表 7-2 所示：

表 7-2　影響人體尺寸之因素

因素	內　容
年齡	人從出生、成長到青年再進入中老年期間，身體各部位均不斷在變化，尺寸比例也不相同。
性別	男女性而分別設計產品變得很重要，男性在各方面的身體尺寸都大於女性。
種族	種族不同，型體間會有顯著的不同。即使同一國家之內，不同地區的人，體型也有不同。
職業	從事不同職業的人，體型也會有所不同。
年代	由人們所使用之家具、設備及房門等可反應出人們身材之大小。
其他	地域性、運動、工作姿勢、季節、穿著、飲食（營養）及健康等。

2. 人體尺寸量測工具

馬丁式人體量測器、坐高量測器、電子化的人體計測直接量測卡尺、臀膝長量測器等特殊設計的量測器。

3. 人體尺寸量測方法

(1) 直接量測法：傳統的人體計測方法，如裁縫師量身材、學校量身高等；以量具直接接觸人體，再由量具上直接讀取數值者，屬直接量測法。優點是設備簡單、便宜，數據可直接測得，明顯的量測上之失誤可立即發現並予重測並修正，所測結果亦較易為人所接受。缺點則是量測耗時費力、量測誤差與變異易受量測人員技術的影響。

(2) 間接量測法：利用投影、攝影、光學掃描等未直接與受測者接觸的方式，取得受測者身體部位的影像或電子檔案，再由其影像或電子檔案中，量取尺寸或擷取參考點座標，再經比例尺轉換或相關座標點的數學計算，而得到的人體計測尺寸者，均屬間接量測法。

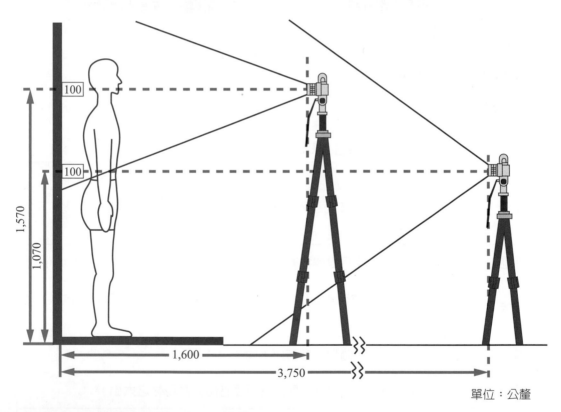

單位：公釐

圖 7-5　間接量測法

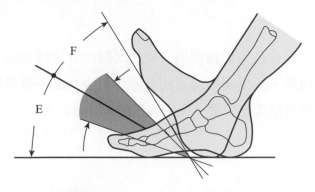

圖7-6 關節之可伸屈活動範圍

7-3 人體感覺系統

　　人體感覺系統共分視覺、聽覺、嗅覺、味覺、膚覺五種。感覺功能的發揮作用需要有以下條件：

1. **刺激**：物理狀況的改變，人體感覺系統具有接受聲、光、氣味等刺激。

2. **感受器**：感受細胞所構成的感覺器官。

3. **傳導路徑**：感覺傳入神經元，可將刺激轉換成為神經訊號，神經傳導通路，可將資訊由感受器傳至腦中。

4. **神經傳導通路經過視丘後，投射至大腦皮質的接受區。**

一、人類的感覺器官的特徵

表7-3 人類的感覺器官的特徵

感官特徵	內　容
型式（Modality）	接受不同質的物理能量之刺激，而激發不同性質的感覺。
投射（Projection）	經由經驗之學習，大腦將感覺局限於感受器上。
強度（Intensity）	感覺強化刺激強度有關。
對比（Contrast）	感覺受到先前或同時事件的影響，而低估弱刺激及高估強刺激的現象。
候像（Afterimages）	刺激停止後感覺仍然會存在意識中。
適應（Adaptation）	相同刺激不斷刺激於同一感受器，則逐漸不會被激發。

二、絕對閾

　　絕對閾所下之操作性定義爲能被察覺的次數百分比爲 50% 時的刺激強度；引起任何感覺經驗前，感受器所接受的刺激必須達到某一最低強度，刺激感受所需的最低物理能量稱爲絕對閾（Absolute threshold）。

三、視覺

　　三種不同之生理知覺：光覺（Light sense）、色覺（Color sense）、型態覺（Figure sense）。

1. **光覺**：辨別明暗之知覺。

　　暗適應（Dark adaptation）：人眼由明處（如戶外）突然進入暗處時，最初之視覺極度不良，待桿狀細胞感應光刺激的最低閾值才逐漸降低，恢復正常。明適應（Light adaptation）是當人眼由暗處驟出戶外（明處）時，最初會感到眩目、畏光等狀況。

2. **色覺**：辨別色彩之知覺。

　　不同頻率的可見光（Visible light）波長是從 370 ～ 730nm 的電磁波，會引起不同的視覺感受，主要由視網膜上之錐狀細胞負責。楊赫二氏論（Young-Helmholtz Theory），亦稱爲三色視覺理論，認爲人眼有感應紅、綠，藍三種色光的視覺細胞，其他的顏色由組合這三種視覺細胞的刺激而產生。

3. **型態覺**：人眼辨別物體型態之知覺稱爲視力。

　　可辨別物體型態之關鍵細部，稱爲視覺清晰度或視覺銳度，視覺清晰度量測工具：藍多爾圈、平行棒。

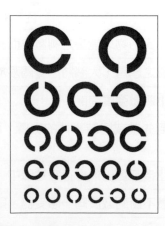

圖 7-7　藍多爾圈（Landolt C）

表 7-4 Snellen氏視力表與國際標準視力表之比對

Snellen氏視力表（m）	Snellen氏視力表（Ft）	國際標準視力表
6/6	20/20	1.0
6/9	20/30	0.7
6/12	20/40	0.5

四、聽覺

聲音是一種機械波，必須仰賴介質的傳送，其特性由波長、頻率與振幅決定之。頻率（單位：Hz）決定音調，振幅決定強度，頻譜決定其音色，聲音的強度單位為分貝（dB）。聽覺系統構造：聽覺系統的構造可分為外耳、中耳、內耳三部分。外耳負責蒐集：耳翼、耳道與鼓膜。中耳負責傳導與放大訊號：由槌骨、石占骨與鐙骨構成。內耳則負責感應訊號再傳送到大腦聽覺區轉譯：由耳蝸中基底膜之髮狀細胞負責。正常人耳可聽到的聲音頻率在最多在 20 ～ 20,000 Hz。

五、嗅覺與味覺

正常人的嗅覺非常靈敏，較味覺敏感一萬倍，可用來偵測環境的品質。嗅覺神經的刺激程度會隨時間而降低。舌頭是味覺的基本器官，為多層鱗狀上皮，表面突起的部分稱味覺乳頭，內含味蕾，任何物質需先溶於唾液中，進入時，舌上小孔刺激味覺神經，產生味覺脈衝，經嗅覺神經傳導至腦味覺中樞。

7-4 資訊輸入與處理

地球上效能最大、彈性最大的資訊處理和儲存機制為人類的頭腦。降低資訊定義不確定性，考量事件發生之機率而非重要性；若某一事件在尚未發生前，吾人確定其會發生之機率很大時，就可預知此一事件的發生，如溫度警示燈亮起，所傳送之資訊較安全帶警示燈。

一、希克海曼定律

希克海曼定律（Hick-Hyman Law），只要改變各選項的發生機率，即可改變刺激的資訊量，且選項的數目不變，故回應時間是刺激資訊量以位元量度的線性函數。反應時間與資訊量成正比，衡量資訊單位：1 bit 代表兩個機率相等的事件，N 個機率相同事件資訊量為 Log 2(N)：

1. **單一事件**：每個事件的資訊量為 $H_i = Log\ 2(\frac{1}{P_i})$，$H_i$：一個事件所傳遞的資訊量，$P_i$：事件的發生機率。

2. **多項事件**：N 個機率不等事件的平均資訊量：$Hav = \Sigma(i=1\sim N)P_i\ Log\ 2(\frac{1}{P_i})$。

3. **順序拘束（Redundancy）**：當某一事件其發生的絕對機率可能很小，在另一事件發生後，其發生的機率卻可能變得很高，例如英文字母 q 與 u。

二、資訊之符碼化

當原始來源刺激（資訊）未能直接感覺，或以複製再現的方式呈現時，通常必須加以符碼化或編碼，如雷達螢幕以光點位置顯示飛機動態，警示燈以不同色光顯示安全性。資訊編碼是指在各個向度上予以符碼化。如電腦螢幕上標的物以不同大小、亮度、色彩、形狀等製成不同符碼，又如聽覺警示信號以不同頻率、強度或斷續等製成符碼。任一向度之使用在傳送資訊時，需考量執行絕對判斷或相對判斷的能力。

（一）絕對判斷（Absolute judgement）與相對判斷（Relative judgement）

相對判斷指有機會可比較兩個或多個刺激，如比較兩個或多個燈光，何者較亮。絕對判斷係指在判斷時沒比較機會，係憑記憶進行比較，如警察迅速估計大批群眾約略人數，屬於單向度絕對判斷（Single Dimension）。多向度絕對判斷則是由於多向度絕對判斷，使日常生活中能辨別的刺激廣泛（如符號差異可能在形狀、大小、顏色）。

（二）優良編碼系統之特徵

1. 可察覺性（Detestability）。2. 易辨識性（Discriminability）。3. 有意義性（Meaningfulness）。4. 已標準化（Standardization）。5. 多向度符碼（Use of multidimensional codes）。

（三）相容性

相容性係指刺激及反應間的關係與預期一致的程度（人因設計核心概念）；相容性愈高則資訊再符碼化程序愈少，易學習、反應時間快、調整或操控得更爲精確、錯誤少、心智負荷減輕，使用者有較高的滿意度。

表 7-5　相容性之類型

類　型	實　例
概念相容性	飛機形狀符號，表示地圖上之飛機場。
移動相容性	汽車方向與方向盤轉動方向一致。
空間相容性	顯示器與控制器的排列一致。
感覺相容性	聽覺警報器適合緊急通報。

表 7-6　相容關係之來源

類　型	實　例
內在於狀況本身	開車右轉，則方向盤往右轉。
文化上習得	美國、臺灣開車靠右，英國開車靠左。

7-5 照明及噪音

一、照明

提供辦公室工作者適當的照明應該是管理的優先考量，因爲研究顯示照明會影響工作滿意度與生產力。辦公室工作需要提供多少的照明設備，可由許多因素所決定：工作者的年紀、工作的重要性、難度與本質、以及室內與工作背景的反射係數都是影響因素。

光是一種電磁波，整個電磁波的波長範圍為 10^{15}m ～ 10^4m，可見光波長的範圍則在 380nm ～ 780nm。光的量測時，有兩個重要的衡量方式：照度（Luminance）與亮度（Luminance）。「照度」是指物體表面受到光源照射的總光線數量，公制的單位為 lux（勒克斯，簡寫為 1x），一般的辦公室工作需要 100 ～ 500 勒克斯。「亮度」是指物體表面反射出之光線的光通量，其公制單位為每平方公尺燭光（cd/m^2）。

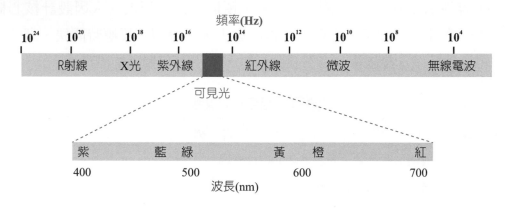

圖 7-8　電磁波範圍與可見光光譜圖

（一）光源種類

辦公室通常使用螢光燈而非白熱燈。「顏色表現指數」(Color Rendering Index, CRI)，衡量光線影響顏色判定的正確性，當 CRI 的指數增加時，判斷顏色的效率愈高。螢光燈被使用的理由，它較經濟而且產生的熱與光線也較少。光源的種類，依發光的方式如表 7-7 所示：

表 7-7　光源種類

種　類	發光原理	實　例
白熱燈絲燈	利用電流通過白熱絲發熱產生光線。	鎢絲燈泡。
非熱燈具	電流經過氣體而發熱產生光。	家裡的日光燈。

（二）眩光（Glare）區分

炫光是由明亮的光源所發出或經物體表面所反射出的高強度光線，眩光影響視覺功效，刺激眼睛造成不適，造成眼睛疲勞及生產力的損失。人對光線之感受區分眩光，可分為三種：

1. 失能眩光（Disability glare）

因入射光線過強，使視網膜無法對焦而散射到其它區域，導致視覺影像對比的降低，同時眼睛為適應強光縮小瞳孔，阻礙其它表面反射光線的感知，造成瞬間環境細節感知能力喪失的現象，稱為失能眩光。例如迎面而來的車燈、直射人眼的探照燈及面對窗戶外的強烈陽光。

2. 不舒適眩光（Discomfort glare）

視野中出現遠高於其它表面的亮度（尤其在觀看方向上的亮度），所引起的眼睛不適，稱為不舒適眩光。一般常見的來源為高亮度的窗戶、光源或燈具。眩光源的相對視角愈大、數量愈多或與背景的亮度比愈大，不舒適的程度愈高。減少不舒適眩光的方法可選用平均亮度較低的燈具或增加背景的亮度，避免沿著主要觀看方向配置高亮度的燈具，尤其避免工作者直接面對窗戶作業。

3. 目盲眩光（Blinding glare）

強眩光，遠離一段時間後仍無法看清事物。

（三）實體作業環境設計注意要點

在實際工廠或作業環境設計時，照明在實體作業環境設計時須注意的要點，以下幾點為可依循的方向：

1. 善加利用日光，節省能源。

2. 室內牆壁與燈具的清潔和牆壁顏色。

3. 人員經過的地方必須有照明設備。

4. 工作場所的亮度要均勻且足夠。

5. 精密作業或檢測作業需要提供局部的照明。

6. 調整光源高度與角度，減少直接與間接強光。

二、噪音

分貝是用來衡量聲音強度的單位。辦公室平均的音量為 50 分貝，但在自動化環境中會更高，像資料處理中心就會高達 80 到 90 分貝。管理辦公室中音量的理由有很多，長期暴露在高度的噪音中會使聽力受損，而影響工作績效並降低工作人員集中注意力的能力，這會使他們變得易怒也降低效率。

依勞工安全衛生設施規定，勞工工作場所因機械設備所發生之聲音超過九十分貝時，雇主應採取工程控制、減少勞工噪音暴露時間，使勞工噪音暴露工作日八小時日時量平均不超過表列之規定值或相當之劑量值，且任何時間不得超過一百四十分貝之衝擊性噪音或一百十五分貝之連續性噪音；對於勞工八小時日時量平均音壓級超過八十五分貝或暴露劑量超過百分之五十時，雇主應使勞工戴用有效之耳塞、耳罩等防音防護具。

表 7-8　8 小時之平均噪音暴露量限制表

工作日容許暴露時間（小時）	A 加權噪音音壓級（dBA）
8	90
6	92
4	95
3	97
2	100
1	105
$\frac{1}{2}$	110
$\frac{1}{4}$	115

（一）噪音防治

噪音的防治問題，可分為噪音的生源與傳播的途徑二方面：

1. 噪音生源之控制

表 7-9　噪音生源之控制

控制生源	實際作法
機械設備之更換與消音器設計	減少零件磨擦、調整機械運轉速度、封閉噪音量大之機組、改善通風系統等。
物料運輸過程之改善	避免物件衝擊碰撞、使用軟橡膠類承受衝擊、調整輸送速度，以皮帶取代滾筒等。
噪音源振動之衰減	隔離振動源、使用阻尼物質、加裝減振設備、減小共振面積等。

2. 噪音傳播途徑之控制

將噪音源包覆減少噪音輻射面積、設置隔音屏障、貼附適當之吸音材減少反射音、增加音源與受音者距離等。

(1) 主動控制技術之應用：利用聲波相位干涉原理，產生一反相波相消，多應用於風管等穩定性音源之聲音控制。

(2) 受音者暴露的降低控制：例如作業人員隔離於防音室內、佩戴耳塞耳罩。

（二）實體作業環境設計在噪音方面所須注意的要點

1. 定期維修機器。

2. 以吸音材質代替金屬材質。

3. 將吵雜的機器隔離或覆蓋。

4. 防止噪影響員工的溝通、工作效率與安全。

7-6 作業空間

　　從事作業所需的空間，稱之為「作業空間周域」（Workspace envelope），或簡稱為「作業周域」。在侷限空間作業時，空間規劃者必須確保有足夠的間隙能使工作人員執行內部操作、穿越、錯身、進入等活動，相關的數值建議如圖 7-9 所示。

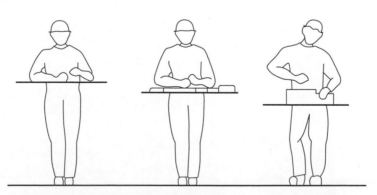

精密裝配作業高度
男性：94.9-99.9cm
女性：87.3-92.3cm

輕鬆作業高度
男性：89.9-99.9cm
女性：82.3-92.3cm

粗重作業高度
男性：84.9-94.9cm
女性：77.3-87.3cm

圖 7-9　作業區域工作站的規劃

一、工作站佈置與設計

作業區域工作站的規劃，實對於研究操作效果及效率有著決定性的影響。作業區域的規劃可分為常態工作範圍及最大工作範圍，其中常態工作範圍是當手肘自然下垂時由手掌及前臂所畫出的區域，一般建議在此區域所規劃的應以頻繁的操作取放為主，最大工作範圍則是以肩膀為軸雙手能涵蓋的區域，應以相對較少取用的工件及工具的箱架為主，如此能使在有限的工作檯面上對於操作作更有效率的分配。

（一）良好設計的工作站應具有下列特性

1. 允許多個工作面高度。

2. 調整人員的肘高方式優於調整工作檯面高，坐姿時此法可使用坐椅來達成，在站姿時可使用腳踏板來進行調整。

3. 作業本身的高度可進行調整。

4. 對於著衣物所需要的調整。

5. 正常與最大的工作區域是依據大部分操作者所需要的抓握動作設定，如果是其他的作業形式則需要作適當的修正。

（二）坐姿工作站優點

藉由坐姿時較有效率的動作來提升產能；如長的作業時間，採站姿會體力負荷不濟的顧慮。可增加操作員的穩定度與平衡，利於檢驗與精密操作。

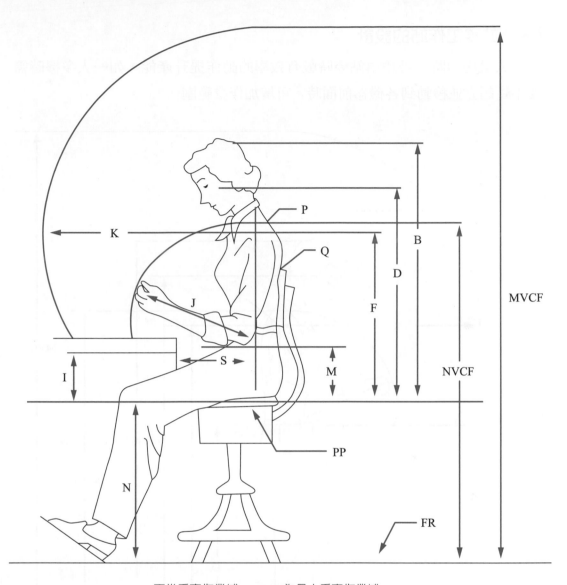

正常垂直作業域，MVCF為最大垂直作業域。

圖 7-10　坐姿工作

（三）站姿工作站的設計

　　大量施力時，可藉由站姿時較有效率的動作提升產能，如一人多機時需要不斷起立並移動到各機器前面時。可增加作業範圍。

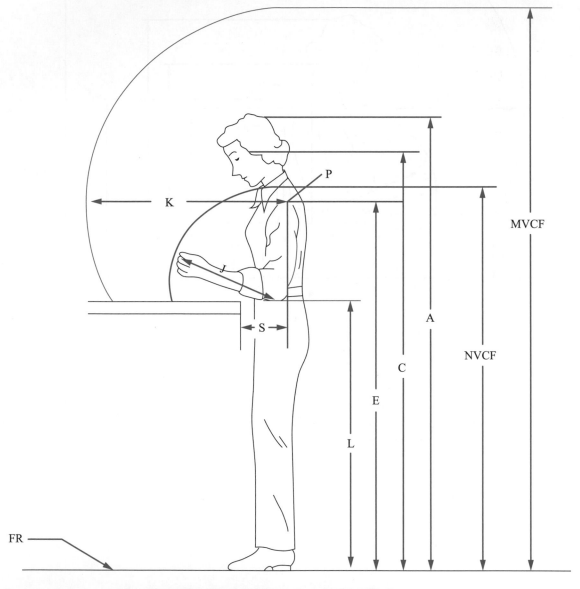

NVCF為正常垂直作業域，MVCF為最大垂直作業域。

圖 7-11　站姿工作

（四）坐、站姿工作站的設計

操作員可以依據自己的意願來移動身體，如此可減少某部位因長時間受壓迫而造成的肌肉疲勞。提供一個可調整高度的座椅，使操作員可坐可站。座椅要讓人能夠容易上下，提供腳踏板以減少肌肉的疲勞。

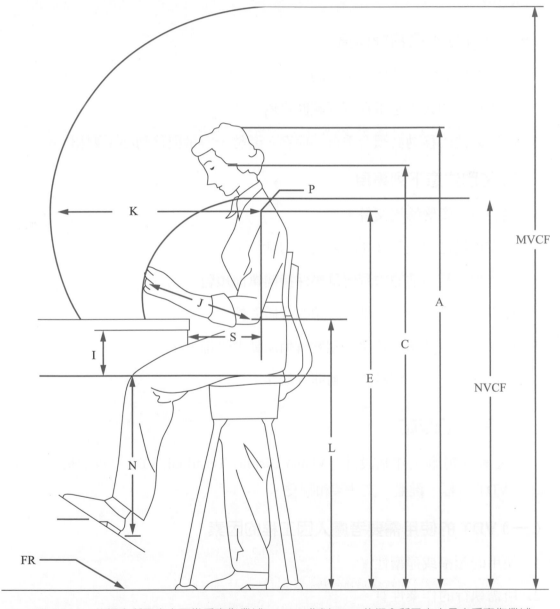

NVCF為以Farley的概念所界定之正常垂直作業域，MVCF為以Farley的概念所界定之最大垂直作業域。

圖 7-12 坐、站姿工作

二、工作場所必須適合操作人員

國際標準協會（ISO）發表的 ISO 6385 強調，工作場所必須適合操作人員，作業表面的高度必須依據人的體型與所從事的工作而作調整，座椅的安排應依個人需求而調整，提供足夠的身體運動空間，把手與抓柄必須適合手的大小。

（一）工作必須適合操作員

1. 避免對人體部位造成不必要的壓力。

2. 所需施力的大小必須在可行範圍之內。

3. 所需人體的移動必須合乎自然節奏、姿勢、力量與移動必須調和。

（二）特別注意下列事項

1. 坐姿與立姿應輪流交替。

2. 應盡可能選擇坐姿（如必須選擇的話）。

3. 讓身體所受的連續力量向量應保持簡單而短暫。

4. 提供適當的支持，以維持合適的身體姿勢。

5. 如果所需力量超過負荷，應備有輔助動力設備。

6. 避免靜止不動，適時的活動筋骨較佳。

三、電腦工作站

完整的電腦工作站設計（Visual Display Terminal, VDT）包括椅子、桌子、VDT 螢幕、鍵盤、文件架和腳凳。

（一）VDT 的使用需要考慮人因工程的因素

1. 使用的頻率或連續性。

2. 所需執行的作業性質。

（二）VDT 工作站研究小組所提出的建議

1. 螢幕必須在操作員的正前方，最好靠近鍵盤。

2. 螢幕和文件最好放在視線正前方以下若干度之處。

3. 鍵盤以可分離式為佳。

4. 要有個方便的書寫面。

5. 提供腿部可以變換姿勢的活動空間。

6. 對長時間使用者，要提供手、腕和手臂之支靠。

exercise 本章習題

一、填充題

1. 作業人員與機器設備共處在同一工作環境之中而形成一個_____系統。

2. 人體於靜止狀態下採取固定姿勢所量測而得之身體尺寸大小稱為靜態人體計測資料，又稱為_____。

3. 刺激感受器所需的最低物理能量即稱為_____（Absolute threshold），心理學家「對絕對閾所下操作性」定義為能被察覺的次數百分比為_____% 時的刺激強度。

4. 人因工程是_____，即工具設備、工作程序、環境與人員並非孤立存在，改變其中一個系統單元，會對於其他的單元有相當的衝擊及影響，必須在規劃時特別注意其相互的關係。

5. _____是建立人體幾何學、人體質量特性以及施力能力資料的量測科學，也是一門應用的藝術。人體計包括靜態人體計測（Static anthropometry）與動態人體計測（Dynamic anthropometry）。

6. 動態人體測計指人體在動作下由於關節與軀幹之協調與伸展扭轉，所呈現之身體部位距離常與完全靜止時不同，對動作下之距離進行量測，又稱為_____。

7. 人類的感覺器官的特徵，_____是指接受不同質的物理能量之刺激，而激發不同性質的感覺。

8. 「照度」是指物體表面受到光源照射的總光線數量，公制的單位為_____。

9. 「亮度」是指物體表面反射出之光線的光通量，其公制單位為_____。

10. 視野中出現遠高於其它表面的亮度（尤其在觀看方向上的亮度），所引起的眼睛不適，稱為_____。

二、簡答題

1. 請問人體感覺系統共分哪五種？

2. 請問人體物理尺寸的測計分類為何？

3. 請問在量測光時，有哪兩個重要的衡量方式？

4. 請問聽覺系統的構造可分為哪三部分？

5. 人對光線之感受區分眩光，可分為哪三種？

NOTE

CHAPTER 08
生產作業管理

學習目標

生產作業管理（Production Operation Management, POM）的意義在於將一切生產資源組合運用投入（Input），中間的轉換（Transformation），產出（Output）最大的經營績效。POM 工作的重點是有正確的預測，最適化生產投入，生產過程沒有不必要的浪費，瞭解行業的生產特性，則是資源利用極大化的關鍵因素，進而得出最佳的產出。本章重點依據生產系統資源整合的觀點，探討以下議題：

❖ 如何做正確的預測。　　　　　　❖ 生產存貨策略。

❖ 預測的定性與定量方法。　　　　❖ 生產作業管理系統架構。

❖ 生產型態。

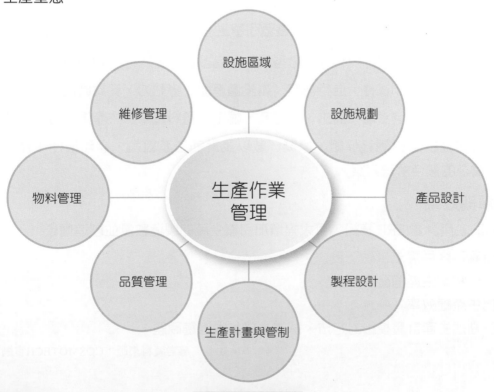

生產作業管理範圍

追求卓越生產計畫

汽車製造商如何在變動的需求環境中，優化運營效率，同時顯著提高生產率。

一、挑戰

個案公司是一家國際汽車製造商，必須適應競爭激烈的市場和不確定的環境。個案公司需要提高特定發動機的產量，以滿足相同容量下不斷增長的需求。

公司的主要挑戰是確保組裝引擎的生產，52 週內每週都能滿足客戶需求。企業需要一個軟體解決方案，可預測瓶頸對整個組織的影響，並考慮以下因素：

1. 產能容量隨時間變化。
2. 具有不同週期時間的產品之間共享資源。
3. 多種資源能夠生產相同產品。
4. 應付需求波動。
4. 確保交貨時間。
6. 儲存產能。

二、解決方案：生產計畫 ERP 模組

借助生產計畫供應鏈模組，摸擬整個引擎生產系統詳盡的架構。架構目的：

1. 多個生產地點和復雜的流程（工廠型態、產品多樣性、庫存、物流運輸等）。
2. 生產過程中的限制條件，進行調整（如設備產能、勞動力、交貨時間等）。
3. 所有必要的數據之跟隨（需求、外包商、輸出、物料清單、生產途程等）。

借助生產計畫供應鏈模組，摸擬了數以萬計的生產組合，構建最佳生產計畫，足需求的最佳解決方案。

三、預期效果

借助生產計畫 ERP 模組，可大幅增加引擎生產的製造數量並創造價值：

1. 及時滿足客戶需求。
2. 最大化特定生產的產能。
3. 優化生產線效率。
4. 基於動態生產計畫模組的方法，解決複雜的供應鏈問題。

參考資料來源：COSMOTECH官網

8-1 概述

　　作業管理定義為企業主要提供產品或服務的生產系統，進行的設計、作業和改善。生產管理是企業裡有一套清楚管理責任的功能部門。作業管理者需要與內外部建立且維繫彼此堅實的關係，企業在功能或部門有著不同障礙、工作或任務，經由行銷、生產管理到作業流程依序完成。

　　生產管理（Production Management）或作業管理（Operations Management）是指程序的系統性設計、方向和控制，為內外部顧客將投入轉換為服務和產品，生產管理功能的本質是在轉換的過程中增加價值。

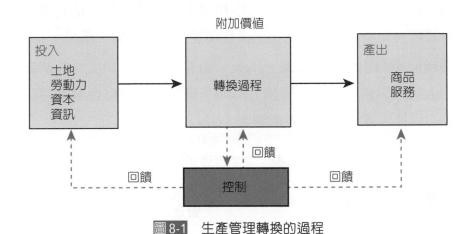

圖8-1　生產管理轉換的過程

　　作業管理的核心就是生產系統的管理，生產系統將作業資源投入轉變為特定的產出。投入包括原物料、顧客或是其他生產系統的資本，如圖 8-1 的底部所示。作業資源由 5P 所構成：

1. **人員（People）**：間接或直接的勞動力。

2. **廠房（Plant）**：包括工廠或作業發生的服務分支機構。

3. **零件（Parts）**：指進入生產系統的原料。

4. **製程（Process）**：包括完成生產的設備和步驟。

5. **規劃與控制系統（Planning & Control system）**：操作生產系統所需的資訊管理與程序。

一、企業管理矩陣

典型的企業組織有三種主要的功能，包含：作業、財務與業務功能。

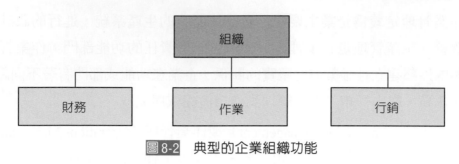

圖 8-2　典型的企業組織功能

表 8-1 企業管理矩陣說明，生產管理為企業功能中的一項，每一個功能擁有其獨自的知識、技能、責任、程序和決策。企業機能包括生產、行銷、人力資源管理與研發管理等功能，生產管理是企業機能的一部分。

管理機能是藉由規劃、組織、用人、領導、控制等功能性的活動，使組織內部的人物、設備、資金、資訊、時間等資源有效地整合與運用，達成組織所追求的目標，並滿足內、外部顧客。

表 8-1　企業管理矩陣

企業機能 管理機能	行銷	生產管理	人力資源 管理	財務	研發
規劃		✓			
組織		✓			
用人		✓			
領導		✓			
控制		✓			

二、作業策略（Operation strategy）

圖 8-3 顯示市場（產品或服務的顧客）形成企業的企業策略，基於企業的理念使命，企業策略，本質上反映公司如何規劃它的資源和功能（如行銷、財務和作業策略），獲取競爭優勢，作業策略專注於公司將如何規劃它的產能以支持企業策略。

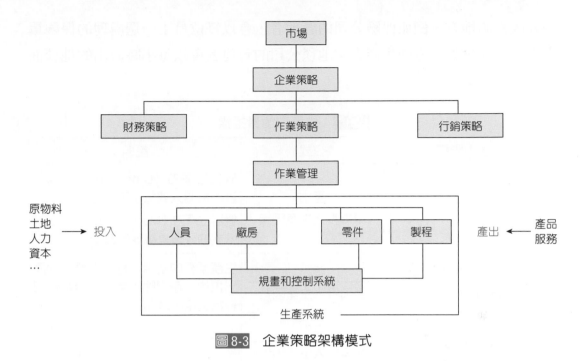

圖 8-3　企業策略架構模式

8-2 生產力提升

　　產出可以是有形產出（Tangible output），如汽車、眼鏡、高爾夫球袋及冰箱—任何我們能看到或碰觸到的物品，或是無形產出（Intangible output），像是醫生檢查、電視及汽車的修理、草坪的維護及在戲院裡放映電影都是服務的例子。公式如下：

$$生產力 = \frac{產出}{投入}$$

　　例如，一部機器兩小時之內生產 68 件產品，由上述公式可得到該機器的生產力為：

$$生產力 = \frac{生產件數}{生產時間} = \frac{68}{2} = 34（件／小時）$$

一、生產力衡量指標

　　生產力有很多衡量指標可用。產出可以顧客支付或數量來衡量，投入則可以成本或工作時數來衡量。管理者通常會選取多種合理的衡量指標，監控

需要改善的地方，例如保險公司的管理者，會以每位員工一週處理的保險單之數量，衡量辦公室的生產力；地毯公司的管理者會以每小時產出的地毯面積來衡量生產力。

表8-2　生產力衡量指標

生產力指標	公式	說明
單項生產因素生產力	$\dfrac{產出}{單項投入生產因素}$	勞工生產力（Labor Productivity）表示每個人或每小時的產出。 機器生產力（Machine Productivity）公式的分母是機器的數量。
多項生產因素生產力 （Multifactor Productivity）	$\dfrac{產出}{多項投入生產因素}$	生產過程中使用一種以上資源的產出指標，產出除以勞工、原物料和經常費用的總和。
總生產力	$\dfrac{產出}{所有投入生產因素}$	

例題8-1

計算下列作業的生產力：

1. 三位員工在一週內處理 600 張保險單。他們每週工作 5 天，每天 8 小時。

解

a. 勞工生產力 $= \dfrac{產出}{員工小時} = \dfrac{600\ 單位}{(3\ 位員工)(40\ 小時/每位員工)}$

= 5 單位 / 每小時

2. 一個工作團隊製造一種產品 400 單位，每個標準成本 10 美元（在其它花費和利潤的加價之前）。財務部門報告顯示實際成本包含勞工費用 400 美元、原物料 1,000 美元和經常費用 300 美元。

b. 多因素生產力 =

$\dfrac{標準成本}{勞工成本+原物料成本+經常費用} = \dfrac{(400\ 單位)(\$10/每單位)}{\$400+\$1,000+\$300} = \dfrac{\$4,000}{\$1,700}$

= 2.35

例題8-2

	今年	去年	之前
生產銷售單位	2,762,103	2,475,738	2,175,447
員工投入時數 (hrs)	112,000	113,000	115,000

計算各年度的生產力。

解

	今年	去年	之前
生產銷售單位 / 員工投入時數	$\dfrac{2,762,103}{112,000}$ =24.66/hrs	$\dfrac{2,475,738}{113,000}$ =21.91/hrs	$\dfrac{2,175,447}{115,000}$ =18.91/hrs

二、影響生產力的因素

1. **資本**：資本生產力的分析，衡量企業所投下的資本，從事經營活動的效益，評價資本經運用後，獲得的附加價值生產力。提高資本生產力的方法有：(1) 提高附加價值率；(2) 提高資本活動率；(3) 將附加價值率與資本活動率兩項同時提高。

2. **品質**：生產力與品質的關係十分密切，企業因為供應商提供的零件品質不良，必多花時間在驗收程序，對送驗進行嚴格甚至全數檢驗，將導致較多的企業資源投入，生產力也會受影響而降低。

3. **人員**：生產力與人員有直接相關，應選擇合適的職位，提供員工適當的培訓與發展，給予更好的工作條件和工作環境、重視員工的意見或建議，生產力就會提高。

4. **技術**：技術因素包括廠房生產佈置、機器設備研究開發、自動化和電腦化等，整合最適的生產技術，生產力就高。

5. **管理**：利用現有的資源及最佳的生產技術，最低的成本獲得最大的產出，以提高生產力。

三、改進生產力的方法

1. 發展生產力之衡量方法。

2. 確定瓶頸作業。

3. 發展提升生產力的辦法。

4. 擬定合理的生產力改善目標。

5. 組織管理階層的支持。

6. 衡量生產力改進績效（控制、資訊回饋）。

四、產能規劃

產能（Capacity）指生產單位所能承擔負荷的上限，單位產出率的上限。

1. 服務業：代表某個特定的時間內所能服務的顧客數。

2. 製造業：表示生產輪班可完成的產品數量。包括：

(1) 設計產能：理想狀態下，一間工廠或特定生產設備所能達到的極限產出率。

(2) 有效產能：考慮生產設備、日程安排、機器維護和品質等因素下之最大可能產出。有效產能通常比設計產能少。

$$效率 = \frac{實際產出}{有效產能}$$

$$利用率 = \frac{實際產出}{設計產能}$$

表 8-3　設計產能 vs. 有效產能 vs. 實際產能之差異

設計產能	理想條件下的最大產出率。
有效產能	通常會小於設計產能。
實際產能	實際生產情況下，可能因設備故障等因素，使得實際產能小於有效產能。

例題8-3

某汽車維修部門，設計產能＝每天貨車 50 輛、有效產能＝每天貨車 40 輛、實際產出＝每天貨車 32 輛，試問其效率及利用率。

解

$$效率 = \frac{32}{40} = 80\%$$

$$利用率 = \frac{32}{50} = 64\%$$

8-3 預測的變數

　　預測是企業經營長期規劃的基礎。生產和作業人員定期使用預測進行製程選擇、產能規劃和生產規劃排程及存貨決策。但完美無缺的預測通常是不可能的，在企業中存在太多的因素無法穩定地預測。建立持續的監控預測資料，學習如何處理不正確的預測更顯重要，試著改善預測模式及方法，合理範圍內可得到的最佳預測方法。

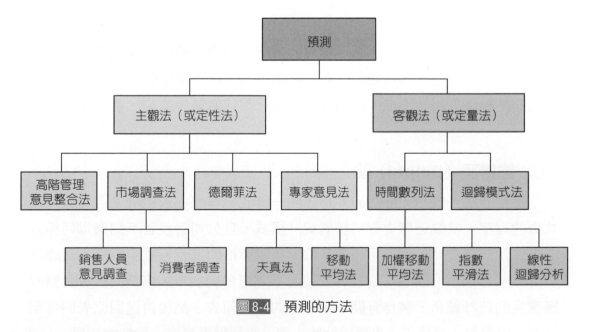

圖 8-4　預測的方法

一、質化預測技術定性法（Qualitative approach）

（一）草根法

藉由組織階層中直接處理被預測產品的人員所搜集的資料來做預測。例如，公司整體的銷售預測來自整合每一個銷售點的資料，因銷售人員是最接近自己市場領域的人，雖然草根法不全然正確，但在許多例子顯示它是有效的假設。

（二）市場調查研究法

藉由普查與訪問收集資料，預測有關市場之假設，這種方法適用長期預測及新產品銷售。企業常常雇用專精於市場調查的外部公司，從事這類型的預測。

（三）專家意見法

「三個臭皮匠勝過一個諸葛亮」的想法為專家意見法之概念，集合各種不同單位的人比小群體更能發展出可信的預測值。專家意見法預測值的發展，參與者也許是經理、銷售人員或消費者，經由開放式會議中來自所有層級管理和個體意見的自由交換而得，藉由全體的討論將產生比任何個人更好的預測。

（四）歷史類推法

嘗試預測新產品的需求時，理想的情況是由現有或同類產品作為一種模式。將正在進行的預測與類似的產品聯結，當規劃新產品時，藉著使用類似產品的經驗來取得預測值，例如互補產品、替代的競爭產品，產品是收入的函數。

（五）德爾菲（Delphi）法

德爾菲法（Delphi method）是經由一群匿名專家各自提供之意見來獲取共識的程序。當缺乏歷史資料發展統計模式，且公司管理者不知應以何種方法做為預測基礎時，則適用德爾菲法。德爾菲法的進行方式由協調人員委託一群外部專家填寫問卷，這些專家彼此不知道參與名單。協調人員會彙整回應意見的統計結果，製作有關爭議部分的摘要報告，然後再送回原先的專家群體，供參與人員修正，重覆進行此步驟，直到獲得專家一致性的結果。

二、量化預測技術定量法（Quantitative forecasting）

（一）天真預測法（Naive forecast）

天眞預測法（Naive Forecast）爲最常使用之方法，即下一期的預測等於本期的需求數量（D_t）。若週三的實際需求爲 35 位顧客，則週四的預測需求亦爲 35 位顧客；若週四的實際需求爲 42 位顧客，則週五的預測需求亦爲 42 位顧客。

（二）簡單移動平均法（Simple moving average method）

簡單移動平均法旨在去除隨機變動的影響，估計需求時間序列的平均數，需求沒有出現明顯的趨勢或是季節性的影響時，則可使用簡單移動平均法。

應用簡單移動平均法僅需計算最近 n 期的平均需求，然後使用該平均需求以作爲下一期的預測。對於下一期而言，當該期需求出現以後，則使用當期取代過去平均期間最早期的需求量，再重新計算平均數。每次使用最近 n 期的需求平均數，平均數從一期「移動」至下一期。

應用簡單移動平均法計算第 t + 1 期預測值的方法如下：

$$F_{t+1} = \frac{過去\ n\ 期需求的總數}{n} = \frac{D_t + D_{t-1} + D_{t-2} \cdots + D_{t-n+1}}{n}$$

其中　F_{t+1} = 預測值

　　　n = 期數

　　　D_t，D_{t-1}，……D_{t-n+1} = 實際歷史資料

預測誤差是指實際值與預測值之間的差額，預測誤差可正可負，視預測值是太低或太高而定。

1. **偏差**：係指實際值與預測值差異的平均值。

$$BAIS = \frac{\sum_{i=1}^{n}(A_i - F_i)}{n} = \frac{\sum(實際值 - 預測值)}{n期}$$

2. **平均絕對誤差（Mean Absolute Deviation, MAD）**：將正負的誤差值均化成代表誤差距離的正值。代表實際值（Ai）與預測值（Fi）之間差值的絕對值之總合除以資料的樣本數。

$$MAD = \frac{\sum_{i=1}^{n}|A_i - F_i|}{n} = \frac{\sum|實際值-預測值|}{n期}$$

3. **均方誤差（Mean Squared Error, MSE）**：預測誤差平方值，預測誤差平方值總和的平均稱，用來量度預測的精確性，預測越精確，MSE 越小。

$$MSE = \frac{\sum_{i=1}^{n}(A_i - F_i)^2}{n} = \frac{\sum(實際值-預測值)^2}{n期}$$

4. **平均絕對百分比誤差（Mean Absolute Percent Error, MAPE）**：衡量組織使用預測方法的準確性。它表示數據集中每個條目的絕對百分比誤差的平均值，平均顯示預測數量與實際數量相比的準確程度。為了計算 MAPE，計算預測誤差百分比很重要。以下是計算預測誤差百分比的公式：

$$預測誤差百分比 = \frac{\sum_{t=1}^{n}(|E_t|/D_t)\%}{n}$$

例題8-4

某一汽油供應商銷售汽油 12 週的銷售資料如下表，試以 3 週計算移動平均法預測：

週	銷售量（1,000單位量）
1	17
2	21
3	19
4	23
5	18
6	16
7	20
8	18
9	22
10	20
11	15
12	22

先選定移動平均時間序列之期間數目，本例以 3 週計算移動平均：

1. 第 1 個 3 週的移動平均如下：移動平均（1 至 3 週）$\dfrac{17+21+19}{3}$，移動平均值 19。

2. 第 2 個 3 週的移動平均如下：移動平均（2 至 4 週）$\dfrac{21+19+23}{3}$，移動平均值 21。

3. 預測誤差：第 4 週的實際值是 23，在第 4 週的預測誤差為 23 － 19 ＝ 4。第 5 週的實際值是 18，第 5 週的預測值是 21，預測誤差為 18 － 21 ＝ － 3，預測誤差可正可負，視預測值是太低或太高而定。

週	銷售量（1,000單位量）	移動平均預測值	預測誤差	預測誤差平方值
1	17			
2	21			
3	19			
4	23	19	4	16
5	18	21	-3	9
6	16	20	-4	16
7	20	19	1	1
8	18	18	0	0
9	22	18	4	16
10	20	20	0	0
11	15	20	-5	25
12	22	19	3	9
總合			0	92

例題8-5

1. 過去三週的病患數到達數量如下，計算第 4 週內診所患者到達病患數（三週移動平均值預測）：

週	病患數
1	400
2	380
3	411

2. 如果第 4 週的實際到診人數為 415，第 4 週的預測誤差是多少？

3. 預測第五週的病患數到達數量？

1. $F_4 = \dfrac{411 + 380 + 400}{3} = 397.0$

2. $E_4 = D_4 - F_4 = 415 - 397 = 18$

3. $F_5 = \dfrac{415 + 411 + 380}{3} = 402.0$

例題8-6

1. 使用以下顧客數到達數據，三期簡單移動移動平均值，估算：

月	顧客數
1	800
2	740
3	810
4	790

$$F_5 = \frac{D_4 + D_3 + D_2}{3} = \frac{790 + 810 + 740}{3} = 780$$

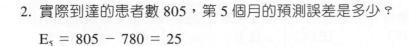

2. 實際到達的患者數 805，第 5 個月的預測誤差是多少？

$$E_5 = 805 - 780 = 25$$

3. 假設：第 5 個月的實際到達人數是 805，第 6 個月的預測是多少？

$$F_6 = \frac{D_5 + D_4 + D_3}{3} = \frac{805 + 790 + 810}{3} = 801.667$$

例題8-7

最近 8 個月數據，得出以下結果。完成下表（　），評估該過程的執行情況，計算不同的預測誤差值。

月	需求 (D_t)	預測 (F_t)	誤差 (E_t)	誤差平方 $(E_t)^2$	絕對誤差 $|E_t|$	絕對誤差百分比 $(|E_t|/D_t)$%
1	200	225	-25			
2	240	220	20			
3	300	285	15			
4	270	290	-20			
5	230	250	-20			
6	260	240	20			
7	210	250	-40			
8	275	240	35			
Total						

解

月	需求 (D_t)	預測 (F_t)	誤差 (E_t)	誤差平方 $(E_t)^2$	絕對誤差 $|E_t|$	絕對誤差百分比 $(|E_t|/D_t)$%
1	200	225	-25	625	25	12.5
2	240	220	20	400	20	8.3
3	300	285	15	225	15	5.0
4	270	290	-20	400	20	7.4
5	230	250	-20	400	20	8.7

月	需求 (D_t)	預測 (F_t)	誤差 (E_t)	誤差平方 ($E_t)^2$	絕對誤差 $\lvert E_t\rvert$	絕對誤差百分比 ($\lvert E_t\rvert/D_t$)%
6	260	240	20	400	20	7.7
7	210	250	-40	1,600	40	19.0
8	275	240	35	1,225	35	12.7
Total			-15	5,275	195	81.3%

$$CFE = \sum_{t=1}^{n} E_t = -15$$

$$\overline{E} = \frac{CFE}{n} = \frac{-15}{8} = -1.875$$

$$MSE = \frac{\sum_{t=1}^{n} E_t^2}{n} = \frac{5,275}{8} = 659.375$$

$$\sigma = \sqrt{\frac{\sum_{t=1}^{n}(E_t - \overline{E})^2}{n-1}} = \sqrt{\frac{5,275}{8-1}} = 27.45$$

$$MAD = \frac{\sum_{t=1}^{n}\lvert E_t\rvert}{n} = \frac{195}{8} = 24.375$$

$$MAPE = \frac{\sum_{t=1}^{n}(\lvert E_t\rvert/D_t)\%}{n} = \frac{81.3\%}{8} = 10.2\%$$

（三）加權移動平均法（Weighted moving average method）

簡單移動平均法中，每期需求對於平均數有相同的權數 $\frac{1}{n}$。加權移定平均法中，賦予每個變數相對應的比重值，加權的法則也並沒有一定的規則，可增加最近需求的比重，藉由給予優先性較高的季節較高的權重，處理季節性的效應，加權得總合等於一。

$$F_t = W_1 \times A_{t-1} + W_2 \times A_{t-2} + \cdots + W_n \times A_{t-n}$$

其中 W_n 爲第 t-n 期的比重

n 爲預測總期數

 例題8-8

一家百貨公司可能會把最近這個月的實際銷售額加權 40%，兩個月前的加權 30%，三個月前的加權 20%，給四個月前的加權數 10%，假設這四個月的實際銷售額入下。那此百貨公司對第五個月的銷售額預測為？

一月	二月	三月	四月	五月
100	90	105	95	?

解

五月的預測為：

$F_5 = 0.40(95) + 0.30(105) + 0.20(90) + 0.10(100)$

$\quad = 38 + 31.5 + 18 + 10$

$\quad = 97.5$

假設 5 月的實際需求為 110，則 6 月的預測為：

$F_6 = 0.40(110) + 0.30(95) + 0.20(105) + 0.10(90)$

$\quad = 44 + 28.5 + 21 + 9$

$\quad = 102.5$

例題8-9

依例題 8-6 之資料，假設：$W_1 = 0.50$，$W_2 = 0.30$ 和 $W_3 = 0.20$。使用加權移動平均法，預測第 5 個月的到達顧客數。

解

$F_5 = W_1D_4 + W_2D_3 + W_3D_2 = 0.50(790) + 0.30(810) + 0.20(740) = 786$

（四）指數平滑法（Exponential smoothing method）

　　簡單與加權移動平均法都有一個共通的缺點，就是需要連續且大量的歷史資料。每當有新的資料加入時，就需捨棄的資料，然後重新計新的預測。指數平滑法之方法簡單，僅需要少量的資料，故為最常使用的預測方法在零售業，批發業和代理商的庫存訂貨上也廣泛的應用。指數平滑法被廣泛的接受有以下六點原因：

1. 預測準確。

2. 導出指數平滑的公式方法很簡單。

3. 使用者知道它是如何運作的。

4. 運算簡易。

5. 因為使用很少的歷史資料，所以計算的儲存空間較小。

6. 驗證此法則的準確度也很簡單。

　　指數平滑法只需要三項資料：上期預測值、本期需求和平滑參數（α）；α 介於 0 至 1.0 之間。計算指數平滑法預測值時，計算最近需求和上期計算之預測值的加權平均數即可。預測方程式為：

$$F_t = F_{t-1} + \alpha(A_{t-1} - F_{t-1})$$

$F_t =$ 第 t 期的預測值

$F_{t-1} =$ 第 t-1 期的預測值

$A_{t-1} =$ 第 t-1 期的實際需求

$\alpha =$ 平滑參數

例題8-10

上個月的預測值是 1,050 單位，但真實的需求量是 1,000，設 α 值為 0.05，那這個月的預測值應為？

解

$F_t = F_{t-1} + \alpha (A_{t-1} - F_{t-1})$

$\quad = 1,050 + 0.05(1,000 - 1,050)$

$\quad = 1,050 + 0.05(-50)$

$\quad = 1,047.5$（件）

（五）線性迴歸分析（Simple linear regression model）

迴歸分析可用來找出兩個或兩個以上計量變數間的關係，並進而從一群變數中預測資料趨勢。例如從廣告費用和銷售之關係，藉迴歸分析從廣告費用中預測銷售。迴歸分析中最簡單的模型是二變數的直線迴歸關係式，即所謂的簡單線性迴歸模型。若一時間序列為一線性趨勢，最小平方（Least squares）法將可決定未來預測的趨勢線。

使用最小平方法趨勢投影公式為：

$T_t = b_0 + b_1 t$

T_t ＝在期間 t 的趨勢值

b_0 ＝趨勢線截距

b_1 ＝趨勢線斜率

$$b_1 = \frac{\sum tY_t - \left(\sum t \sum Y_t\right)/n}{\sum t^2 - \left(\sum t\right)^2 /n}$$

$$b_0 = \bar{Y} - b_1 \bar{t}$$

Y_t ＝在期間 t 時間序列實際值

n ＝期間數目

$\bar{Y}$ ＝時間序列平均值；$\bar{Y} = \sum \dfrac{Y_t}{n}$

$\bar{t} = t$ 的平均值；$\bar{t} = \sum \dfrac{t}{n}$

例題8-11

腳踏車公司銷售過去 10 年資料如下表所示,求過去十年之平均成長率為?

	t	Y_t	tY_t	t^2
	1	21.6	21.6	1
	2	22.9	45.8	4
	3	25.5	76.5	9
	4	21.9	87.6	16
	5	23.9	119.5	25
	6	27.5	165.0	36
	7	31.5	220.5	49
	8	29.7	237.6	64
	9	28.6	257.4	81
	10	31.4	314.0	100
總和	55	264.5	1,545.5	385

解

$$\bar{t} = \frac{55}{10} = 5.5$$

$$\bar{Y} = \frac{264.5}{10} = 26.45$$

$$b_1 = \frac{1545.5 - (55)(264.5)/10}{385 - (55)^2/10} = 1.1$$

$$b_0 = 26.45 - 1.1(5.5) = 20.4$$

$$T_t = 20.4 + 1.1t$$

腳踏車銷售量時間序列的線性趨勢線,趨勢方程式的斜率為 1.1,表示過去 10 年公司銷售的平均成長率約每年 1,100 件。

8-4 生產作業與管制系統

一、長期生產規劃

　　圖 8-5 說明商業計畫（Business plan）或年度計畫（Annual plan）、銷售與生產管理計畫，以及衍生出的詳細計畫與排程。商業計畫主要是根據產品及銷售規劃（及顧客/市場）的資訊，規劃企業各類產品群組不同生產時期的總體生產率與存貨水準，考量企業有限財務和產能條件，可執行的主生產排程。商業計畫或年度計畫建立組織中銷售與作業規劃的藍圖，包含物料與設施排程與人力排程規劃（服務業），主生產排程與物料需求規劃（製造業）。

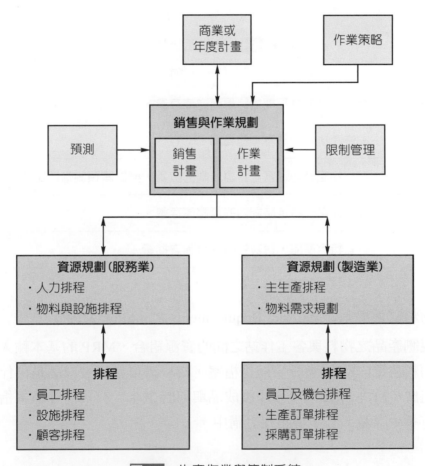

圖 8-5　生產作業與管制系統

二、中期生產計畫

1. 服務業提供者的銷售與作業計畫

規劃的第二層級是資源規劃，決定企業的人力排程（Workforce schedule）、物料與設施排程等，進行更詳細的計畫。

2. 製造業的銷售與作業計畫

包括主生產排程與物料需求規劃

(1) 主生產排程（Master Production Schedule, MPS）

MPS 配合各部門需求，包括銷售部門（交期）、財務部門（最低存貨）、管理階層（最佳生產力，顧客服務與最小的資源需求）與製造部門（平準化生產及最小的設置成本）。主生產排程包含的項目如下：

表8-4　主生產排程

排　　程	內　　容
期初存貨	產生主生產排程開始時現有之庫存量。
生產預測	主生產排程中最基本的資料。
顧客已訂訂單量	某一特定時期顧客已實際訂購的數量，與生產預測進行比較。
預計庫存量	表示在某一特定時間內的實際庫存數。
計畫生產量	針對特定產品，每次生產或訂購之批量。

(2) 物料需求規劃（Material Requirements Planning, MRP）

規劃產品之物料與各工作站之間的資源組合，MRP 的基本輸入，包括物料清單、MPS 與存貨記錄檔案，物料清單指出製成品是由什麼材料組成；MPS 指出生產多少製成品與何時生產；存貨記錄檔案指出目前有多少存量、有多少正在訂購中。

(3) 物料清單（Bill of Material, BOM）

BOM 表顯示生產一項產品（Item）所需要的零件（Parts）。表示生產母件（Parent assemblies）、次組件、中間物、零件與原料的清單，顯示生產組件所需要各種元件的數量，每一零件或產品僅有一工件號碼（Part Number），零件的特定號碼是獨特的（Unique），且不指派任何其他零件。

表8-5　物料清單

項　目	內　容
獨立需求	物料與其他物料項的需求量不互相影響彼此間是互相獨立的，例如、桌子的需求量。
相依需求	物料的需求量與另一項物料的需求量具有直接的比例關係，例如、桌腳等候需求量。

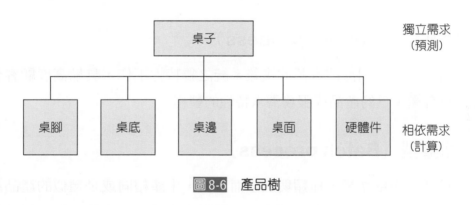

圖8-6　產品樹

表8-6　簡單的料表

敘述：桌子 工作號碼：100		
工作號碼	敘述	數量需求
203	桌腳	4
411	桌底	2
622	桌邊	2
023	桌面	1
722	硬體件	1

8-5 生產系統的型態

生產方式係一企業運用不同的製造技術，組成物料之流程，依產品流程作業程序及其重複性，五種主要生產方式結構如下說明：

直線式生產流程的效率高，但較不具彈性，用於產品、服務標準化程度高，且需求量大的情況。分為：連續生產與大量生產等二種情況。

一、零工型（Job process）

客製化的程度很高，相關的工作與設備亦彈性化配置。常依顧客的訂單選擇適當的零工型程序生產，零工型程序主要依其需求安排周邊所有資源，能夠處理其特定需求的設備以及人員都安排在一起。例如，商業印刷公司、飛機製造商、工作母機工廠、提供消費者自行設計的電路板印刷工廠。

二、專案型（Project process）

指需要整合不同部門資源的複雜系統之獨特性工作，具備高度顧客化程度但卻只有極少量的產品或服務需求特性的製程。

三、批量型（Batch process）

批量型程序依產量、種類與數量而不同，生產相同或是類似的產品或服務時，批量型生產之量產程度較高。批量程序雖具有中度的產量，但是其產品種類多，均能藉由相同的流程型態進行生產，例如，大型設備、電子設備、特殊的化學品。

四、直線型（Line process）

直線型生產在程序選擇組合中介於批量型生產與連續型生產間，例如，電腦、汽車、家電用品與玩具其產出量高，標準化的產品與服務，可依產品與服務安排資源；程序中相異性小，作業站之間甚少存貨，每一項作業重覆執行相同的程序，故產品與物料的程序較為專業化。

五、連續型（Continuous process）

是同質物料的轉變或進一步的處理，例如原油、化學原料、或啤酒、鋼鐵與食物的工廠。類似組裝線，生產係按一預定的程序步驟，但流程是連續而非間斷，追求使用率最大化，物料於程序中無中斷的情形，避免停線或重新整備的情形發生（成本非常高）。連續型程序通常是資本密集，故一天 24小時不停地運轉，充分利用產能，避免昂貴的停機與重新啟動的成本。

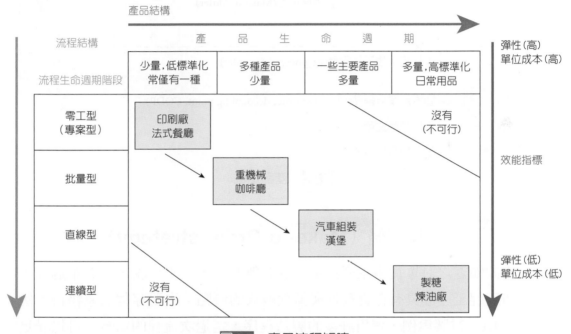

圖 8-7　產品流程矩陣

8-6 生產與存貨策略

產品定位策略指的是企業針對消費者或用戶對產品交貨時間的滿意度，所選擇之對應存貨策略。主要決定因子為製造前置時間（Manufacturing lead time）及客戶對交貨時間的願意接受程度。

如果客戶願意等待的交貨時間低於製造或裝配的前置時間，企業就必須擁有成品存貨以因應立即的訂單；如果客戶可以忍受某些延遲程度的交貨期，依客戶需求而製作的產品與數量，一般製造商採用接單式組裝或生產之產品定位策略。因此，產品定位策略可以是任一種或其它組合，如圖 8-8 所示：

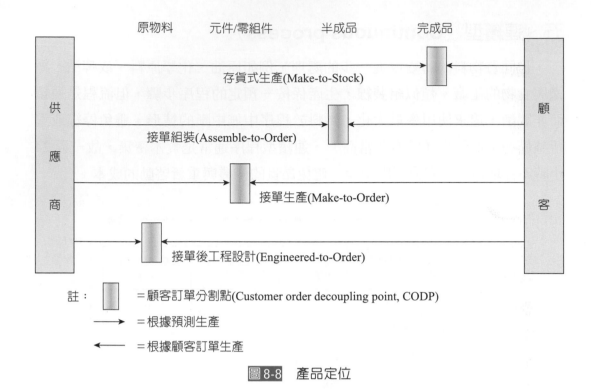

圖 8-8 產品定位

一、訂單式生產策略（**Make-to-Order strategy**）

依據顧客之訂單從事生產活動，假若無訂單，則不生產，若訂單過多，則要加班趕工，故具有存貨較低與彈性較大的優點；主要存貨為原物料。例如組裝 Dell 電腦為例，運用許多的製造程序，透過次流程的組合，可以滿足顧客的不同需求。

二、組裝式生產策略（**Assemble-to-Order strategy**）

以銷售預測規劃半成品的生產，當顧客訂單或規格確認後，進行後段的裝配；主要存貨為半成品。廠商接到顧客的訂單後，由少量組裝與組件生產客製化產品，競爭優序為客製化與快速遞送。組裝式生產策略一般有組裝流程與加工流程，這些流程可製造大量的標準化組件和零配件；加工流程生產適量的存貨，提供組裝流程進行組裝。接受顧客的訂單後，組裝流程使用加工程序，製造的標準化組件和零配件，生產最終的產品。

三、存貨式生產策略（Make-to-Stock strategy）

依據銷售預測規劃生產，保持某一水準的成品存量，接受訂單後直接由成品庫存出貨，故具有快速出貨的優點，又稱計畫性生產；主要存貨為成品。存貨式生產策略適用於產量大、銷售預測正確與標準化產品。圖 8-9 說明最終汽車組裝程序，六汽缸中型車與四汽缸小型車同時在一直線上組裝，兩種車型的總產量很大，可以在該設施上採用存貨式生產策略。

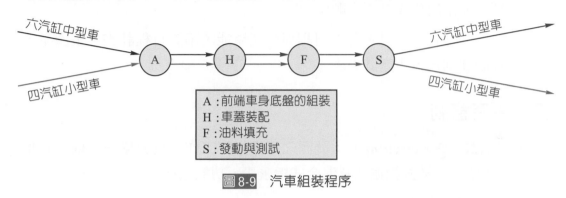

圖 8-9　汽車組裝程序

四、接單後工程設計（Engineered-to-Order, ETO）

依據顧客的特殊規格而特別訂製，最終的產品包含標準零件及專為顧客需要所設計的成品。接獲訂單需求與數量後再進行產品設計、生產與裝配活動。交貨時間一般比前三種策略均來得長。有時當產品的設計活動在進行的時候，生產的活動也會同時進行，縮短顧客的等待時間。例如木製家具、台電變壓器、半導體元件等。

8-7　生產計畫與管制

一、生產計畫

1. **產品設計（Design）**：依據訂單之產品型式或市場調查之產品構想加以設計，不影響產品品質之製造成本，產品可以重新設計，設法簡單化生產程序降低製造成本。

2. **製造途程之安排（Routing）**：產品由原料至製成品其中所經過一連串製造過程的安排。製造途程安排之目的在於決定製造過程、操作方法、機器負荷與人工的使用。

3. **製造日程之安排（Scheduling）**：決定何時實施何項工作，最終目的在於使產品能在一定期限內完成，趕上交貨期限，內容為：

   (1) 決定基準日程：依作業的製程別、材料別，確認開始與完工之基準時期，並確認生產之優先順序。

   (2) 決定生產數量：基於基準日程與生產產能，確認日程計畫之生產量，編制詳細月份生產計畫表。

二、生產管制

1. **工作指派（Dispatching）**：分派之工作指定工作人員與機器設備。有集中指派法，分散式指派法及混合式指派法，功能包括：

   (1) 有效的下達製造命令。

   (2) 提供分批製造命令之耗料及工時資料，成本計算之依據。

   (3) 工務部門準備工具、夾具之依據。

2. **進度跟催（Follow-up）**：協調實際之工作，目的在使工作能如期完成。

　　生產管理的實務運作中，掌握生產管理的功能並加以活用，以符合生產計畫與管制彙總的目的，一般企業所推行之生管工作的功能體系如表 8-7 所示。

表 8-7　生產計畫與管制作業要點

	運作程序	作業要點	應用表格
1	生產計畫	▶ 產銷配合與存貨調整 ▶ 物料需求計畫（MRP：物料） ▶ 產能需求規劃（CRP：人力、設備）	▶ 銷售計畫表 ▶ 生產計畫表 ▶ 產能負荷分析表 ▶ 成品庫存表
2	途程計畫	▶ 產品資料之建立與運用 ▶ 經濟製程之設計 ▶ 生技業務之開發與改善	▶ 標準材料表 ▶ 標準途程表 ▶ 標準工時表 ▶ 標準成本表

運作程序		作業要點	應用表格
3	日程計畫	▶ 優先順序與日程安排 ▶ 經濟生產批量之考慮 ▶ 緊急訂單之處理	▶ 基準日程表 ▶ 生產日程表
4	工作調派	▶ 生產準備 ▶ 實際生產活動之調配 ▶ 分批成本計算之處理	▶ 製造令（工作單） ▶ 樣品製造單 ▶ 製造變更令
5	進度管制	▶ 製造過程與數量之掌握 ▶ 進度異常之處理 ▶ 日程計畫之調整 ▶ 生產實績的分析與評價	▶ 生產日報表 ▶ 在製品移轉單 ▶ 成品入庫日記表 ▶ 製造令完工聯 ▶ 生產管制表

exercise 本章習題

一、填充題

1. 工作指派係將應分派之工作指定工作人員與機器設備去完成。其方式有哪三種？
　　_____、_____、_____。

2. 作業資源由所謂的作業管理的 5P 所構成，5P 為：_____、_____、
　　_____、_____、_____。

3. 生產系統的型態有：_____、_____、_____、
　　_____、_____五種。

4. 生產與存貨策略，產品定位策略可以是四種組合：_____、_____、_____、_____。

5. 預測定性法有：_____、_____、_____、
　　_____、_____五種。

6. 生產管制包括：_____、_____兩種。

7. 製造日程安排又可分：_____、_____兩種。

8. 生產計畫所包括的範疇有：_____、_____、
　　_____三大部分。

二、簡答題

1. 請說明生產管理整體體系。

2. 請說明生產管理的意義。

3. 請問生產系統包含哪些型態？舉例說明之。

4. 請問生產計畫所包括的範疇有哪些？

5. 請問生產管制所包括的範疇有哪些？

CHAPTER 09

物料管理

學習目標

物料管理是事業單位重要的工作之一，物料管理使生產流程能夠順利運作。本章探討物料管理的意義以及物料管理的應用範圍，從物料分類編號開始討論，進行 ABC 重點管理，物料進行存量管制及整合性物料需求計畫。盤點工作也是物料管理必須注意的課題。本章探討重點包括：

❖ 探討物料管理的意義。

❖ 物料管理的應用範圍。

❖ 物料分類編號。

❖ ABC 重點管理。

❖ 物料管理存量管制。

❖ 整合性物料需求計畫。

❖ 盤點管理。

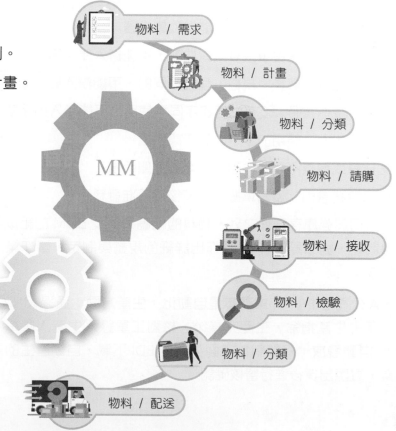

物料 / 需求

物料 / 計畫

物料 / 分類

物料 / 請購

物料 / 接收

物料 / 檢驗

物料 / 分類

物料 / 配送

MM

IEM 個案

臺灣 A 股份有限公司導入 ERP，進行 ABC 物料管理原則

臺灣 A 股份有限公司（以下簡稱 A 公司）成立於 1978 年 5 月，兩岸三地共有 7 個據點。臺灣一家專業加工金屬滾壓、塑膠擠壓、一體複合押出的公司，主要產品包括：產業機械、工作機械製造廠及其零組件製造廠、自動化設備及有關輸送設備等製造廠及其協力廠、汽機車製造廠及其協力廠。

一、庫存的 ABC 管理原則

❖ A 類物料的數量可能只佔庫存的 10 ～ 15%，但貨值可佔庫存價值的 60 ～ 70%。

❖ B 類物料的數量可能只佔庫存的 20 ～ 35%，但貨值可佔庫存價值的 15 ～ 20%。

❖ C 類物料的數量可能佔庫存的 50 ～ 70%，但貨值可能佔庫存價值的 5 ～ 10%。

❖ 嚴格控制關鍵的少數和次要的多數，要嚴格控制好 A、B 兩類物料。

「六不入一不准」原則

1. 有送貨單而沒有實物的，不能辦入庫手續。

2. 有實物而沒有送貨單或發票原件的，不能辦入庫手續。

3. 來料與送貨單數量、規格、型號不同的，不能辦入庫手續。

4. IQC 檢驗不通過，沒有主管簽字同意使用，不能辦入庫手續。

5. 沒辦入庫而先領用的，不能辦入庫手續。

6. 送貨單或發票不是原件的，不能辦入庫手續。

7. 見單發料原則：沒有單據沒有簽核過不准發料。

公司加強庫存管理之外，物料的編碼原則及 BOM 的組成等進行了深入的探討與制定，對公司的作 SOP 作出詳細的規劃與制定，讓作業人員依作業流程順利完成。

A 公司的 ERP 作業基本是自動化：生產方面：通過 MRP、訂單自動生成工單，產生生產指令，生產完畢後，核對工單錄入生產入庫單；採購方面：根據 MRP 自動發放；訂單銷售方面：採用 EDI 下載，自動產生的訂單和出貨單進行備貨，實際出貨後進行審核確認。

二、導入 ERP 之具體成效

通過 ERP 系統的成功上線，ABC 公司上線之後達到以下具體成效 ：

1. 庫存控制精度從 30% 提高到 99%。

2. 應收帳款逾期平均減少 20% ～ 25%。

3. 物控計畫週期由原來的三天縮短幾小時。

4. 會計核算提前期縮短一半。

5. 庫存出入單據時差控制在了 1 天以內。

6. 訂單交貨追蹤準確率達 100%。

7. 採購進貨追蹤準確率達 99%。

8. BOM 完整性和準確度達 100% 以上。

9. 庫存結算由原來的 20 天縮短到了 2 天。

10. 其他無法量化的成效。

三、公司基本資料的完整性和準確性方面有了很大的提高

1. 降低了各部門數據的重複登入，提高員工的工作效率、對異常事件的反應能力和應變能力。

2. 避免了以前研發、生管各執一套 BOM 的現象。

資料參考來源：正航資訊官網

9-1 物料管理概念

所謂物料（Materials），係指於生產產品或提供服務時所需的直接物料（Direct materials）或間接物料（Indirect materials）所投入之物品。廣義範圍包括原料，配件、半製品、在製品、用品、殘廢材料、醫藥衛生材料、包裝及推銷用品、商品、製程品，以及不屬於以上各類之雜項物品等項目。物料比資金對企業更重要的理由如下所示：

1. 物料係等值資金交換得來，尚須花費時間與勞力加以維護。

2. 物料種類繁多，性質各異，更須投入精力調度與保管。

3. 物料閒置除了呆置物料，資金損失、利息損失外，尚須支付各種保管費用。

4. 資金面值數字不變，物料價值則常有變化，庫存物料易遭受跌價損失。

5. 庫存物料往往佔企業資產總值每達 20% 以上，較現金 1～2% 為高。

物料管理（Material Management）係指將規劃、組織、用人、領導與控制五項管理功能，結合企業之產銷過程中，以經濟合理的方法獲得組織機構所需之物料的管理方法。所謂經濟合理的方法，包括：適當時點（Right time）、適當地點（Right place）、適當品質（Right quality）、適當數量（Right quantity）與適當價格（Right price），簡稱 5R，企業需擁有 5R 的有效支援，才能在最經濟的空間、設備、存貨、服務情況下，圓滿達成最大供應效率。

表9-1　5R

項目	說明
適當時點	保持物料存貨在最低的庫存水準，降低企業存貨投資成本。
適當地點	物料存放應有適當的規劃，避免不適當的地點，造成物料損失。
適當數量	維護物料之持續供應，以確保生產與銷售的正常運作。
適當品質	滿足用料需求為基礎，維持物料適當的品質標準。
適當價格	降低企業用料成本，維持企業的競爭優勢。

一、系統與範圍

物料管理工作的範圍從擬定物料需求計畫、編訂物料預算、物料採購、接收、倉儲、領發料作業、庫存管理、物料盤點、呆廢料處理、料帳工作、物料統計、降低物料成本。

物料管理的活動分由採購、生產管理、出貨裝運、運送、收料、與倉儲等部門執行，或由獨立的物料管理部門來負全責。生產事業物料用料之分類，主要可分為六大項目：

表9-2　生產事業物料用料之分類

類別	說明	案例
原料（Raw materials）	未經過處理的物料	如鐵棒、鐵皮、化學原料等。
外購零件（Component parts）	向外採購用於裝配的零件	如螺絲、螺帽、輪胎、燈泡開關等。
在製品（Work in process）	原料經過製造過程的處理，形狀、尺寸、物理或化學性質已有一些改變，而尚未完成全部製造過程的物料	如汽車引擎。
製成品（Finished products or goods）	製造、檢驗完成準備出貨或庫存的物品	如轎車、卡車。
供應品（Suppliers）	製造上必須使用，但並不成為產品之一部分的消耗性材料	如車刀、膠帶、砂紙、油料、文具、包裝等。
設備項目（Instrument items）	機器設備之備用零件與其他附屬工具	如鑽模、夾具等。

二、物料管理目標

進行物料管理的目的就是讓企業以最低理想成本及迅速的流程，適時、適量、適價、適質地滿足使用部門的需要並減少損耗，以發揮物料管理的最大效率。物料管理的主要目標如下：

（一）正確計畫用料

物料管理部門應該根據生產部門的需要，不增加額外庫存、占用資金盡量少的前提下，為生產部門提供生產所需的物料，做到既不浪費物料，也不會因缺少物料而導致生產停頓。

（二）適當的庫存管理

物料倉儲管理的重點，確保生產所需物料量的前提下，庫存量越少越合理。正常情況下，企業持一定庫存量，不占用大量的流動資金，以免造成物料自身價值的損失。

（三）強化採購管理

物料管理部門能夠降低生產過程中的採購價格，產品的生產成本就能相應降低，產品競爭力也會隨之增強，企業經濟效益能夠大幅度提高。

（四）發揮盤點功效

物料倉儲管理應該充分發揮盤點的功效，提高物料管理的績效。物料部門必須準確掌握庫存量和採購數量，缺乏了解倉庫中究竟有多少物料，造成物料管理混亂，影響正常的生產順利運作。

（五）確保物料的品質

物品的使用都是有時限的，物料管理的責任就是要維持良好的物料使用價值，使物料的品質和數量兩方面都不受損失，加強對物料管理的科學與研究，掌握影響物料變化的各種因素，採取科學管理的保管方法，做好物料從入庫到出庫的各環節管理。

（六）發揮儲運功能

物料在物流供應鏈中是處於流通狀態的，各種各樣的物料通過各種物流方式運到顧客手中，物料管理的目標之一就是充分發揮儲運功能，確保物料能夠順利進行。物流的流通速度越快，物流流通費用也越低，越能表現物料管理的顯著績效。

（七）合理處理呆滯料

物料在產品的生產成本中占很大的比重，如果物料庫存量過高，就會占用大量的企業流動資金，無形中提高企業經營成本和生產成本，因此處理呆滯物料，降低庫存量，消除倉庫中的呆滯物料，充分利用原物料已達最高價值。

圖 9-1　透過倉儲管理，降低管理成本

資料來源：https://www.boxful.com.tw/blog/%E5%80%89%E5%84%B2%E7%AE%A1%E7%90%86/

9-2 物料分類與編號

物料的種類非常繁多，為了便於管理起見，必須按一定的標準加以系統性分類。除了考慮能夠迅速而確實的傳送物料信息，物料的分類必須考慮合併或統一規格標準，簡化物料之種類，便於進料及倉儲管理，減少呆廢料之發生，降低積壓的物料資金。分類的主要功能如下所示：

1. 作為物料計畫、分析與管制的基礎工作。

2. 可增進生產作業之效率。

3. 成本之彙總比較與分析。

4. 物料管理電腦化的前提條件。

5. 倉儲、採購、收發料作業及庫存記錄等科學化管理。

6. 實施群組技術（Group technology）的主要關鍵。

一、物料分類的基本原則與方法

物料電腦化的過程中，有系統的分類才能讓料號有所依據，有利於日後統計分析，審慎的考慮建立基本原則與分類方法。基本原則如表 9-3 與 9-4 所示。

表 9-3　物料分類的基本原則

原　則	說　明
唯一性	每一物料具有唯一的編號。
完整性	物料編號可瞭解物料特性。
易記性	編號具規則性，容易記憶。
分類展開性	編號原則具有規則性。
一致性	性質相似物料，具有一致性的編號。
彈性	物料種類及項目變化時仍可因應。
簡單性	編號位數滿足前述原則後，越簡潔愈好。
具檢查號碼	特定檢查號碼，確保輸入電腦的正確性。

圖 9-2　簡化物料種類，便於進料及倉儲管理

表9-4　物料分類的方法

方　法	内　容
用途	相同用途的物料置於同一類時，代替品共通性。
材料	物料儲存與保養之需求之分類方法。
交易行業	物料採購上的方便，所採用的分類方式。如將金屬材料分類為零件、沖製品及焊接品等。
產品成本結構	配合會計上成本計算方式，分為直接材料與間接材料兩大類。

二、物料的編號與原則

　　物料經過分類後，應以簡明的符號加以辨別，按各類之內容予以適當的編號。編號原則，如表 9-5 所示。

表9-5　物料的編號原則

原　則	說　明
簡單明瞭	符合簡明易懂原則，不但容易記憶，而且減少錯誤發生。
完全編號	按一定的規則加以歸類編號，沒有難以編號的例外情形發生。
一料一號	不可以將同一種規格的物料編列二個以上的號碼，以免造成混亂。
適應增列	編號制度應考慮到擴展性，使整個編號系統維持完整。
專人負責	編號工作宜由專人負責，以減少錯誤。
即時登錄	新物料編號加入時，應即時登錄，以便管理決策之參考。

（一）編號功能

1. **提高管理效率**：簡單的文字、符號或數字等代號來表示各種物料，可以避免原有之繁長文字說明，使工作迅速而正確，爭取時效，提高管理效率。

2. **電腦化作業**：可利用電腦輸入有關資料，從事帳務處理、成本計算、存量管制等作業，代替人工作業，提高工作效率。

3. **減少機密資料外洩**：對新開發產品所使用之新物料，編號制度可避免詳細的文字記載，減少機密資料外洩的可能性。

（二）編號的方法

可分為英文字母、數字編號等二種。

1. 英文字母：英文字母中的一個字母或一組字母，表示某一級的分類號碼。

2. 數字編號

(1) 流水式編號：物料按性質區分先行排列，自 1 號開始，一料一號依序編列。

(2) 分級編號：物料予以分級，個別代表材料之某種特性，易於記憶與應用。分為非展延式與展延式兩種。

(3) 暗示編號：一組記憶的文字代表物料，使用者可從代號聯想。

(4) 混合式編號：聯合使用以上之方法。

例題9-1

物料之分類與編號之方式，可採取大分類：依用途將物料分類；次分類：依機器類別或成品（半成品）名稱分類，如表下之分類說明。

物料之分類與編號實例：

物料分類	編號之方式	案例
大分類	1. 主要原料 2. 副料 3. 半成品、成品 4. 機器（設備）維護零件（材料） 5. 辦公用品 6. 其他	
次分類	1. 機器類別名稱 2. 成品（半成品）名稱	1. 螺絲 2. 紙類 3. 外殼 4. 電源線 5. 電容器 6. PC 板
細分類	1. 產品（半成品） 2. 零件名稱 3. 零件規格	1. 尺寸 43" 編號 430 2. 重量 260G 編號 260 3. 顏色紅色編號 R

9-3 ABC分析與重點管理

ABC 分析就是將物料項目依其存貨金額或耗用金額分為 A 類、B 類及 C 類，藉以達成管理目標。A 類物料的存貨項目百分比低，但所占金額百分比高；C 類物料的存貨項目百分比高，但所占金額百分比低；B 類物料介於兩者之間。欲降低存貨，設法由 A 類著手，此法可稱為「重點管理」。

一、ABC 分析的意義

A 類物料最為重要，即所謂重要的少數，著手降低存量成效最佳；B 類次之；C 類則為不重要的大多數。ABC 分析法的目的即為掌握 A 類物料，進行重點式管理，降低存貨，增進管理績效。如找出存貨金額偏高的少數 A 類物料，進行定期管制，將可降低存量及存貨金額。

圖 9-3 為 ABC 分析圖，縱座標以累計庫存金額百分比指標，橫座標係依金額多寡順序的庫存項目。ABC 分析法，依據一般企業統計資料顯示：約有 10% 之物料項目，其金額佔全部庫存金額之 70%，通稱此類物料為 A 類；有 20% 的項目，金額佔 20%，此稱為 B 類的物料；其餘 70% 的物料項目，金額僅佔全部庫存金額之 10%，列為 C 類物料。

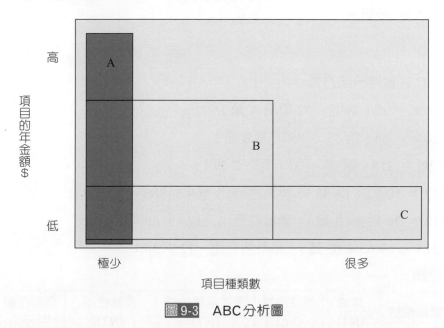

圖 9-3　ABC 分析圖

二、ABC 分析之步驟

　　製作 A、B、C 分析卡，將物料名稱（代號）規格、單價及年使用量等詳細資料填入 A、B、C 分析卡。求出每年耗用金額＝單價 × 每年預計使用量，耗用金額之大小，由大至小順序排列，根本分析表之累計百分比，按實際情形找出分界點。分類之等級可按事實的需要而決定。

1. 物料年度預算使用乘以預計單價，得出年度預計使用金額。

2. 按使用金額大小，由大而小順序排列。

3. 使用金額由大而小加以累計，求得與累計總金額的百分比。

4. 計算項目百分比。

5. 物料項目眾多時，可將 50% 後半部（金額微小者），指名其項目範圍，將其金額累計在一起即可。

6. 利用項目百分比與累計金額百分比，描製 ABC 分析圖。

7. 區分 ABC 各類界線。

例題9-2

下表為某公司的物料項目，共列出 313 物料項、單價、季使用量與累計金額，試對其進行 ABC 分析。

解

1.A、B、C 之實際分類方式

　　313×10% ＝ 32（第 1 ～ 32 項為 A 類）

　　313×20% ＝ 63（第 33 ～ 95 項為 B 類）

　　313 － 95 ＝ 218（第 96 ～ 313 項為 C 類）

　　32÷313 ＝ 10.22%（A 類），累計百分比：69.5488%

　　63÷313 ＝ 20.13%（B 類），累計百分比：17.4576%

　　218÷313 ＝ 69.65%（C 類），累計百分比：12.9936%

2.ABC 分類

項號	物料編號	單價 (NT)	季使用量 (kg)	季使用量金額 (NT)	累計金額 (NT)	累計金額 百分比	項目 類別
1	非共用性			$2,219,154.60	$2,219,154.60	26.4641	A
2	A002	$54.00	8,540	461,160.00	2,680,314.60	31.9636	A

項號	物料編號	單價 (NT)	季使用量 (kg)	季使用量金額 (NT)	累計金額 (NT)	累計金額 百分比	項目 類別
3	D002	149.00	1,875	279,375.00	2,959,689.60	35.2953	A
				:			
				:			
31	X017	75.00	572	42,900.00	5,791,305.79	69.0632	A
32	A008	54.00	754	40,716.00	5,832,021.79	69.5488	A
33	X100	75.00	530.3	39,772.50	5,871,794.29	70.0231	B
34	X056	75.00	511	38,325.00	5,910,119.29	70.4801	B
35	O013	182.00	210	38,220.00	5,948,339.29	70.9359	B
				:			
				:			
94	O050	182.00	71.8	13,067.60	7,282,918.29	86.8512	B
95	X090	75.00	173.5	13,012.50	7,295,930.79	87.0064	B
96	T020	99.00	131	12,969.00	7,308,899.79	87.1610	C
97	X013	75.00	167.6	12,570.00	7,321,469.79	87.3109	C
98	X065	75.00	165.9	12,442.50	7,333,912.29	87.4593	C
				:			
				:			
312	Y008	113.95	12	1,367.40	8,384,176.05	99.9839	C
313	P046	75.00	18	1,350.00	8,385,526.06	100.0000	C

3. ABC 分析圖

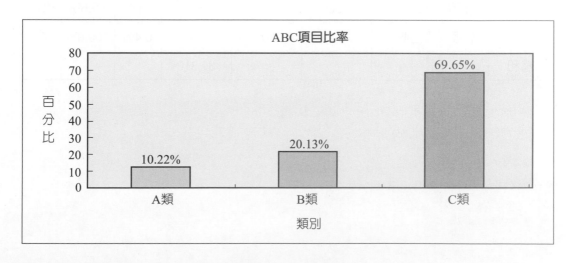

圖 9-4 ABC分析圖

例題9-3

B 公司根據其產品使用情況將 SKU 分為三類。計算以下 SKU 的使用值，並確定最有可能歸類為 A 類的值。

SKU No.	名稱	每年使用數量	單位價值（$）
1	紙箱	500	3.00
2	紙板（平方呎）	18,000	0.02
3	卡片紙	10,000	0.75
4	膠水（加侖）	75	40.00
5	內箱	20,000	0.05
6	膠帶（公尺）	3,000	0.15
7	簽名貼	150,000	0.45

解

SKU No.	名稱	每年使用數量	單位價值（$）	使用價值	%	累積%	分類
7	簽名貼	150,000	0.45	67,500	83.0%	83.0%	A
3	卡片紙	10,000	0.75	7,500	9.2%	92.2%	B
4	膠水（加侖）	75	40	3,000	3.7%	95.9%	C
1	紙箱	500	3	1,500	1.8%	97.8%	C
5	內箱	20,000	0.05	1,000	1.2%	99.0%	C
6	膠帶（公尺）	3,000	0.15	450	0.6%	99.6%	C
2	紙板（平方呎）	18,000	0.02	360	0.4%	100.0%	C
總和				81,310			

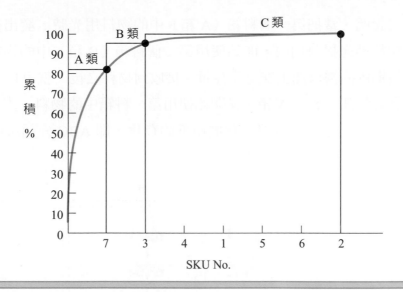

三、ABC 材料項目的管制要點

ABC 材料項目分析是根據物料異動記錄為判斷基準,將物料依其存貨價值(每一存貨項目的每年使用量 × 存貨單價)分為 A、B、C 三個等級,其中 A 級包含的存貨項目最少,但價值最高;B 級的存貨項目多於 A 級,存貨價值較低;C 級存貨項目最多,存貨價值最低。

表 9-6　ABC 材料項目的管制要點

類別	管制要點
A 類	庫存記錄以永續盤存制為基礎。
B 類	1. 實施定期或定量請購方式。 2. 適合採用最高最低存量管制方法。
C 類	1. 較高存量減少管制的需要。 2. 採取複倉(Two-bin system)管制法。 3. 每次訂購較大數量,減少訂購次數及訂購成本。 4. 領用發料數量以整盒或整包方式一次領取。

四、複倉(Two-bin system)管制法

複倉管制是一種定量訂貨系統,採取兩個料箱進行庫存物料管理的方式,可簡化管理成本,不致增加太多存貨額。

　　如圖之說明，當把第一個料箱（A 箱）中的物料用光時，發出補充物料的要求，物料補充提前期內，開始使用第二個料箱（B 箱）中的物料，物料數量為提前期內的需求加上安全庫存量。接收到物料之後，就可以把 B 箱重新裝滿，剩餘的部分放入 A 箱，又開始使用第一料箱中的物料，直到用光。複倉存貨系統適用於項目多但存貨價值低的存貨，即 ABC 分類法中的 C 物料，如潤滑油、螺絲、螺帽等物料。

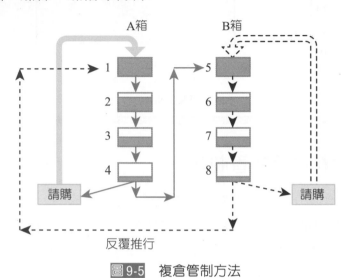

圖 9-5　複倉管制方法

9-4　存貨管理

一、存貨管理庫存的理由

　　生產過程中提供服務的過程中，如果提供的物料不夠，則將使生產或服務中止及停頓，造成交期延誤或影響服務的品質；如果提供物料太多，則會造成資金的積壓及物料成本的增加，如何提供適當的物料（適當的庫存）是非常重要的；物料需要有庫存的理由，如表 9-7 所示：

表 9-7　物料需要有庫存的理由

理　由	說　明
滿足物料訂購期間	生產或提供服務的需要。
經濟因素	訂購一定數量的物料，可得單價較便宜的物料，降低成本。
安全存量因素	物料訂購期間，物料的需求量可能呈現不穩定，有安全存量，滿足需求增加的物料（超過平均用量時）。
避免缺貨	連續製程中，某一過程若發生故障而無法生產時，必須有製程的成品之庫存，避免整個製程中斷。
季節性物料	物料之供應有季節性，必須有庫存以備季節過後之需要。
投機心理因素	物料的價格會有大的波動，低價位時大量買進，高價位時再賣出。

二、存貨模式

存量總成本＝	訂購成本	＋	儲存成本	＋	缺貨成本
	請購成本、採購成本、驗收成本、收料成本與入帳成本		資金成本、倉儲成本、倉庫管理費用、搬運管理費用、保險費用與意外損失費用		

訂購成本（Ordering cost）隨著訂購數量的增加而減少的；儲存成本（Carrying cost）隨著訂購數量的增加而增加的；缺貨成本（Shortage cost）是當物料供應不繼，產生缺貨時，包括因缺貨而喪失訂單機會、商譽損失、以及加工趕製而額外支付的加班費用。

存貨模式一般有兩種：固定訂購量模式（某些特定條件下又稱為經濟訂購量，Economic Order Quantity, EOQ）和固定週期時間模式，固定週期時間模式（P 模式）包括週期系統（Periodic system）、定期盤點系統（Periodic Review system）、固定時間間隔訂購系統（Fixed-order interval system）。

固定訂單量模式是當存貨降到再訂購點 R 時，就會發出一訂單，發生的時機完全是依據產品的需求決定，任何時間均可發生。固定週期時間模式是時間導向的，在預定時間結束時，清點或檢視庫存量後才決定是否發訂單，只有時間到時才會啟動訂購模式。

表 9-8　固定訂購量與定期訂購模式的差異

特性	固定訂購量模式（Q模式）	定期訂購模式（P模式）
訂購量	Q 定值（每次訂購相同量）	q 變數（每次訂購量不同）
何時訂購	R 當在庫數量降到訂購點時	T 當檢視時間到時
庫存記錄	每次數量減少或增加時	只在檢視時清點
庫存大小	少於定期訂購模式	大於固定訂購量模式

（一）經濟訂購量（EOQ）

　　每次訂購的數量所發生的各種成本之總合為最經濟者，存貨總成本為最低時所訂購的批量。計算 EOQ 的一些基本假設：

1. 在一段時間內，產品的需求是固定而且平均分佈。

2. 固定前置時間（從發訂單至收到貨）。

3. 固定產品價格。

4. 固定訂購或設備整備成本。

5. 滿足所有產品的需求。

（二）成本模式

　　年總成本＝年訂購成本＋年持有成本＝ $TC = \dfrac{D}{Q} \times S + \dfrac{Q}{2} \times H$

　　其中

　　　　TC ＝年總成本　　D ＝年需求量

　　　　S ＝訂購成本　　R ＝再訂購點　　L ＝前置時間

　　　　Q ＝訂單量（最佳數量稱為經濟訂購量，EOQ）

　　　　H ＝年平均庫存的單位持有和儲存成本（持有成本通常是用產品成本的百分比來算，就像 H ＝ iC（C ＝單位成本，i ＝持有成本百分比）

　　由 EOQ 模式下的成本分解圖可知，最低點的位置（曲線斜率為 0）即為最小總成本。利用微積分將總成本對 Q 偏微分後：

$$Q^* = \sqrt{\dfrac{2DS}{H}}$$

　　因簡單的假設需求與前置時間不變，故不需庫存，再訂購點：R ＝ dL；d 為平均日需求。

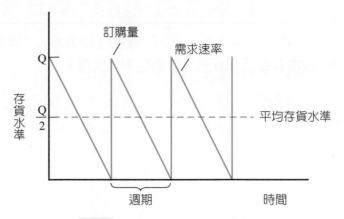

圖 9-6 EOQ 模式下的平均存貨

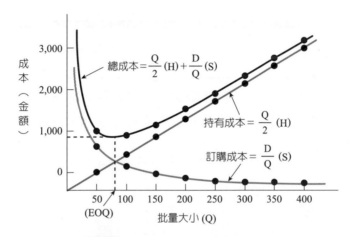

圖 9-7 EOQ 模式下的成本分解

表 9-9 EOQ 敏感度分析

參數	EOQ	參數變化	EOQ 變化	重點
需求（D）	$\sqrt{\dfrac{2DS}{H}}$	↑	↑	增加批量數與 D 的平方根成正比例
訂購成本（S）	$\sqrt{\dfrac{2DS}{H}}$	↓	↓	由於批量數減少，供應週數減少與增加庫存周轉率
持有成本（H）	$\sqrt{\dfrac{2DS}{H}}$	↓	↑	持有成本降低時，更多批次的合理性的

例題9-4

某工廠對某物料年使用量為 3,000 個，一次訂購費用 10,000 元，該物料單價 1,000 元，物料存貨儲備成本為每個 200 元，試問經濟訂購量？

解

D：3,000 個 / 年

S：10,000 元 / 次

H：200 元 / 個

EOQ：每次訂購量；單位 / 次

$$EOQ = \sqrt{\frac{2DS}{H}} = \sqrt{\frac{2 \times 3,000 \times 10,000}{200}} \approx 547.72 = 548 \text{（個）}$$

 例題9-5

某公司一年工作 52 週，每週生產 18 個零件，已知其訂購量為 390 個，訂購成本為 45 元，單價為 60 元，持有成本百分比為單價之 0.25，求經濟訂購量及總成本為何？

解

D = 18×52 = 936 個

H = 0.25×60 = 15

$$\text{總成本 } TC = \frac{Q}{2} \times H + \frac{D}{Q} \times S = \frac{390}{2} \times 15 + \frac{936}{390} \times 45 = 3,033$$

$$\text{經濟訂購量} = \sqrt{\frac{2DS}{H}} = \sqrt{\frac{2 \times 936 \times 45}{15}} = 74.94 \text{（取 75）}$$

 例題9-6

某公司一年年需求（D）= 1,000 單位，平均日需求（d）= 1,000 單位 /365 天，訂購成本（S）= 每份訂單 5 元，持有成本（H）= 每年每單位 1.25 元，前置時間（L）= 5 天，單位成本 = 12.5 元，訂購量為多少？

解

$$Q = \sqrt{\frac{2DS}{H}} = \sqrt{\frac{2(1,000)5}{1.25}} = 89.4$$

$$R = \overline{d}L = (1,000/365) \ 5 = 13.7 \text{ 單位}$$

例題9-7

- 一家自然歷史博物館開設一家禮品店,每年營運 52 週。

- 最暢銷的商品是餵鳥器(bird feeder)。

- 每週銷售 18 個單位,供應商每單位收費 60 美元。

- 訂購成本為 $ 45。

- 每年的持有成本是餵鳥器(bird feeder)單位價值的 25%。

- 管理層選擇:一批量為 390 個單位。

- 批量為 390 個單位,年度週期庫存成本是多少?

- 批量為 468 個單位的大小,是否會更好?

解

1. 年需求 (D) 與持有成本 (H)

　　D =(18 單位 / 每週銷售)×(52 週 / 年)= 936 單位

　　H = 0.25($60/ 單位)= $15

2. 年度週期庫存成本 (C)

$$C = \frac{Q}{2}\,(H) + \frac{D}{Q}\,(S) = \frac{390}{2}\,(\$15) + \frac{936}{390}\,(\$45)$$

$$= \$2,925 + \$108 = \$3,033$$

3. 批量為 468 個單位,年度週期庫存成本 (C)

$$C = \frac{468}{2}\,(\$15) + \frac{936}{468}\,(\$45) = \$3,510 + \$90 = \$3,600$$

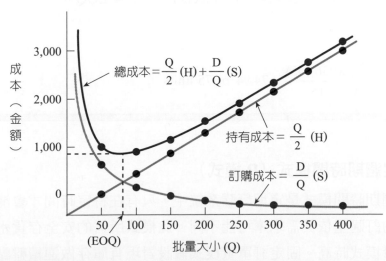

例題9-8

- 回到習作 9.7 餵鳥器的例題。

- 對鳥類餵食器的需求每週銷售 18 個單位，每週需求的標準差 (σ) = 5 個單位。

- 前置時間 (L) = 2 週，每年運營 52 週。Q 系統要求 EOQ = 75 單位，安全庫存為 9 單位，服務水準 = 90%。

- P 系統的約當數量？答案為四捨五入到最接近的整數。

解

1. D = (18 單位 / 週)(52 週 / 年) = 936 單位

2. $P = \dfrac{EOQ}{D}(52) = \dfrac{75}{936}(52) = 4.2$ 或 4 週

3. (P + L) = 6

$$\sigma_{P+L} = \sigma_d\sqrt{P+L} = 5\sqrt{6} = 12.25 \text{ 單位}$$

4. 服務水準 = 90%，z 值 = 1.28

安全庫存 $= Z\sigma_{P+L} = 1.28(12.25) = 15.68$ 或 16 單位

5. 最高存貨水準 T = 週期時間之平均需求量 + 週期時間之安全庫存量

= (18 單位 / 週) × (6 週) + 16 單位 = 124 單位

例題9-9

對於示例 9.7 中的商品是餵鳥器（bird feeder），計算 EOQ。

解

$$EOQ = \sqrt{\frac{2DS}{H}} = \sqrt{\frac{2(936)(45)}{15}} = 74.94 \text{ or 75 units}$$

（三）固定週期時間模式（P 模式）

固定週期時間模式是定期訂購系統中，只有在特定時間才會清點存貨，每個週期的訂購量依其需求率可能不同。此模式所需的安全存貨水準，將比固定訂單量模式時高。固定訂單量模式假設對現有庫存做連續盤點，一旦低

於在訂購點及下訂單。對設置 P 模式而言有兩點必須注意：

1. **安全庫存量的決定**：固定週期時間模式中，只在特定時段才盤點。很有可能在某一次下訂單之後，由於某一段需求非常大，導致存貨迅速降至 0，此一情況或許並未立即發現，直到下一次盤點的時間才發現。缺貨情形有可能在整個盤點週期 P，與前置時間 L 內發生。安全存貨必須考慮在盤點週期與前置時間（P＋L）時間內的需求變異。

2. **盤點週期 P 的決定**：設置 P 模式的初期，通常利用 EOQ 以及平均需求來計算（盤點週期 $P = \dfrac{EOQ}{年需求量}$），獲得一個啓始的盤點週期 P，之後可依實際狀況來調整此一盤點週期。利用 EOQ 所獲得的啓始盤點週期 P 可保證較低的總存貨成本。

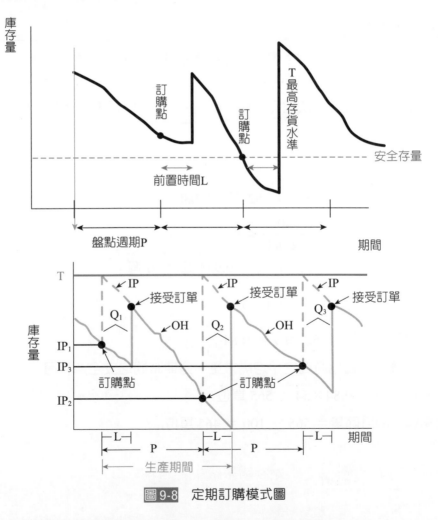

圖 9-8　定期訂購模式圖

由定期訂購模式圖所示：前置時間爲 L，盤點週期爲 P，平均需求爲 d，

z 為某一特定服務水準下之標準常態值，T 為最高存貨水準，每次訂購時，所預到達的存貨水準。

最高存貨水準 T ＝週期時間之平均需求量＋週期時間之安全庫存量

週期時間＝前置時間（L）＋盤點週期（P）

安全庫存＝ $z \times \sigma_{P+L}$

若 P＋L 時間內需求標準差 σ_{P+L} 為：$\sigma_{P+L} = \sigma_t \times \sqrt{P+L}$

已知 σ_t 為某一單位時段需求之標準差，可推出：$T = d \times (P+L) + z\sigma_t \times \sqrt{P+L}$，求出最高存貨水準 T 之後，減去目前盤點所得庫存量即為本次盤點週期的訂購量。

例題9-10

若 80% 服務水準下，一年 52 週，每週平均需求為 40 且每週平均需求之標準差 σ_t 為 15，前置時間 L 為 3 週，假設目前盤點所得庫存量為 100 單位，使用 P 模式求最高存貨水準 T 以及本次盤點週期的訂購量？假設：經濟訂購量 EOQ 為 400，利用 EOQ 計算盤點週期 P。

 解

年需求量 D ＝每週平均需求 40×52 週＝ 2,080

盤點週期 $P = \dfrac{EOQ}{D}(52) = \dfrac{400}{2,080} \times 52$

$= 0.192$ 年 ×52 週 / 年＝ 9.984 週 ≒ 10 週

$\sigma_{P+L} = \sigma_t \times \sqrt{P+L} = 15 \times \sqrt{10+3} = 54$

80% 服務水準查常態分佈圖其 z ＝ 0.84

最高存貨水準 T ＝週期時間之平均需求量＋週期時間之安全庫存量

＝ 40×(10 ＋ 3) ＋ 0.84×54 ＝ 565 單位

本次盤點週期的訂購量＝ 565 － 100 ＝ 465 單位

例題9-11

一項產品平均需求為 10 單位，標準差 3 單位，盤點週期 30 天，前置時間為 14 天，管理部門設定存貨必須滿足 98% 的需求，本次週期開始存貨量為 150 單位，試算需訂購多少單位的產品？

解

P = 0.98 時 z 值 2.05，σ_{P+L} = 19.90

最高存貨水準 T ＝週期時間之平均需求量＋週期時間之安全庫存量

＝ 10×(30 ＋ 14) ＋ 2.05×19.90

＝ 440 ＋ 40.795

＝ 480.795 ＝約 481 單位

本次盤點週期的訂購量＝ 481 － 150 ＝ 331 單位

9-5 物料需求計畫

一、意義

物料需求計畫（Material Requirement Planning, MRP）依據主排程計畫（Master Planning Schedule, MPS）、材料表（Bill of Material, BOM）、存量和已定未交訂單等資料，經由計算而得到各種依賴需求物料的需求狀況，同時提出各種新訂單補充的建議，修正各種已開出訂單的一種實用技術。

物料需求計畫能告訴生產物料管理人員，什麼原物料和零件需要自製或外購，需要的數量有多少，何時需要，滿足不斷變動的主排程計畫。傳統的物料管理大都是採用訂購點法（Order Point Method），依據各單項物料使用率及補充時的前置時間等統計資料來計算，當庫存量達到一定數量，適合需求狀況平穩的物料採用。MRP 則是由主排程計算精確計算未來每一期間的實際物料需求數量，因為是按未來實際需求而採購，所以能將存貨降低，並提高生產力。

二、MRP 系統之基本架構

　　MRP 系統的三個重要的輸入便是：主排程計畫、材料表及庫存狀況。由此三項重要的資料經 MRP 計算的邏輯，展開物料的實際需求，得到管理上需用的各種報表。圖 9-9 表示 MRP 系統的基本架構圖。

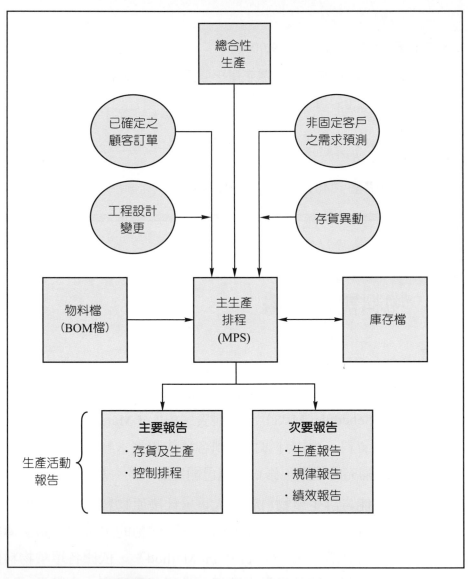

圖 9-9　物料需求計畫之輸入需求及報告

（一）獨立需求與依賴需求

獨立需求（Independent Demand）是來自顧客對最終產品（Finished or End Products）或是修理這些產品所需的備用或服務零件（Spare or Service Parts），列在主排程計畫的物料皆是獨立需求。獨立需求的決定是來自顧客的訂單和用統計方法算出的銷售預測，當然預測的數量會有些誤差。

依賴需求（Dependent Demand）乃是那些組合成最終產品的原料、零件和組件，從材料表中看出它們之間製造裝配的先後次序和數量關係。只要主排程計畫各期間的獨立需求物料的數量一經決定，則依賴需求物料在各期間的需求數量就可以很精確地計算出來。

（二）物料檔

BOM 檔亦稱產品結構檔（Product Structure File）或產品樹（Product Tree）。顯示一個產品是如何組成的，及所需的零物件與其數量。圖 9-10 中產品 A 由零件 B（2 件）如零件 C（2 件）組成，零件 B 由零件 D（1 件）E（4 件）組成。零件 C 由零件 F（2 件）、零件 G（5 件）及零件 H（4 件）組成。

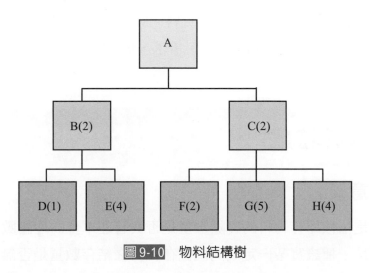

圖 9-10 物料結構樹

例題9-12

A 產品預定需求為 1,000 單位，以物料結構樹（如圖 9-10 所示）求得各項零件之需求量。

解

階層	0	1	2
需求量	A=1,000		
		B=1,000×2=2,000	D=2,000×1=2,000 E=2,000×4=8,000
		C=1,000×2=2,000	F=2,000×2=4,000 G=2,000×5=10,000 H=2,000×4=8,000

（三）存貨檔

庫存資料檔是一個龐大的檔案，MRP 依據固定的時間限制（Time Bucket）處理檔案中的「狀態」檔的資料。MRP 由產品結構的最上層往下處理，一層一層的展開，可得知某一物料需求，是由哪一個上層需求導致產生。

9-6 物料盤點

一、盤點意義

盤點就是稽核庫存物料的實際數量是否與管理單位的理論數量所記載的數量相符，是一種證實某一定期間內儲存物料之結存數量是否無誤的方法。企業對於物料驗收、儲存、撥發等業務，雖每天連續記錄，但物料進出甚為頻繁，加之各種原因及人為疏忽，錯誤在所難免，每屆營業期終，需要確實知道庫房物料實存數量，因而需要舉行實地盤點的工作。

二、盤點的目的

1. 檢查物料與帳的準備程度

庫存物料的種類繁多，經過長時期不斷的收進發出，難免會產生差額或錯誤，若不實施盤點，不容易發現錯誤。物料管理單位必須常設一人或臨時編組盤點小組辦理盤點工作，藉以隨時發現錯誤，察明研究錯誤原因，以避免再發生錯誤。

2. 查核物料的堪用程度

物料儲存在庫內，平時因經常工作關係無暇一一照料，疏漏之處，在所難免，當物料清點之時，同時查考所放置的物料，是否已得適當保養。如發現卻有疏漏之處，力謀改進，即刻予以保養，使其恢復原有狀態與性能。

3. 核對物料儲存情形

物料因撥發接收搬運，現儲位置是否與現在所登記的位置完全相同，可以利用盤點的機會瞭解其情形，如果不符應即行調整。

4. 預防呆廢料的發生

檢查物料有無長期不用者，若在某一特定時期內，該物料沒有任何撥發異動記錄即可視為呆料，藉著盤點可防止物料過期，另外對廢料須做適當處置。

5. 物料有無短缺現象

物料短缺是導致生產管理的一大障礙，實施盤點可提前發現以謀補救。

三、盤點的方式

盤點的方式分定期性、週期性與臨時性盤點三種，茲分別說明如表 9-10 所示：

表 9-10　盤點的方式

方　式	說　明
定期性盤點	每年至少盤點一至二次為原則，選定會計年度終了利用停工時間徹底盤點。結帳前實施年終定期盤點，盤點時常組成盤點小組。
週期性盤點	每一項物料至少每年實施一次週期性盤點。這種盤點方式，在不妨礙生產工作進行的情況下為之。
臨時性盤點	某一項目的庫存量到達最低或發現短少時，即實施臨時性盤點或抽點。

exercise 本章習題

一、填充題

1. 物料編號方法有：＿＿＿＿＿＿＿＿、＿＿＿＿＿＿＿＿二種。

2. 數字編號又可分：＿＿＿＿＿＿＿＿、＿＿＿＿＿＿＿＿、＿＿＿＿＿＿＿＿、
＿＿＿＿＿＿＿＿四種。

3. 一般物料管理目標分為：＿＿＿＿＿＿＿＿、＿＿＿＿＿＿＿＿、＿＿＿＿＿＿＿＿、
＿＿＿＿＿＿＿＿、＿＿＿＿＿＿＿＿、＿＿＿＿＿＿＿＿、＿＿＿＿＿＿＿＿七項。

4. 物料編號功能：＿＿＿＿＿＿＿＿、＿＿＿＿＿＿＿＿、＿＿＿＿＿＿＿＿。

5. 物料編號原則有：＿＿＿＿＿＿＿＿、＿＿＿＿＿＿＿＿、＿＿＿＿＿＿＿＿、
＿＿＿＿＿＿＿＿、＿＿＿＿＿＿＿＿、＿＿＿＿＿＿＿＿六項。

6. 物料管理可分：＿＿＿＿＿＿＿＿、＿＿＿＿＿＿＿＿、＿＿＿＿＿＿＿＿、
＿＿＿＿＿＿＿＿、＿＿＿＿＿＿＿＿、＿＿＿＿＿＿＿＿六項。

7. 物料管理之意義是在既定之需求作＿＿＿＿＿＿＿＿、＿＿＿＿＿＿＿＿、
＿＿＿＿＿＿＿＿、＿＿＿＿＿＿＿＿、＿＿＿＿＿＿＿＿的有效支援，在最經濟的
空間、設備、存貨、服務情況下，圓滿達成最大供應效力。

8. 物料分類的基本原則、產品成本結構分類，配合會計上成本計算方式，可分為：
＿＿＿＿＿＿＿＿、＿＿＿＿＿＿＿＿兩大類。

9. 物料盤點方式有：＿＿＿＿＿＿＿＿、＿＿＿＿＿＿＿＿、＿＿＿＿＿＿＿＿三種。

二、簡答題

1. 請問物料依其適用目的，可分為哪些項目？

2. 請問物料的編號原則有哪些？

3. 何謂 ABC 分析，ABC 各類又有哪些重點？

4. 物料管理必須進行存量管制的意義為何？

5. 何謂 EOQ 模式？

6. 何謂獨立需求與相依需求？

7. 請問 MRP 系統有哪三大輸入項目，各項目的重點又有哪些？

8. 物料盤點的目的為何？

9. 副理正在整理年度暢銷產品之相關成本，資料如下：

D ＝年需求量＝ 500 units / year

S ＝訂購成本＝ $40 / order

H ＝年平均庫存的單位持有和儲存成本＝ $7 / unit / year

(1) EOQ 以及訂購成本、持有成本為何？

(2) 假如需求倍數成長，而其他相關成本一樣，則新 EOQ 與總成本（持有成本＋訂購成本）為多少？

10. 經理正在整理年度暢銷產品之相關成本，資料如下：

D ＝年需求量＝ 400 units / year

S ＝訂購成本＝ $25 / order

H ＝持有成本＝ $0.5 / unit / year

(1) 請計算年訂購成本、年持有成本與年總成本？

(2) 請計算 EOQ 與其持有成本、訂購成本？

NOTE

CHAPTER 10
全面品質管理

學習目標

　　能夠掌握品質的觀點，企業整體運作才能達到貨暢其流的效果，品質的觀念也因時代的進步而有不同的詮釋。本章重點包括：

❖ 品質的意義。

❖ 品質管制的演進過程。

❖ 品質系統落實與改善。

❖ 統計觀念的引入，如何判讀管制圖。

❖ ISO-9000 品保體系意義以及其內涵。

全面品質管理架構

品管圈

　　品管圈（Quality Control Circle , QCC）活動，主要指公司內工作性質相似或相關人員，共同組成一個小團隊，藉由全員參與並透過自動自發的精神，運用各種改善手法，產品品質加以改進。品管圈活動基本上也是屬於廣義的教育訓練，不斷的活動與交流過程中吸取他人的長處，彌補自己的不足，以充分發揮團隊精神，達到人才培育的目的。

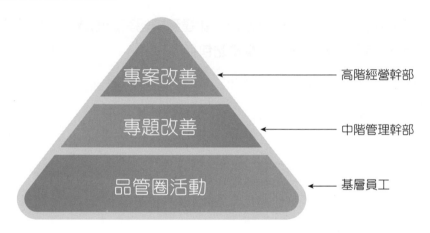

- 專案改善 ←──── 高階經營幹部
- 專題改善 ←──── 中階管理幹部
- 品管圈活動 ←──── 基層員工

　　以 QC 歷程法，解決企業問題點及改善的方法，如下步驟：

一、主題選定

　　換模效率改善。

二、現況把握

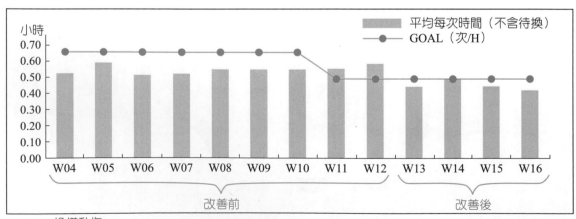

REVIEW換模動作
1.建立ME換模動作分析模式
2. REVIEW換模動作，找出可改善及節省的部分

三、要因分析

要因必須具有達成的可能性、對結果應有適當的評價尺度,充分檢討與上級方針或其他部門之關連性,獲得有關人員之理解與信賴等條件。

	CU-1048			AS IS		TO BE	
Item	動作分類—大項	動作分類—中項	CU-1048 換模動作	一人每次需花費(時間:秒)	二人每次需花費(時間:秒)	一人每次需花費(時間:秒)	二人每次需花費(時間:秒)
換模前	開立換模單	換模單		60	60	60	60
	電腦資訊作業	Key-in	系統 Key in 換模(EMS)	10	10	10	10
	填寫資料	換模單	換模單確認	10	10	10	10
	電腦資訊作業	Key-in	系統 Key inD9 開始換模(EMS)	10	10	10	10
	換模必要動作		1. 將臺車推至模具櫃	10	10	幹部提早 20 分鐘電話告知 ME 組長,可提早準備	
			2. 搬出模具及 Kit	180	120		
			3. 拿取換模工具箱	10	10		
			4. 將臺車推至機臺邊預備開始換模	60	60		
	作業前 Sob Total			350	290	90	90
換模中	換模必要動作	換模前檢查	1. 取出 cit 並檢查 cit VACUUM PAD 有無掉落 & 不順	120	60	120	60
			2. 檢查機臺內是否產品殘留	30		30	
		換模動作	1. 機臺 Reset	40	於換模前準備時同時動作	40	於換模前準備時同時動作
			2. 切換手動畫面開始換模程序	20		20	

CU-1048			AS	IS	TO	BE
換模中	換模必要動作	換模動作	3. LEAD CUT TOOL 拆卸（拆一根螺絲及搬模具）	60	120	60	100
			4. SING TOOL 拆卸（拆四根螺絲及搬模具）	120		100	
			5. ON-LOAD PICK-UP 拆卸（拆一根螺絲）	60		40	90
			6. E-JECT PICK-UP 拆卸（拆一根螺絲）＆外接管路（0-4）	120	120	90	
			7. PITCH CHANCE 拆卸（拆二根螺絲）	60	120	40	90
			8. LINE UP（拆一根螺絲）*2	60		40	
			9. OFF-LOAD PICK-UP 拆卸（拆二根螺絲）*2	180	180	140	140
			10. 取出 Tray 盤	15	與9項同時作業	15	與9項同時作業
			11. 裝上 ON-LOAD PICK-UP（裝二根螺絲）*2	180	180	140	120
			12. 裝上 LINE UP（裝一根螺絲）*2	60	120	40	60
			13. 裝上 PITCH CHANCE（裝二根螺絲）	120		60	
			14. 裝上 E-JECT PICK-UP（裝一根螺絲）＆外接管路（0-4）	100	120	80	60
			15. 裝上 ON-LOAD PICK-UP（裝一根螺絲）	60		40	
			16. 裝上 SING TOOL（裝四根螺絲及搬模具）	120	120	100	100
			17. 裝上 LEAD CUT TOOL（裝一根螺絲及搬模具）	60		40	
			18. 更換 Tray 盤	15	與16、17項同時作業	15	與16、17項同時作業

			CU-1048	AS IS		TO BE	
			19. 機臺 Reset	40	40	40	40
			20. 選擇 Lead Inspection System 參數	100	60	100	60
			21. 機臺 Reset	40	40	40	40
			22. 機臺空打	40	40	40	40
			23. 換下之模具搬上臺車及 KIT 包裝收拾	120	與 20、21、22 項同時作業	120	與 20、21、22 項同時作業
	填寫資料	相關表單	1. 更換填寫綠卡 換模單	100		100	
	作業中 Sub Total			2,040	1,320	1,690	1,000
換模後	自主檢查	作業後檢查	1. 機臺作業產品產品自主檢查，因為沒有 dummy，直接打產品一個 pitch（2 排），由 op 檢驗	420	420	420	420
	換模必要動作	其他	1. 換下之模具 KIT 歸位	120	90	120	90
		2. 臺車歸位		10	10	10	10
	電腦資訊作業	Key in 系統 Key in 換模完成（EMS）	MES 模具登錄（EMS）& tool sys	150		150	
				10	10	10	10
	作業後 Sub Total			710	530	710	530
Total				3,100	2,140	2,490	1,620
不含自主檢查（目前做法）				2,680sec（45min）	1,720sec（28min）	2,070sec（35min）	1,200sec（20min）

四、思考對策及對策實施

對策案經由創意思考而產生，圈員能夠達成者，否則將成為空談的口號，對策必須是長久有效，持續維持效果者，並經上級認可後，才可以實施。

1. 換模動作標準化（負責人：柯俊維 3/23/2010 完成）
2. 換模前提前通知（生產線協助）

五、效果確認

制定或修訂有關作業方法與管理方法的標準，遵守作業標準，有效運用管理方法防止不良再發，實施教育訓練讓大家明瞭新的方法、確認改善效果是否持續維持。

改善成果：於 W13 週後換模時間有明顯下降

機臺數	ITEM	W10	W11	W12	W13	W14	W15	W16
2	換模 time（H）	22.34	19.09	22.39	15.63	22.88	16.19	16.45
	待換模 time（H）	7.60	3.92	3.74	3.52	3.76	2.94	3.45
	換模次數	40	34	38	35	46	36	39
	平均每次時間（不含待續）	0.56	0.56	0.59	0.45	0.50	0.45	0.42
	GOAL（次/H）	0.66	0.50	0.50	0.50	0.50	0.50	0.50

10-1 品質概述

「品質」，就是符合顧客需求的適當產品特性。品質的內涵除了產品實質特性，如尺寸、外觀、強度、顏色、均勻度、不良率、損耗率；尚包括無形的「服務品質」與「工作品質」，對消費者而言，最理想的產品就是「物美價廉」，在生產者的立場，針對目標市場之顧客需求，從事「產品設計」，使產品之功能與成本達成最適組合。

一、品質內涵

品質是不論產品或服務皆能影響顧客滿意（Customer satisfaction）的一切屬性與特徵，符合顧客需求的適當產品特性，包括產品品質、服務品質與工作品質，如表所示：

表 10-1　品質內涵

特性	內容
產品品質	操作（Operation）、性能（Reliability）、壽命（Durability）、規格（Conformance）、服務（Serviceability）、外觀（Appearance）與印象（Perceived quality）
服務品質	可靠（Reliability）、回應（Responsiveness）、能力（Competence）、接觸（Access）、禮儀（Courtesy）
工作品質	研究設計、銷售服務、產品價格、交期、交貨保證

二、品質趨勢

（一）由「生產導向」邁向「社會導向」

從賣方的「生產導向」轉化以買方為重的「市場導向」，以至邁向的「社會導向」。「品質」所代表的意義，是從最早以價格為最主要的條件，變成所謂與設計一致的產品功能，再發展成消費者或使用者的合用水準，以至今社會大眾生活中所創造的一種價值。

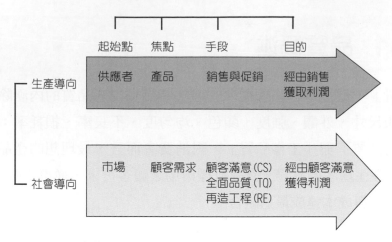

圖 10-1　「生產導向」邁向　「社會導向」

（二）從「品質是檢驗出來的」到「品質是習慣出來的」

從末端品質檢驗（Quality Inspection, QI）、發展製程統計品質、整個生產系統的品質管制、囊括顧客與供應商及研究發展階段等非計量因素之全面品質管理（Total Quality Management, TQM），強調全員的參與及認同，演進歷程分成下列各階段：

1. 品質是檢查出來的

(1) 作業員的品質管制（Operator Quality Control）：工業革命的發生，出現大量生產的型態，所有的產品均由製造者自己檢查，直到品質無虞才予出貨，此一時期稱為「作業員的品質管制」。

(2) 領班的品質管制（Foreman Quality Control）：科學管理學派的興起，製造工廠開始追求產量的提升，作業員僅注意到產量，忽略了產品品質，品質逐漸地由監督者（領班）所負責，這個觀念是現代品管的「巡迴檢驗」（Inspection Quality Control）的來源。

2. 品質是製造出來的

統計的品質管制的出現，使得作業人員對品質的認知也隨之改善，產品製造時必須採取回饋與預防措施的想法。

3. 品質是設計出來的

產品的企劃與設計階段就，就先考慮客戶的需求以及設計審查的想法。「產品是設計出來的」品質觀念，品質制度進入考慮到顧客需求、產品設計與客訴處理為主的品質保證（Quality Assurance, QA）制度。

4. 品質是管理出來的

產品品質不只是品管單位的責任，而是企業全體員工的工作，需要共同參與，組成品質改善小組（Quality Improvement Team, QIT）運用品質的手法解決問題，此期的特色是：品質的觀念進展成為「品質是管理出來的」，品質制度演進到全面品質管制（Total Quality Control, TQC）制度。

5. 品質是習慣出來的

企業主逐漸開始重視企業員工應該在工作上擁有較正確的價值觀想法，品質文化的塑造，從訓練而產生個人態度的改變，再到個人行為的改變，最後，引起團體行為的變革，這種變革是由大家習慣的生活方式養成的。

表10-2　品質階段與重點

品質階段	品質重點
品質是檢查出來的	品質檢驗（Quality Inspection, QI）
品質是製造出來的	統計品質管制（Statistic Quality Control, SQC）
品質是設計出來的	品質保證（Quality Assurance, QA）
品質是管理出來的	全面品質管制（Total Quality Control, TQC）
品質是習慣出來的	全面品質管理（Total Quality Management, TQM）

三、從例行「小 q」到特定「大 Q」

從維護品質例行工作（小 q），發展為某些易行的技術，應付競爭的短期戰術，成為一項既定的政策，再成為組織的一項特定功能（大 Q），納入成長體制，成為組織長期發展的策略目標。

表10-3　「小 q」與「大 Q」差異

品質特性	小 q	大 Q
1. 定義	產品導向	顧客導向
2. 範圍	成品品質	流程與活動
3. 權責單位	品管部門	全員
4. 活動焦點	發現不良品	預防：事先防範

品質特性	小q	大Q
5. 重要性	重視交期	掌握：品質 / 成本 / 交期
6. 不良源由	第一線員工	系統或流程
7. 頻率	問題發生時，才有品質問題	品質是一種習慣
8. 解決問題的心態	治標	治本
9. 負責解決問題	高階管理者	全員參與

10-2 品質管理理論沿革

　　品質管理發展過程中，許多專家學者提出諸多的管理理論，對於品質管理的變革都有重大的影響，說明如下：

表10-4　品質管理大師主要貢獻

貢獻者	主要貢獻
蕭華德	管制圖與降低變異數
戴明	1. 戴明 14 點；2. 特殊原因與共同原因
朱蘭	1. 品質適用性；2. 品質三部曲
費根堡	1. 全面品質管制；2. 顧客定義品質
克勞斯比	1. 品質免費；2. 零缺點
石川馨	1. 全員品質管制；2. 品管圈

一、蕭華德（Walter A. Shewhart）

　　蕭華德是發明管制圖（Control chart）的第一人，認為「產品績效和現場績效相關品質間的一致性存有強烈關係」。引起過程變異的原因區分為機遇原因（Chance Cause）和可歸咎原因（Assignable Cause）兩類。

二、戴明（William E. Deming）

戴明將製程變異分成「特殊原因」（Special Cause）和「共同原因」（Common Cause）兩大類。

（一）特殊原因

本質上屬局部性的，來源可能是特定的一群作業員、機器或局部環境等，特殊原因可以由作業員或領班採取行動解決。如果特殊原因未能消除，則過程仍未處於「統計管制狀態」，將無法預測未來所生產的品質。

（二）共同原因

是系統或制度上發生的缺失，僅由管理者採取行動，才有可能矯正。

三、朱蘭（Joseph M. Juran）

朱蘭強調公司大部分的品質問題是來自於缺乏效率與無效的品質規劃，認為公司須調整且精通策略性規劃過程，認為品質是否符合使用，是由使用者來評價。

（一）品質進步螺旋圖（Quality Progressive Spiral）

品質就是「適用」（Fitness for use），目的並非只是將產品銷售出去而已。「適用」的意義在於「使產品在使用期間能滿足使用者的需要」，要達到這個目標，必須配合其他活動，有效運用企業內外部的組織，透過各種技術與管理方法來完成。

（二）品質三部曲（Quality Trilogy）

品質三部曲透過識別顧客的要求，開發出讓顧客滿意的產品，並使產品的特徵最優化，同時優化產品的生產過程。品質三部曲包括品質計畫、品質改進與品質控制。

1. **品質計畫**：決定誰是顧客，開發產品特性，符合顧客需求，建立能夠滿足品質標準化工作程序之品質計畫。

2. **品質改善**：品質改進有助於發現更好的管理工作方式，建立一套標準並持續性地進行改善，找出需要改善的地方，提出改善專案，每一改善專案成立一專案小組，負責此專案的成敗。

3. **品質控制**：抓住採取必要措施糾正品質問題的時機，評估實際上的品質績效表現，比較實際表現與目標品質，若有差異則採取改善行動。

四、費根堡（Armand V. Feigenbaum）

費根堡於 1951 年所出版的著作《Total Quality Control》中首次提到全面品質管制（TQC）的構想：「組織應在符合經濟效益下，整合各部門對品質發展、維持與改進之努力，行銷、生產及服務均能達成顧客滿意之目標」。

五、克勞斯比（Philps B. Crosby）

（一）零缺點（Zero Defect, ZD）

克勞斯比在《品質免費》（Quality is Free）一書中，提出第一次把它做好（Do It Right the First Time, DIRFT），亦就是零缺點（Zero Defect, ZD）的觀念，事先規劃設計好品質，就能畢其功於一役。

（二）品管成熟度方格（Quality Management Maturity Grid）

將品管成熟度方格分五個品質量測等級，分別是第一階段「不確定」、第二階段「覺醒」、第三階段「啟蒙」、第四階段「明智」與第五階段「確定」。

（三）五大品質疫苗

克勞斯比提高品質會造成成本上升而削弱競爭力的想法，是由一些品管迷思（Myth）所造成，最容易將人導入歧途的迷思，包括如下三點：(1) 邊際效益的想法；(2) 眼前的賺賠；(3)「人非聖賢，孰能無過」。

六、石川馨（Karou Ishikawa）

石川馨在日本是如何實施與學習品質管制，發現其提出之全員品質管制（Company-Wide Quality Control, CWQC）之觀念，將費根堡強調之組織內各部門，擴大為所有成員，強調組織內全體員工皆應熟習品管知識與基本手法。石川馨的最大成就，便是發展與推廣品質改進的基本七大工具，CWQC包括三種層次。

1. **全部門參與的品質管制**：組織中的所有部門都要學習、參與及實施品質管制。

2. **全員參與的品質管制**：企業內上至董事長下至作業員，參與並負起推行品質管制的責任。

3. **全公司的品質管制**：部門參與的品質管制及全員參與的品質管制。

10-3　品質觀念的歷史階段

一、品質檢驗階段

　　品質檢驗的步驟根據產品規格和訂單品質要求，規定適當的方法和手段，借助一般量具或使用機械、電子儀器設備等檢驗產品。測試得到的資料與規格的品質要求相比較，並且根據比較的結果判斷單一產品或批量產品是否合格。

二、統計製程管制（Statistical Process Control, SPC）

　　為了符合廣義品質之三要素，產品在生產過程之各個階段及銷售後，應對原料、零配件、在製品及成品，施以各種檢驗、管制及改善措施，以獲致穩定且滿意之品質水準，這些措施與活動稱之為統計品質管制。

　　SPC 的主要目的是要減少產品主要品質特性之變異，抽樣驗收（Acceptance Sampling）應用於製造流程管控，應用統計流程管制穩定製造流程，減少變異。

三、全面品質管制（Total Quality Control, TQC）

　　全面品質管制是指所有的計畫和系統行動提供品質改善的作業稽核、訓練、技術分析和指導等，確保產品或服務品質能滿足顧客需求。TQC 是透過一些計畫性和系統化的措施，使生產者具有信心可提供適當產品或服務，讓顧客滿意。

四、全面品質管理（Total Quality Management, TQM）

TQM 是以顧客的需求為中心，承諾要滿足或超越顧客的期望，全員參與，採用科學方法與工具，持續改善品質與服務，應用創新的策略與系統性的方法，它不但重視產品品質，也重視經營品質、經營理念與企業文化。

五、六標準差（Six sigma）

六標準差就是管理過程和衡量績效，消除企業中產品中的製程誤差，追求品質零缺點之目標水準，降低產品變異程度，減少不良品產生的成本，增進客戶滿意度。

六標準差是一種以目標為 3.4 PPM（Part Per Million）的管理哲學，並以突破式策略做為達成目標的方法。六標準專案選擇透過統計資料，發現實際問題點，運用 DMAIC 架構進行改善，六標準差 DMAIC 改善執行步驟如下：

1. 定義（Define）

對於產品或服務的生產環節與流程進行定義，了解專案的目的，設定目標進行規劃。

2. 衡量（Measure）

在流程中找出關鍵因子，蒐集資料及衡量流程關鍵因子的品質要項。由專案小組中的黑帶人員帶領，對缺陷進行問題的評估。

3. 分析（Analyze）

分析導致流程發生問題的因素，利用統計手法分析數據、變異原因與來源，找出問題發生的原因。

4. 改善（Improve）

針對問題發生的原因，尋找出適當的改善方法，確認問題是否得到改善，並且進行預防作業，防止問題再次發生。

5. 控制（Control）

對改善後的流程系統持續有效管制，監控每個流程改善是否確實，藉由標準化以及實施標準作業流程達到持續改善的目的。

最重要的是什麼？
（What is important？）

我們要如何做
（How are we doing？）

錯誤在哪裡
（What is wrong？）

需要採取哪些措施
（What needs to be done？）

如何保證執行績效
（How do we guarantee performance？）

圖 10-2　DMAIC 流程

10-4　品質成本

　　為達成與維持某種品質水準而支出的一切成本，和因為不能達到水準要求而發生的損失成本，統稱為品質成本。

品質成本	事前成本	預防成本	可控制成本
		鑑定成本	
	事後成本	內部失敗成本	不可控制成本
		外部失敗成本	

圖 10-3　品質成本之組成結構

一、預防成本（Preventive Cost）

　　為了防止不良產品（或服務）發生所支出之成本，如品管計畫之開發及執行，品保體系之稽核評價，數據分析和矯正措施，管制設備之設計與發展，檢驗、量測工具之設計，以及可靠性工程計畫等相關費用。項目有 (1) 品管預防計畫成本；(2) 檢驗、維修設備成本；(3) 品管訓練費用；(4) 品管資料取得與分析成本；(5) 品管相關會議之費用；(6) 其他文書工作及差旅費用；(7) 新產品之評估、試驗等費用。

二、鑑定成本（Appraisal Cost）

　　投入於檢驗、測試及發掘不良產品（或服務）等活動所花費之成本，如內外購物料零件之驗收、場地設備、水電、搬運設備、人員、及其他文具等

必需品之費用。為檢查產品、零件之品質所使用之設備及可靠性試驗所用設備之成本。項目包括：(1) 採購鑑定成本；(2) 作業鑑定成本；(3) 測試資料及用料之鑑定成本；(4) 外部鑑定成本。

三、內部失敗成本（Internal Failure Cost）

產品、零件或物料交給顧客之前就發現未達到顧客之品質需求條件所造成之費用，如經加工後因品質不良，而無法修復之半成品或成品之製造成本（但須扣除剩餘價值之金額）。進料不良之損失、處理品質不良及矯正工程之費用、重檢驗費用、失敗分析費用與產品降為次級品之損失。項目包括：(1) 產品（或服務）之設計失敗成本；(2) 採購失敗成本；(3) 作業失敗成本。

四、外部失敗成本（External Failure Cost）

將產品運交顧客之後，因為發生不良品或被消費者懷疑為不良品所支出之成本，如因品質欠佳延長保固期免費，更換零件材料及相關服務費用之成本。項目包括：(1) 調查抱怨所支付之費用；(2) 支付顧客抗議或抱怨之成本；(3) 退貨損失；(4) 回收成本、重工成本；(5) 保證成本；(6) 責任成本；(7) 懲罰成本；(8) 商譽損失；(9) 銷售損失。

10-5 品質檢驗

檢驗可分為全數檢驗及抽樣檢驗兩種：

一、全數檢驗

將產品全數加以檢驗，允收其良品，退回其不良品，此種選剔作業稱為全數檢驗，有些特殊情況，採用全數檢驗為宜：

1. 送驗批的數量太少，失去抽樣檢驗的意義。

2. 檢驗簡單且易於實施，又需確保品質時。

3. 外購材料不允許有任何不良品，該材料為產品的重要保安零件，對其品質有致命的影響。

二、抽樣檢驗

送驗批中隨機抽取一樣本加以檢驗，比較結果與判定準則，決定送驗批為允收或拒收，此種檢驗過程稱為抽樣檢驗。

（一）抽樣檢驗適用於情況

1. 破壞性的檢驗。

2. 全數檢驗成本高昂，通過一件不良品之損失極為輕微時，可採取抽樣檢驗，而不採取全數檢驗。

3. 送驗批（群體）之物品數量龐大，若要採取全數檢，可能曠日費時而影響交貨期。

4. 送驗批（群體）之物品體積龐大，不適合採用全數檢驗。

5. 送驗批（群體）中允許有少數不良時，全數檢驗雖非不可行，但以採用抽樣檢驗較佳。

（二）優點

1. 只檢驗部分產品，成本較低。

2. 檢驗作業集中，減少搬運的損毀。

3. 只需較少的檢驗員，減少人員之聘僱及訓練諸問題。

4. 人員之工作負荷較輕，同時保持更準確的檢驗記錄。

5. 統計理論發展之完備，抽樣檢驗較全數檢驗獲致更佳的品質保證。

6. 全整批的允收或拒收，使得抽樣檢驗對生產具有激勵的作用。

7. 透過不良品的排除或選剔，提升產品品質。

（三）缺點

1. 需冒允收壞批及拒收好批之風險。

2. 增添一些計畫性的作業。

3. 樣本所能提供的品質情報較全數檢驗為少。

10-6 QC七大手法

一、七大手法

QC 七大手法，可以了解問題的原因，常用來分析品質問題，整個品質績效衡量範圍都被同等地善加運用。

檢核表：資料分析與蒐集

Defect	Hour							
	1	2	3	4	5	6	7	8
A	///	/		/	/	/	///	/
B	//	/	/	/			//	///
C	/	//					//	////

散佈圖：兩種資料間的相關性

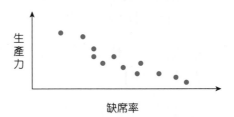

特性要因圖：品質問題之因果關係

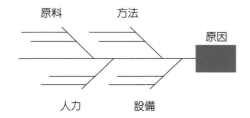

柏拉圖：重要原因的掌握

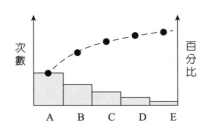

流程圖：表達生產流程與工作事項

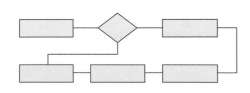

直方圖：產出變異的分配

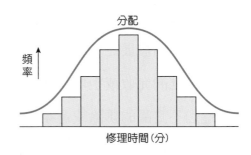

統計製程管制圖：製程變異的監測管制

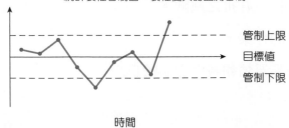

圖 10-4　QC七大手法

（一）檢核表（Checklist）

透過檢核表蒐集資料是指標分析的第一步驟。檢核表是用來記錄服務和產品績效相關特徵的發生次數的型式。檢核表可分為記錄用與檢查用兩種。記錄用查檢表是把數據分類為數個項目別，以符號記錄的表或圖。檢查用查檢表是把要確認的各種事項全部列出來而成的表。

表 10-5　記錄用檢查表

10	9	13	15	11	11	12	10	12	14
11	12	13	10	8	11	9	10	12	14
14	12	9	12	11	13	13	13	15	11
10	15	12	14	13	16	13	12	11	14

（二）直方圖（Histogram）與長條圖（Bar chart）

直方圖為連續性尺度資料的彙整，顯示出品質特性的次數分佈（集中趨勢與離散），經常會將資料的平均值顯示出來。長條圖運用「是或否」為衡量基礎的資料，長條高度呈現出某品質特性的次數分佈。

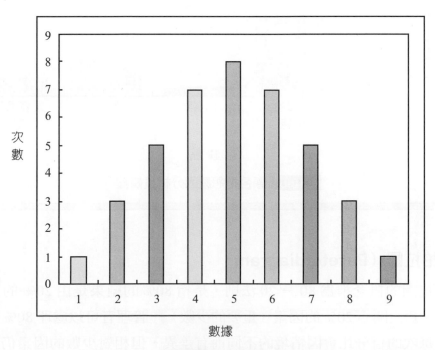

圖 10-5　直方圖

例題10-1

餐廳的經理不僅關心餐館的顧客較減少,顧問忠誠度降低,顧客抱怨在升高,餐廳經理必須找出方法與議題,讓員工了解問題的原因。

解

餐廳的經理經理花了好幾週時間研究顧客資料,蒐集到以下資料:

抱怨項目	發生次數
粗魯的服務	12
緩慢的服務	42
冷餐點	5
狹窄的餐桌	20
煙霧彌漫的空氣	10

管理者與所有員工可清楚看出,哪些抱怨是餐廳最常面臨的品質問題。首先緩慢的服務是目前餐廳最需要的項目,如改善食材準備的程序,同時移除用餐區域的部分裝飾品,使餐桌間隔寬敞一些,可解決餐桌狹窄的問題。

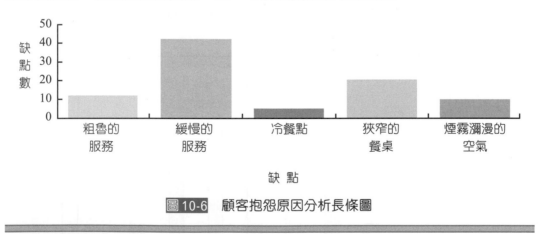

圖 10-6　顧客抱怨原因分析長條圖

(三)柏拉圖(Pareto diagram)

柏拉圖的概念稱為 80 - 20 法則,是指 80% 的結果是由 20% 的因素影響造成。藉由關心 20% 的因素(重要的少數),管理者可以處理 80% 的品質問題,每次的百分比會因情境的不同而有差異,但相對少數的因素仍然是造成大部分不良成效的原因。柏拉圖如表 10-6 與圖 10-7 所示:

表 10-6　柏拉圖統計表

項目	不良數	累計不良數	影響度（%）	累計影響度（%）
材料不良	135	135	45	45
尺寸不良	90	225	30	75
裝置不良	36	261	12	87
形狀不良	30	291	10	97
其他	9	300	3	100
合計	300		100	

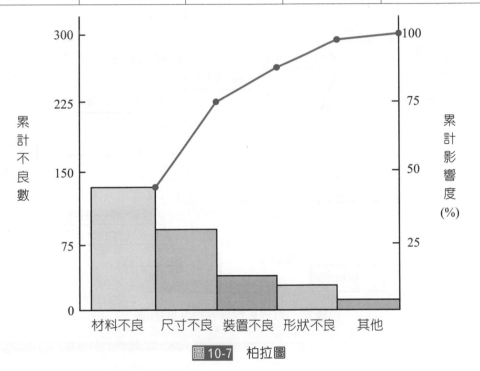

圖 10-7　柏拉圖

（四）特性要因圖（Cause and effect diagram）

用以找尋問題的來源及解決方法又稱魚骨圖（Fishbone diagram）。繪製特性要因圖時，分析者需定義潛在要因問題的主要類別，可分為人員、設備、原料與方法等類別。對於每一個類別，分析者列出可能造成績效落差的要因，以特性要因圖更新程序，幫助管理者與員工關注影響產品或服務品質的主要因素。

例題10-2

航空公司針對航班確認與國際線飛航起飛造成增加延遲的進行要因分析。

解

分析可能造成問題的要因,管理者繪製一個特性要因圖,如圖 10-8 所示。此班機起飛延遲的主要問題在圖的「頭部」部分。藉由與員工進行腦力激盪,列出所有可能的要因,並定義出幾個主要的類別:設備、人員、原料、方法與其它因素來管理控制,將所有的要因分別歸入不同的類別。

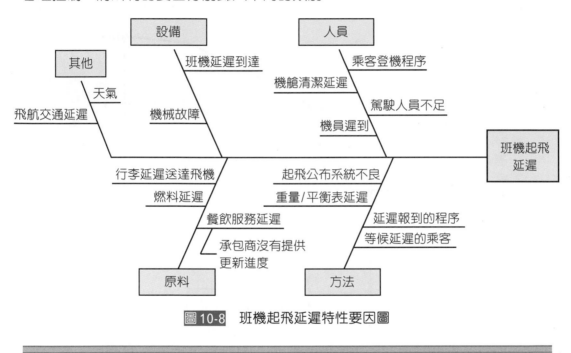

圖10-8 班機起飛延遲特性要因圖

(五)散佈圖(Scatter diagram)

顯示兩個變數間是否具相關性,每一個在散佈圖上的點表示一個被觀察到的資料,例如鑄造廠經理懷疑鑄造缺點是因鑄造半徑因素造成的。散佈圖可以呈現出每一種鑄造半徑與其所產生的鑄造缺點數目,在圖繪製完成後,此半徑與缺點數的關係就能明朗化。

（六）流程圖（**Flow diagram**）

　　流程圖是一種圖表，說明一項程序或工作流程所包含的步驟、順序和決策。採用一系列的流程圖元件，視覺化的描述與表達使用者在人機互動過程中的行為流程與認知決策過程。流程圖同時也是讓設計師與工程師的溝通得以順利進行的一種好工具，流程圖主要用來說明某一過程，過程既可以是生產線上的作業流程，亦可以是完成一項任務必需的管理過程。

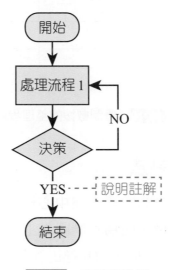

圖 10-9　流程圖範例

（七）製程管制圖（**Flow diagram**）

　　管制圖乃顯示生產過程中品質變異合理與否的一種信號，由中心線（Center Line, CL）、管制上限（Upper Center Line, UCL）及管制下限（Lower Center Line, LCL）三條線所組成，允許產品之品質特性在其間變動的範圍，如檢查結果的統計量不超出管制界限，則認為該統計量之平均值沒有變動，即製程呈現穩定狀態，若超出管制界限，則應認為該統計量之平均值已發生變動，應立即設法改善，並加以校正。

　　管制圖的基本觀念可從圖 10-10 得知。首先把所收集的各種數據，依照次數分配的方法，經過分組、畫記、整理成為次數分配表，即可以看出各種數據的分配型態，然後計算此種分配的平均值和標準差。將分配的平均值加上三倍標準差就是管制上限；將平均值減去三倍標準差就是管制下限；而分配的平均值就是管制圖的中心線。

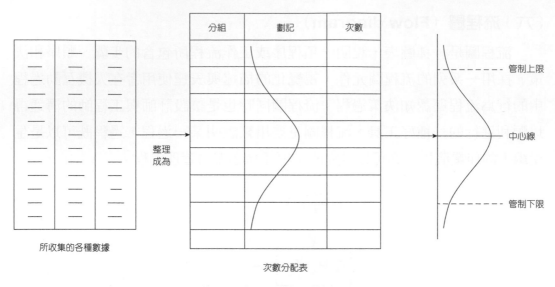

圖 10-10 管制數據的整理步驟

二、正常管制圖之判識法

正常的管制圖,大多數的點集中在中心線之附近,且為隨機散佈,同時在管制界限附近之點甚少。因為管制圖之上下界限間僅包含全部機率的99.73%,故於大量樣本點,有極少的點逸出管制界限之外時,其製程仍可認為在管制狀態之中。

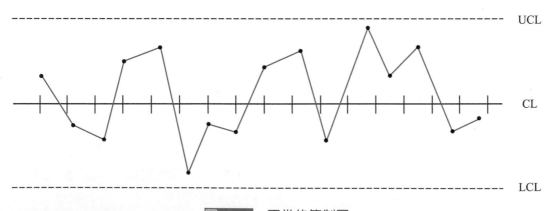

圖 10-11 正常的管制圖

三、不正常管制圖之判識法

不正常管制圖之判識乃是根據統計學的原理,當發現各樣本點的分佈不正常狀態,或有點落在管制界限外時,即判定製程具有非機遇之變異原因,

宜尋找出原因之所在，並剔除之。以下是幾種常見的不正常管制圖：

（一）逸出管制界限之外，則需追查其原因

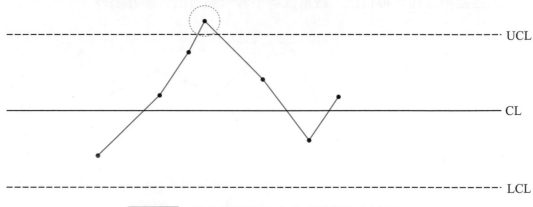

圖 10-12　逸出管制界限之外，則需追查其原因

（二）點在中心線任何一方連續出現時

1. 連續 5 點，注意其以後的動態。

2. 連續 6 點，開始調查其原因。

3. 連續 7 點，有非機遇原因，宜採取管制措施。

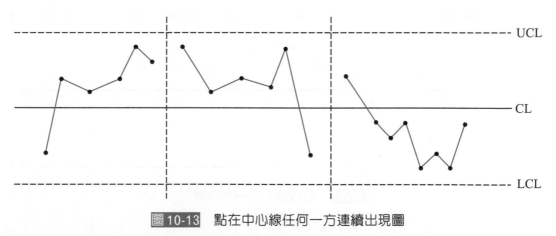

圖 10-13　點在中心線任何一方連續出現圖

（三）點在任何一方出現較多時，必有原因，宜即調查

1. 連續 11 點中有 10 點。

2. 連續 14 點中有 12 點。

3. 連續 17 點中有 14 點。

4. 連續 20 點中有 16 點。

上述連串之任一種情況，嚴重性均不若一點逸出管制界限外。

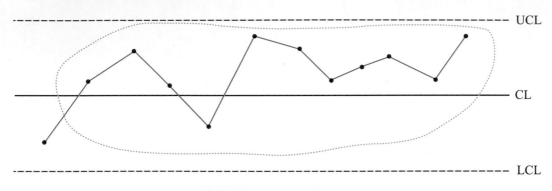

圖 10-14　不正常的管制圖

（四）管制圖中各點連續朝同一方向變化時

1. 5 點時，宜加以注意。

2. 6 點時，開始檢查。

3. 7 點時，必有非機遇原因發生，宜採取行動。

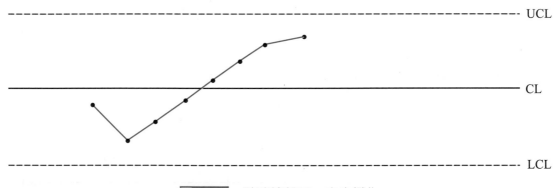

圖 10-15　點連續朝同一方向變化

四、管制圖種類

爲了管制品質，必須抽取產品，測定其品質特定，獲得管理所必須的數據，數據可分爲計量值以及計數值兩種，說明如下。

（一）計畫值管制圖

係管制圖所依據之數據，均屬於由量具實際量測而得。如長度、重量、成份等特性均爲連續性者，最常用之此種管制圖有：

1. 平均數與全距管制圖（X-R chart）。
2. 平均數與標準差管制圖（X-σ Chart）。
3. 中位數與全距管制圖（X-R Chart）。
4. 個別值與移動全距管制圖（X-Rm Chart）。

（二）計數值管制圖

係管制圖所依據之數據，均屬於以單位計數者。如不良數、缺點數等間斷均屬此類，最常用者計有：

1. 不良率管制圖（p Chart）。
2. 不良數管制圖（np Chart）。
3. 缺點數管制圖（c Chart）。
4. 單位缺點數管制圖（u Chart）。

10-7 8D 問題分析與解決模式

8D 是由福特汽車公司所發展出的 Global 8D 法，被許多公司奉爲訓練員工對於問題分析與解決能力的圭臬。在福特，所有人都必須接受「問題分析與解決」的訓練，美國福特總部甚至發展出一套「Global 8D」的標準，只要問題一發生，就遵循 8D 的方法解決。組織能善用員工「問題分析與解決」的能力，就可成爲企業追求創新與挑戰的一股力量。

8D 問題分析與解決模式是品質異常的分析，和流程改善的問題解決方法，防範日後再犯的一種任務性作業，作業完成時輸出 8D 報告。共有 8 個階段，以 8 個 Discipline（定律），簡稱 8D 及 8D Report，強調團隊合作，經常被品保運用於客訴回覆根據。

D 0. 行前準備（**Prepare for the 8D process**）

判斷是否適用以 8D 程序來解決問題。

D 1. 成立小組（**Establish the team**）

將具有專業知識的同仁予以編組成改善小組，分派適當時間及權限，運用技術性方法來解決問題及進行矯正措施，並指派一位指揮官。通常是跨功能性的，由相關人員組成。

D 2. 描述問題（**Describe the problem**）

使用顧客術語定義問題，並利用 5W1H 方式，詳細敘述內部及外部顧客的問題，並指派專人記錄。

D 3. 臨時對策（**Interim containment actions**）

在未確定欲採取之永久對策前，先界定並實施問題防堵行動，使內外部顧客不再受該問題困擾，並確認防堵是否有效。顧客無法接受缺失就需要採取暫時遏止行動。

D 4. 眞因調查（**Define and verify root cause and escape point**）

指出所有會造成該問題的「可能原因」。依據 D2，針對每一可能原因進行檢討測試界定根本問題，找出眞正原因，提出可以消除眞正原因的改善方案。

D 5. 擬定永久對策（**Define and verify permanent corrective actions**）

透過暫時性預先生產方式，規劃執行適當的測試計畫，確定所選定的矯正措施，確實為顧客解決問題，同時不會衍生出不良影響，採取可消除眞因的最佳永久對策。

D 6. 執行永久對策（**Implement and validate permanent corrective actions**）

執行永久對策並確認執行效果。界定並執行所找出之最好的永久性矯正措施，確定該眞正原因已被消除，若有必要，應再執行緊急處理措施。

D 7. 防止再發（**Prevent recurrence**）

修訂現有管理系統之各項常規、慣例及程序，採取預防措施，預防問題或相類似之問題不會再度發生。

D 8. 肯定團隊與個人貢獻（**Recognize team and individual contributions**）

肯定整個團隊的集體努力，研擬未來改善方向，並完成 8D 報告。

案例：問題沙拉油工廠漏油

D 0. 行前準備

工廠漏油大範圍受影響。

D 1. 成立小組

尋來設備工程師、操作員、操作區域主管、設備供應商、成立研究小組。

D 2. 描述問題

工廠漏油，在沙拉油濾清器部份是源頭。

D 3. 臨時對策

暫停作業，檢視濾清器設備。

D 4. 真因調查

濾清器供應商針對設備零件觀察，發現濾清器中防露墊片較舊式墊片規格有些微差距，導致墊片無法承受壓力。

D 5. 擬定永久對策

將新的墊片撤掉，改用舊式墊片。

D 6. 執行永久對策

將設備上新式墊片全數更換，換回舊式。

D 7. 防止再發

針對墊片規格，要求設備供應商再修正設計。

D 8. 肯定團隊與個人貢獻

期限內修正原因，口頭褒獎並頒發獎金。

10-8 ISO 9001 品質保證系統

ISO 是 國 際 標 準 化 組 織 英 文 全 名 爲 International Organization for Standardization，ISO 9000 係整套爲品質管理系統建立的書面標準，其所列出的標準要求項目含蓋範圍，從設計、採購、行銷、流程管制、包裝、倉儲、運送交貨等專業能力到財務、法務、公關等功能性能力，甚至培訓及組織內部品質稽核等，使產品與勞務符合甚或超出顧客的需求及期望，並在智慧、科學、技術及經濟活動領域上採國際合作方式，因此它是一個全方位的質量管理系統標準。各種行業、大小規模的組織均可採用。

ISO 9000 是全球通用的品質保證及品質管理標準，主要目的是提供各機構建立一有效的品質管理系統的指引，並提供持續改善的基礎，屬於指導性的標準。2000 年版也有更清楚的規定是以八項管理原則爲基礎。這些原則已經發展提供高階管理階層使用，引導組織朝向績效改進。

1. **以客爲尊（Customer focus）**

   組織的存在與成長仰賴顧客的持續支持分析並洞悉顧客現在及未來的需求，便是企業朝向顧客導向的起始，以進一步超越他們的期望。

2. **領導能力（Leadership）**

   領導者需建立一致性的組織目標與方向，創造並維持良好的內部環境，使組織成員得以全力以赴地達成組織目標。

3. **全員參與（Involvement of people）**

   導入的過程中，幾乎與組織內的每個部門息息相關，透過各階層員工的全面性參與，使每一階層對組織都有發言權及其代表性，所有人均積極參與品質改善的程序，共同發揮能力以增進組織利益。

4. **流程導向（Process approach）**

   流程方法有利於連續管制系統內諸流程中個別流程的連結、組合與相互關係，將相關資源與活動納入管理而使之成爲流程，將使組織更有效地獲得期望的結果。

5. 系統化管理（System approach to management）

經由系統性的觀點，鑑別、了解與管理組織的關聯流程，使組織能更有效率地達成既定目標。

6. 持續改善（Continual improvement）

通過 ISO 驗證並非最後的目的，而是引導組織跨入新服務時代的開端。因此，持續改善組織整體的效能，將是組織永久的目標。

7. 依據事實決策（Factual approach to decision making）

將相關資料與資訊進行邏輯性的分析，作為決定的基礎，產生有效的決策。

8. 與供應商互利（Mutually beneficial supplier relationship）

組織與其供應商間基於互信、相互依賴的基礎，建立持續的互利關係，以加強雙方創造價值的能力。

exercise 本章習題

一、填充題

1. 「品質」的力量，從賣方的「生產導向」邁向以買方為重的「市場導向」，以至今天的「_____」。

2. 統計的品質管制的出現，使得作業人員對品質的認知也隨之改善，品管學者就將這種在產品製造時，就必須採取回饋與預防措施的想法，稱做「_____」觀念。

3. 戴明將製程變異分成「_____」（Special Cause）和「共同原因」（Common Cause）兩大類。

4. 費根堡於 1951 年所出版的著作《Total Quality Control》中首次提到_____（TQC）的構想：「組織應在符合經濟效益下，整合各部門對品質發展、維持、與改進之努力，使行銷、生產、及服務均能達成顧客滿意之目標」。

5. 克勞斯比在《品質免費》（Quality is Free）一書中，提出第一次把它做好（Do It Right the First Time, DIRFT），亦就是_____（Zero Defect, ZD）的觀念，事先規劃設計好品質，就能畢其功於一役。

6. 六標準專案選擇透過統計資料，發現實際問題點，運用 DMAIC 架構進行改善。六標準差的推行，包括 DMAIC 包含_____（Define）問題點的源流、衡量（Measurement）看出問題的所在、分析（Analysis）瞭解造成問題的關鍵因素，改善（Improvement）關鍵因素的不確定性因素，以統計製程管制（Control）確保所有的指標在管理範圍。

7. 六標準差是一種以目標為_____PPM（Part Per Million）的管理哲學，並以突破式策略做為達成目標的方法。

8. 朱蘭_____透過識別顧客的要求，開發出讓顧客滿意的產品，並使產品的特徵最優化，同時優化產品的生產過程。這樣不但能夠滿足客戶的需求，也能滿足企業的需求。

9. 石川馨調查實際上在日本是如何實施與學習品質管制，提出_____（Company-Wide Quality Control, CWQC）之觀念，將費根堡強調之組織內各部門，擴大為所有成員，強調組織內全體員工皆應熟習品管知識與基本手法。

10.品質觀念可以劃分為四個階段，由早期的品質檢驗（Quality Inspection, QI）、品質管制（Statistical Quality Control, SQC）、品質保證（Quality Assurance, QA）或全面品質管制（Total Quality Control）以及＿＿＿＿＿＿（Total Quality Management, TQM）等理念逐漸發展而來的。

二、簡答題

1. 從整個經營時代的演進，品質代表有哪些趨勢？

2. 請說明品質管制品演進過程，以及各階段的內容。

3. 何謂特性要因圖？

4. 品質檢驗分成「全數檢驗」和「抽樣檢驗」，請說明兩者優缺點。

5. 品質管制有哪些管制圖的分類？

6. 克勞斯比（Philps B. Crosby）將品管成熟度方格分成哪五個品質量測等級？

7. 請說明 ISO 9000 系制品質保證系統的架構。

CHAPTER 11

工程經濟

學習目標

　　工程經濟提供決策者一套完整的計量決策模式，評估工程專案進行投資效益，協助決策者選擇最佳的投資計畫與財務管理，本章重點如下。

❖ 財務管理與工程經濟的基本理論。

❖ 認識營運資金政策。

❖ 瞭解工程經濟對於工業工程與管理的意義。

❖ 認識資產負債表、損益表以及保留盈餘表。

❖ 貨幣時間價值的衡量以及利率相關內容作為管理決策的依據。

❖ 認識財務管理與工程經濟的差異。

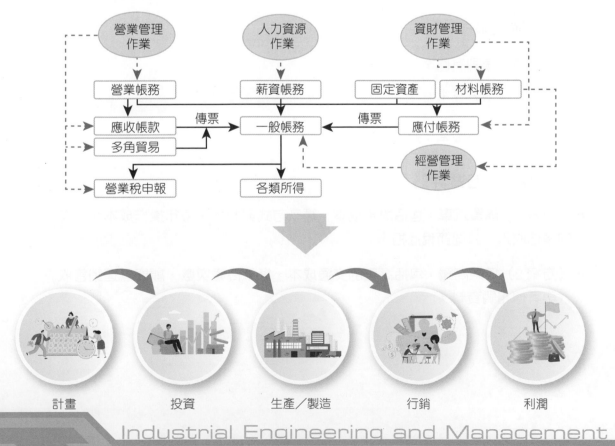

工程經濟評估步驟

南臺灣某管理顧問公司，兩位顧問師因承接到中部科學園區產業輔導工作，因此，必須經常搭高鐵至中部出差，公司決定是否應該購買汽車提供差勤，因此管理顧問師評估方案時：包括 (1) 管理顧問公司決定買部汽車或 (2) 繼續搭高鐵，工程經濟解決問題的決策步驟包括：

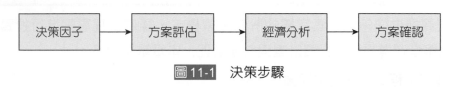

圖 11-1 決策步驟

一、步驟 1：考慮決策因子

對於每一方案，應該回答以下的問題：

▶ 一年將耗用多少成本？

▶ 如何支付此筆費用？

▶ 是否有節稅的好處？

▶ 選擇方案者準則為何？

▶ 期望的報酬率為多少？

▶ 出差次數預估正確率？過多或太少？

二、步驟 2：方案評估

▶ （方案 1）購買汽車：包括購車成本、籌款方式與利率、每年操作成本、可能的預估收入、公司節稅抵扣。

▶ （方案 2）搭乘高鐵：包括高鐵的交通成本、搭乘高鐵次數、顧問營運銷售收入與其他相關資料。

三、步驟 3：工程經濟分析

工程經濟是可以量化的特性，亦即價值的衡量，亦就是說現在的金錢等值未來某日的金錢考慮時間的金錢價值，包括：現值、未來值、利率、貨幣金額大小、貨幣支付或獲得之時間點與產生利率之方式（如單利或複利）。

四、步驟 4：方案確認

實際的計算敏感度分析方案的選擇。

五、結論

工程經濟是採取適當的經濟分析，選擇（建立公式）和執行，是屬於基礎的工程面。但最後結果必須要考慮社會、環境、法律等非工程經濟，因此選擇方案 1 或 2 都有其考慮因素、才能達到最佳決策效果。

11-1 財務管理的定義與內容

財務管理（Financial management）是對企業資金的採購、使用等財務活動進行計畫、組織、指導和控制財務管理，尋求最具獲利性的投資方案。投資決策包括籌措最低成本的營運資金決策，各種資源籌集資金，支援企業活動，創造企業最大的價值，以及分配經營利潤做出決策，將一般管理原則應用於企業的財務資源，以使股東財富達到最大。

一、財務管理的目標

財務管理通常涉及相關財務資源的採購、分配和控制，財務管理的目標使企業價值最大化，企業價值＝股東權益價值＋企業負債價值，企業負債價值不變之下，保持債務和股權資本之間的平衡，創造股東權益價值，確保股東獲得足夠的回報，使股東財富最大化，以最少的成本獲得足夠的報酬率，使企業價值最大化。

二、財務管理之功能

企業理財的核心目標不僅要計畫、採購和使用資金，通過比率分析、財務預測、成本和利潤控制，資金成本最低、如何獲得收益性最佳的投資計畫，以及如何善加分配利潤，使股東財富極大化，目標涉及以下議題：

（一）資本預算方案（投資決策）

財務管理必須對企業的資本需求進行估計，長期投資以及投資風險之衡量，企業在從事長期投資如擴充廠房、購買機具時，評估投資案對企業的效益以及衡量風險，進行可行性的程序與方法，例如資金取得成本之評估、投資風險分析等。針對投資決策，預期的成本和利潤以及未來計畫和政策。必須以適當的方式進行估算，選擇淨現值（Net present value）最大的方案進行投資，提高企業的盈利能力。

（二）資本結構形成（融資決策）

企業基於長期發展的願景，搭配適當比例的權益（包括發行債券或發行股票）與長期借貸，確定資本結構，涉及短期和長期債務權益分析，適時減少自有資金比例，求提高股東可享有的盈餘。

企業取得資金來源的選擇，包括舉債（從銀行和金融機構獲得的貸款）與現金增資（發行新股），兩種資金所占之比重分佈，即為企業之資本結構。

因素的選擇將取決於每個來源和融資期限的相對優點和缺點。

（三）營運資金政策

如何將日常營運中進行必要的短期資金調度與管理，調整各項流動資產的持有比例、進行短期資金周轉等，兼顧流動性與獲利性的平衡。拿捏營運資金投資與融資間，使企業同時有效兼顧資的流動性與獲利性，探討企業流動資產之投資與融資決策，在資金成本與效益間，取得最適均衡。

（四）股利盈餘政策

企業盈餘該如何妥善分配給股東，企業在股價表現亮眼之際，兼顧股東財富極大化之目標。將盈餘適當分配給股東，「將保留盈餘再投資」與「發放現金股利」兩者之間作適當的取捨，取決於公司的擴張、創新和多元化計畫兼顧公司的股價與未來成長。

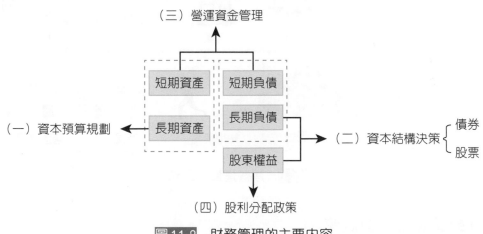

圖 11-2 財務管理的主要內容

三、營運資金政策

（一）定義

營運資金（Working capital），又稱做毛營運資金。即一年內到期之流動資產＝現金＋應收帳款＋有價證券＋存貨。

（二）淨營運資金（Net Working Capital）

長期資金所購得之流動資產總額（流動資產中，以長期資金應的金額）。

淨營運資金（Net Working Capital）＝ 流動資產 － 流動負債

營運資金

日常經營中所需的資金，企業在短期債務週轉營運上的能力

案例：美容沙龍店，流動資產＝$160,000以及流動負債＝$65,000

$160,000 流動資產

不動產　　　　　存貨　　　　　現金

$65,000 流動負債

薪資　　　存貨　　　設施費用　　稅金

$95,000

現金　　短期債務　　存貨　　營運費用

圖 11-3　淨營運資金公式

（三）營運資金投資政策

公司的營運資金投資政策，指公司應該「投資」多少的流動資產，使公司無論在個別的流動資產（如現金、有價證券、應收帳款、及存貨等）或流動資產總額，都能維持最適當的水準，提高資金運用的效率。流動性（Liquidity）與獲利性（Profitable）間取得平衡點，正是營運資金政策的重要課題。

1. 流動資產的流動性，高於固定資產。

2. 流動資產之獲利性，低於固定資產。

圖 11-4　流動性與獲利性之比較

例題11-1

A 公司 2 年間的收支平衡摘要表（千元 / 單位）

資產	2020年	2019年
流動資產		
存貨	1,000	100
應收票據	5,500	1,000
銀行存款	8,800	3,000
流動資產總和	15,300	4,100
流動負債		
應付帳款	7,000	1,500
其他應付款	500	400
流動負債總和	7,500	1,900
營運資金（流動資產總和－流動負債總和）	7,800	2,200

1. 從過去兩年的應收帳款和現金結存可以肯定其營運資金由 2019 年（7,800,000）至 2020 年（2,200,000）為上升。評估公司的營運資金管理之前，先檢驗的資產負債檢查以下的資產和負債：

   (1) 存貨

      是否保存過多的存貨，導致存貨過時，延長周轉期間，令 A 公司更難於短時間內售出積存的貨品。

(2) 應收帳款

給予債務人太寬鬆的貿易賒帳，壞帳便會出現。債務人周轉期（還款期限）會延長，變現能力則下降，變現能力則下降。

(3) 現金及銀行存款

太多的現金會導致 A 公司整體的利潤（盈利能力）下降，是減少投資收入的機會成本。

(4) 應付帳款

債權人周轉期的延長會導致 現時對現金要求下降，因為 A 公司只會於未來的某時段還款予債權人，反之亦然。

例題11-2

A 公司 2 年間流動比率與速動比率

資產	2020年	2019年	同業平均值
流動資產			
流動資產總合	15,300	4,100	
流動負債			
流動負債總合	7,500		
流動比率	2.04	2.16	2.01
速動比率	1.90	2.10	1.50

1. 流動比率 = 流動資產 / 流動負債，分析一家公司流動負債由流動資產償還的比率，流動比率愈高，表示司短期償債能力的強度越強，對公司短期債權人越有保障，但若該比率過高時，也顯示該公司資金未能有效運用。

2. 速動比率 =（流動資產－存貨－預付費用）/ 流動負債，分析一家公司流動負債由不含存貨及預付費用的流動資產償還的比率，因流動資產中以存貨、預付費用的變現性較差，恐無法在短時間內快速變現，故速動比率係將流動資產中的此二項資產扣除，留現金、有價證券、應收帳款及票據等具較高變現性的流動資產來償還流動負債。

3. A 公司 2 年間流動比率與速動比率流比率均比同行較佳。

　　流動比率表示 A 公司短期償債能力強度相當高。速動比率則表示 A 公司以現金、有價證券、應收帳款及票據等流動資產償還流動負債能力亦高，皆維持在 100% 以上。

11-2　工程經濟的意義

　　工程經濟學（Engineering Economics）主要是探討經濟面與供給之關係，應用科學知識對投資問題進行分析，是一門解決經濟性決策問題的科學，提供決策者一套完整的計量決策模式，幫助決策者在各種不同的投資計畫，做最佳的選擇。

　　「工程經濟分析」乃是一門以貨幣價值或經濟效用為評價基礎，計算調整收益及成本之貨幣時間價值，進而用來評比、抉擇方案的技術。包括原則（Principles）及技巧（Techniques），應用於企業機構之資本貨物獲得或損失等有關之決策基準。

　　工程經濟的應用範圍十分廣闊，如企業經營之擴廠（例如：生產線所需零件應自製或外包製作）、設備更新汰舊（例如：辦公室影印機設備應購買或租用即可）、製造改善決策（例如：引進新技術是否可以獲得想要報酬）、產業公司如何節稅與調配資金的決策參考、政府公共工程投資決策，個人投資分析（例如：投資股票之實際報酬率為何）、民間互助會之得標金計算（例如：參加互助會存款或直接存於銀行定存）等。

　　解決問題的決策步驟，包括：(1) 瞭解問題及其目的；(2) 蒐集相關資訊；(3) 定義及尋找可行的方案；(4) 評估每個方案；(5) 利用準則選擇最佳方案與；(6) 執行和追蹤。而工程經濟在第 3 至第 6 步驟扮演主要角色。

一、工程經濟的基本概念

貨幣時間價值（Time value of money）的概念，考慮資金的利息，越早收到一筆錢，利率越高的情況，隨著時間的累積能夠獲得更多的價值，方案比較要進行抉擇時，必須先化爲同一基準，即爲「等值」，始可加以比較。

利息（以 I 表示）乃是貨幣之獲利能力，使用者或擁有者爲求獲利必須要等待一段時間，利息可視爲使用貨幣資源所獲得之生產力。利息包括狹義與廣義的意義，狹義的利息指運用借來的資金，所需付出的錢，廣義的利息指在生產力面的投資可收回的利益（貨幣）。利息公式等於積欠總額與借入金額之差。

$$投資利息＝總額－本金$$
$$負債利息＝積欠總額－本金 \qquad (11\text{-}1)$$

利率（Interest，以 i 表示）是一個時期期末（時期通常是一年，或半年、三個月、一個月等）所應付出的利息，與在時期期初（年初或月初）所借來運用的本金之比。除非另外特別指明，通常所謂利率是指每年的利率，即年率。

利率的意義，可用下式表明：

$$利率＝\frac{投資所獲利益}{期初投資總額}＝\frac{爲使用基金所付出之款額}{所使用基金之總額}＝\frac{利息}{本金} \quad (11\text{-}2)$$

 例題11-3

甲公司於 5 月 1 日借入 $10,000，一年後償還 $10,700，試計算利息與利率。

解

利息 = $10,700 － $10,000 = $700/ 年

利率 = $700/ 年 ÷ $10,000 × 100% = 7%/ 年

例題11-4

借款 $20,000，為期 1 年，以年利率 9%，i = 0.09/ 年，且 N = 1 年，試計算利息與支付總金額為？

解

利息：（I）= (0.09)×($20,000) = $1,800

第一年底要支付：$20,000 + (0.09)×($20,000)

一年付出的總金額等於：$20,000 + $1,800 = $21,800

圖 11-5 列示利用公式 11-2 所需的資料：利息 $1,800，帶入本金 $20,000，利率週期為 1 年

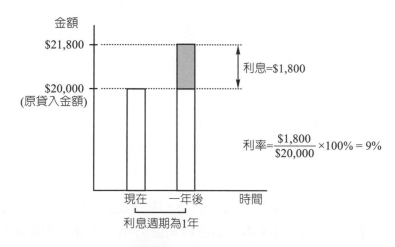

圖 11-5 利息計算

（一）單利

利息與本金之間為線性關係，計算利息只使用本金，忽略前幾期所累積的利息，故計算容易。單利之表示：

1. P 代表本金，目前時點的貨幣價值或總額。

2. FV ＝末值或終值（Final value），代表未來時點的貨幣價值或總額。

3. A ＝每期等值或年金（Annual value），代表一系列連續的、相等的，期間終了的貨幣總額。

4. N 或 n ＝週期數（如：年），代表投資所發生的時間單位數。

5. I 代表利息，利息期間的實際利率，N 年底總額公式如下：

$$未來值＝本金＋利息＝本金 \times (1＋年利率 \times 計期年數)$$

$$FV = P + I = P(1 + i \times N)$$

 例題11-5

太平洋電話信貸公司貸款給一位工程管理人員以購買無線遙控模型飛機，此貸款以年利率 5% 貸出 $1,000，為期 3 年，單利計息，3 年後他應償還多少錢？請以表格顯示結果。

解

1. 3 年中每年的利息為：

年利息＝ $1,000 \times (0.05) = \$50$

3 年的總利息為：

總利息＝ $1,000 \times (0.05) \times (3) = \$150$

3 年後累積總額為：

$\$1,000 + 150 = \$1,150$

第 1 年與第 2 年的利息 $50 不再滋生利息，每年滋生的利息只以本金 $1,000 作計算。貸款償還計畫在表 11-1 中以借款者角度列示。第 0 年的期末代表現在，也就是借入金錢的當時。借款者 3 年中間不支付任何金錢，所以每年積欠等額增加 $50，利息只與借入的本金有關。

表 11-1　單利計算

(1) 期末	(2) 借入金額	(3) 利息	(4) 積欠總額	(5) 支付金額
0	$1,000			
1	－	$50	$1,050	$0
2	－	$50	$1,100	$0
3	－	$50	$1,150	$1,150

（二）複利（Compound interest）

利息以每期期初累計之本利和為計算基礎。複利之意義，是利上加利。計算基礎是前期期初本金加上前期期間應得的利息之總和作為本期期初的本金，由此方式續算至約定的時期，最後一個期末才償還本利和。

P：代表期初的單一投資 = 本金，

FV_n：代表在 N 期期末的終值（Future value）

FV_n = 第 N 年年底的本利和 = 第 N 年年初的本金 + 第 N 年的利息

$$= P(1 + i)^{N-1} + P(1 + i)^{N-1} \times i = P(1 + i)^{N-1}(1 + i) = P(1 + i)^N$$

 例題11-6

假設：

P = \$1,000

年利率 i = 5%，每年複利（C.I.）

N = 3 年

解

第一期 t = 1

P_0 = \$1,000 I_1 = 1,000×(0.05) = \$50.00

積欠 P_1 = \$1,000 + 50 = \$1,050（但是，還沒要償還！）

在 t = 1 年底新的償還總額 = \$1,050.00

第 1 年底的本利和 = \$1,050.00

第二期 t = 2

I_2 = \$1,050×(0.05) = \$52.50（但欠著不還）

加到目前尚未償還金額可得：\$1,050 + 52.50 = \$1,102.50（新的尚未償還金額，或新的本利和）

第三期 t = 3

新的本利和：\$1,102.50

I_3 = \$1,102.50×(0.05) = \$55.125 = \$55.13

加到期初的本金中可得：

$1,102.50 + 55.13 = $1,157.63（第 3 年底應償還的總額）

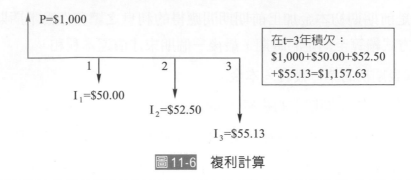

圖 11-6　複利計算

二、經濟上的等值

經濟上的等值之觀念（Equivalence），是時間之貨幣價值（Time value），乃是由利率所衍生；特定利率水準下，不同時間兩種不同款項之貨幣具有相同的經濟價值。影響貨幣等值之因素包括：利率、貨幣金額大小、貨幣支付或獲得之時間點與產生利率之方式（如單利或複利）。

在一定的壽年週期內，考量所有涉及經濟層面的結果，提供分析理論予以解釋所求得之結果。在各種不同償債方式下，單利、複利、時間與利息等分析相關因子會影響金錢的價值。

例題11-7

有 5 個計畫顯示，將以年利率 8% 償還 5 年來的貸款 $5,000。

▶ 計畫 1：單利，最後一次償還

▶ 計畫 2：複利，最後一次償還

▶ 計畫 3：單利，每年年底償還利息，在 N = 5 年底償還本金

▶ 計畫 4：複利，且每年償還部分本金（還本金的 20%）

▶ 計畫 5：5 年來，在年底本利平均償還。

解

▶計畫 1：單利，最後一次償還

單利：最後全部付清 $5,000 貸款

(A) 年末	(B) 每年積欠利息	(C) 年終積欠總額	(D) 年終償還金額	(E) 償付後未償還金額
計畫 1：單利計算，5 年期滿償付總額				
0				$5,000.00
1	$400.00	$5,400.00	–	5,400.00
2	400.00	5,800.00	–	5,800.00
3	400.00	6,200.00	–	6,200.00
4	400.00	6,600.00	–	6,600.00
5	400.00	7,000.00	$7,000.00	0
總計			$7,000.00	

▶計畫 2：複利，最後一次償還

第 5 年底付清全部

(A) 年末	(B) 每年積欠利息	(C) 年終積欠總額	(D) 年終償還金額	(E) 償付後未償還金額
計畫 2：單利計算，5 年期滿償付總額				
0				$5,000.00
1	$400.00	$5,400.00	–	5,400.00
2	432.00	5,832.00	–	5,832.00
3	467.00	6,299.00	–	6,299.00
4	504.00	6,803.00	–	6,803.00
5	544.00	7,347.00	$7,347.00	0
總計			$7,347.00	

▶ 計畫 3：單利，每年年底償還利息，在 N = 5 年底償還本金

最後償還本金

(A) 年末	(B) 每年積欠利息	(C) 年終積欠總額	(D) 年終償還金額	(E) 償付後未償還金額
計畫 3：單利計算，每年償付利息，本金於 5 年期滿償付				
0				$5,000.00
1	$400.00	$5,000.00	$400.00	5,000.00
2	400.00	5,000.00	400.00	5,000.00
3	400.00	5,000.00	400.00	5,000.00
4	400.00	5,000.00	400.00	5,000.00
5	400.00	5,400.00	$5,400.00	0
總計			$7,000.00	

▶ 計畫 4：複利，且每年償還部分本金（還本金的 20%）

每年償還本金的 20%

(A) 年末	(B) 每年積欠利息	(C) 年終積欠總額	(D) 年終償還金額	(E) 償付後未償還金額
計畫 4：複利計算，每年償付利息及部分本金				
0				$5,000.00
1	$400.00	$5,400.00	$1,400.00	4,000.00
2	320.00	4,320.00	1,320.00	3,000.00
3	240.00	3,240.00	1,240.00	2,000.00
4	160.00	2,160.00	1,160.00	1,000.00
5	80.00	1,080.00	1,080.00	
總計			$6,200.00	

▶計畫 5：5 年來，在年底本利平均償還

每年等額償還（部分是本金，部分是利息）

(A) 年末	(B) 每年積欠利息	(C) 年終積欠總額	(D) 年終償還金額	(E) 償付後未償還金額
計畫 4：複利計算，每年償付利息及部分本金				
0				$5,000.00
1	$400.00	$5,400.00	$1,252.28	4,147.72
2	331.82	4,479.54	1,252.28	3,227.25
3	258.18	3,485.43	1,252.28	2,233.15
4	178.65	2,411.80	1,252.28	1,159.52
5	92.76	1,252.28	1,252.28	
總計			$6,261.40	

11-3 名義利率和實際利率

時間標準一年，可以分割成 365 天、52 週、12 月或 4 季/年，計算利息可能比一年一次更頻繁，利息計算過程中，若複利週期（利息週期）與資金週期（支付或獲得）不一致時，產生之利率結果會不一樣。兩種利息敘述的方式，包括名義利率與實際複利週期，名義和實際複利率在企業、財務和工程經濟上很常見，每種都必須瞭解，以便能求解用各種方式表示利息的不同問題。

一、名義利率

名義利率（Nominal rate, r）只是名義上的，並非真正、實際的利率。名義利率忽略複利因素所造成之時間價值，定義如下：

名義利率（r）＝每期之實際利率 × 期數

若月利率為 1.5%，則：

季名義利率＝ 1.5%×3 ＝ 4.5%

半年名義利率 ＝ 1.5%×6 ＝ 9.0%

年名義利率 ＝ 1.5%×12 ＝ 18.0%

二、實際利率

實際利率（Effective Rate）考慮貨幣時間價值之利率，眞實的週期性利率。時間週期中，考慮名義利率的複利，爲實際利率。

複利週期（Compound period, CP）的實際利率：

$$\text{CP 的實際利率} = \frac{\text{每 t 時間週期 r\%}}{\text{每 t 時間複利 m 次}} = \frac{r}{m}$$

 例題11-8

三個不同發電設備專案的不同貸款利率如下。求每一敘述的複利週期下，其實際利率爲何？

(a) 每年 9%，按季複利。

(b) 每年 9%，按月複利。

(c) 每 6 個月 4.5%，按週複利。

解

利用公式求出不同複利頻率下，每 CP 的實際利率。下圖指出利率是如何在時間軸上分佈。

每t時間名義利率r%	複利週期	m	每CP實際利率	t時間週期內的分佈			
(a) 每年 9%	季	4	2.25%	2.25% 〔1〕　2.25% 〔2〕　2.25% 〔3〕　2.25% 〔4〕			
(b) 每年 9%	月	12	0.75%	0.75%〔1〕 0.75%〔2〕 0.75%〔3〕 0.75%〔4〕 0.75%〔5〕 0.75%〔6〕 0.75%〔7〕 0.75%〔8〕 0.75%〔9〕 0.75%〔10〕 0.75%〔11〕 0.75%〔12〕			

每t時間名義利率r%	複利週期	m	每CP實際利率	t時間週期內的分佈
(c) 每6個月4.5%	週	26	0.173%	

r＝年名義利率，m＝每年複利期數，i_a＝複利期數（CP）的實際利率＝r/m，i_{eff}＝年實際利率

$$i_{eff} = \left(1+i_a\right)^m - 1$$

例如：年利率為8%，按季複利，則實際年利率為：

i＝(1 + 0.08 / 4)^4–1＝(1.02)^4 − 1＝0.0824（8.24% / 年）

例題11-9

Jacki 從 MBNA 銀行得到一張新的信用卡，其年利率為18%，按月複利。若年初欠 $1,000，整年沒有償還，求年實際利率與一年後積欠總額？

解

每年12個複利週期。因此 m＝12，i＝18%/12＝1.5%/ 每月，年初 $1,000，利用公式

i_{eff}＝(1 + 0.015)^{12} − 1＝1.19562 − 1＝0.19562
F＝$1,000 (1.19562)＝$1,195.62

Jacki 由於使用銀行的錢幣需之付 $1,195.62，或是 $195.62 加上原來的 $1,000

複利週期	每年複利次數m	每複利週期利率i	於複利週期的分佈	年實際利率i
1 年	1	18%	18% 1	(1.18)^1-1＝18%
6 個月	2	9%	9%　9% 1　　2	(1.09)^2-1＝18.81%

複利週期	每年複利次數m	每複利週期利率i	於複利週期的分佈				年實際利率i
1 季	4	4.5%	4.5%	4.5%	4.5%	4.5%	$(1.045)^4-1=19.252\%$
			1	2	3	4	
1 月	12	1.5%	每個1.5% 1 2 3 4 5 6 7 8 9 10 11 12				$(1.015)^{12}-1=19.562\%$
1 週	52	0.34615%	每個0.34615% 1 2 3 ... 24 26 28 ... 50 52				$(1.0034615)^{52}-1=19.684\%$

例題11-10

一家網路公司計畫將錢存入一個新的基本資金中,其每年利率為 18%,按日複利。其 (a) 一年;(b) 半年的實際利率為何?

(a) 利用公式,r = 0.18 且 m = 365,每年實際利率 i% $= (1+\frac{0.18}{365})^{365} -1 = 19.716\%$

(b) 每 6 個月的 r = 0.09,m = 182 天,每 6 個月實際利率

$$i\% = (1+\frac{0.09}{182})^{182} -1 = 9.415\%$$

例題11-11

V 公司供應汽車主要零組件給世界各地的汽車製造商。工程師正在評估新生代量測機械的出價。三個不同賣方的出價內容如下所示。V 公司只採每半年付款一次,工程師被實際利率弄糊塗。

出價方案 1:每年 9%,按季複利

出價方案 2:每季 3%,按季複利

出價方案 3:每年 8.8%,按月複利

(a) 根據半年付款一次方式,求每個出價方案的實際利率。繪製每個方案的現金流量圖。

(b) 每年實際利率為何？這是方案最後選擇的一部分。

(c) 哪一個出價方案有最低的年實際利率？

 解

(a) 另支付週期 (P) 為 6 個月，將名義利率 r% 轉換為以半年為基礎，決定 m 值，利用公式計算半年實際利率 i。

方案 1：

P = 6 個月

r = 每年 9% = 每 6 個月 4.5%

m = 每 6 個月 2 季

每 6 個月實際利率 i% = $(1+\frac{0.045}{2})^2 - 1$ = 1.0455 − 1 = 4.55%

表左半邊總結三個出價方案的半年實際利率。圖 11-7 為方案 1 和 2 在半年付款一次（P = 6 個月）及一季複利一次（CP = 一季）的情況下的現金流量圖。

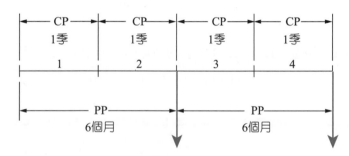

圖 11-7　按季複利

(b) 公式中年實際利率的時間單位為 1 年，也就是 PP = 1 年。就方案 1 而言

　r = 每年 9%，m = 每年 4 季

　每年實際利率 i% = $(1+\frac{0.09}{4})^4 - 1$ = 1.0931 − 1 = 9.31%

　表右半邊為年實際利率總結

例題中3個方案的半年與一年實際利率					
半年利率			一年利率		
方案	每 6 個月名義利率 r	CP 數 m	公式實際利率 i	每年名義利率 r	每年 CP 數 m	公式實際利率 i
1	4.5%	2	4.55%	9%	4	9.31%
2	6.0%	2	6.09%	12%	4	12.55%
3	4.4%	6	4.48%	8.8%	12	9.16%

11-4 支付週期與複利週期

一、支付週期 ≥ 複利週期

只有單一的現金流量，也就是 P 和 F 值，用 P = F (P / F, i, n) 或 F = P (F / P, i, n) 求 P 或 F，有兩種方法可求 i 和 n 因子。

（一）方法一

對實際利率因子 i，用 i = r/m，求複利週期內的 i。對總期數因子 n，用 n = m（支付期數），求 P 和 F 值之間發生的複利週期。

例題 11-12

若現在的 $5,000 每年以 6% 賺取利息，按月複利，求 5 年後的未來值。

實際月利率 i 為 I = 6% ÷ 12 = 0.5%，複利週期的總年數以及每年 m = 12 次，為：

n = 12×5 = 60 期，F = 5,000 (F / P ,0.5% ,60) = 5,000 (1.3489) = $6,744

（二）方法二

用實際 i 的公式，求名義利率時間週期的實際利率，設 m 為名義利率描述中的週期數。

$$\text{實際 } i = (1 + \frac{r}{m})^n - 1$$

例題 11-13

一位私人顧問公司的工程師，將錢存入特定帳戶以負擔未償還的旅行費用，下圖為其現金流量圖，若年利率為 12%，半年複利一次，求 10 年後帳戶的總額。

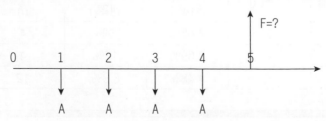

解

只牽涉到 P 值和 F 值。以兩種方法說明,求第 10 年的 F 值。

方法 1:每 6 個月週期的半年實際利率為 6%。每筆現金流量有 n = (2)(年數) 的半年週期。利用因子值,公式可知未來值為:

F = 1,000 (F / P ,6% ,20) + 3,000 (F / P ,6% ,12) + 1,500 (F / P ,6% ,8)
  = 1,000 (3.2071) + 3,000 (2.0122) + 1,500 (1.5938) = \$11,634

方法 2:根據半年複利一次表示年實際利率為

年實際利率 $i\% = (1+\dfrac{0.12}{2})^2 - 1 = 12.36\%$

n 值即為實際的年數。利用因子公式 $(F / P, i, n) = (1.1236)^n$ 和公式求得與方法 1 相同的答案。

F = 1,000 (F / P ,12.36% ,10) + 3,000 (F / P,12.36%,6) + 1,500 (F / P ,12.36% ,4)
  = 1,000 (3.2071) + 3,000 (2.0122) + 1,500 (1.5938) = \$11,634

11-5 財務管理 vs. 工程經濟

財務管理與工程經濟的相同點，在於投資決策的分析原理上，皆是使用利率與現值的觀念，考量投資報酬率與相對的風險，找出效用最大的投資決策，並且從根本涵義來看，兩者都是經營管理者在資金的投資應用上的決策工具。

另一方面，兩者的差異主要在應用範圍上。財務管理是以公司為對象，因此不僅涉及資本預算、資本結構、股利政策、營運資金政策等課題，尚包括有股票、債券、選擇權、期貨等投資手法的操作，所謂的投資組合理論、資本資產定價模式（Capital Asset Pricing Model, CAPM）說明所有個別證券或投資組合（所有資本資產）其報酬率與系統風險間的關係等分析工具；但工程經濟是以投資開發專案為主要對象，故著重於方案價值評估技術與多重方案比較分析準則之發展。

對營程專案來說，資金是專案執行最基本的資源。業主必須有足夠的資金開辦工程，而承包商也必須有充足資金來源，以維持施工期間成本的開支。隨著工程專案規模日漸擴大的趨勢，單一工程專案之資金需求也愈顯龐巨，此時營建管理在對現金流量與成本控制功能上的發揮，也就愈受重視。財務管理與工程經濟在上述課題上，便扮演著不同的功能角色：

一、融資問題

首先就工程專案業主首先面臨的融資問題來說，管理者要決定如何為公司籌措成本低又穩定的資金來源，不僅須考慮長期與短期融資兩種形式的適用性，包括時程、利率、風險等問題；融資的途徑也有不同的選擇，如發行有價證券（股票、公司債等）、向銀行尋求貸款合同等專案融資方式，這些決策皆屬於財務管理的範疇。但對於專案融資的另一方—即借款者而言，其願意提供多少融資額度便必須經由分析方案的經濟價值與資本化比率（係由借款者決定之利率及專案開發者之計畫報酬率所組成）決定，此即為工程經濟所探討的部分。

二、現金流量管理

　　現金流量可由兩個面向來看，而工程經濟與財務管理即分別在兩種面向上各自發揮其功能：工程經濟用於分析各工程專案本身之現金流量，包括估驗計價款收入，以及物料採購、機具租賃、勞工雇用等成本支出；財務管理則是考量公司整體營運之現金流量，即公司所有工程專案之現金流量總和，再加上公司營運之行政費用、投資以及營業外收入等。

exercise 本章習題

一、填充題

1. _____（以 I 表示）乃是貨幣之獲利能力，使用者或擁有者為求獲利必須要等待，利息可視為使用貨幣資源所獲得之生產力。

2. _____（Interest，以 i 表示）是一個時期期末（時期通常是一年，現有時候指半年、三個月、一個月等）所應付出的利息，與在時期期初（年初或月初）所借來運用的本金之比。

3. 工程經濟解決問題的步驟包括：瞭解問題及其目的、蒐集相關資訊、定義及尋找可行的方案、評估每個方案、利用準則選擇最佳方案與_____。

4. 甲公司於 5 月 1 日借入 $10,000，而後必須一年後償還 $10,800，試計算利息：_____與利率：_____。

5. 借款 $20,000，為期 1 年，以年利率 10%，i = 0.09/ 年，且 N = 1 年，利息（I）=_____，第一年底要支付_____。

二、簡答題

1. 請問財務管理具備哪些功能？

2. 定義營運資金。

3. 影響貨幣等值之因素包括？

4. 請說明工程經濟的意義。

CHAPTER 12
行銷管理

學習目標

　　行銷管理乃是一種分析、規劃、執行及控制的一連串過程，制定創意、產品或服務的觀念化、定價、促銷與配銷等決策，進而創造能滿足個人和組織目標的交換活動。「行銷在於真正瞭解消費者，提供產品與服務，能夠完全符合消費者需求，產品本身便可達成銷售的功能」，本章重點包括：

❖ 行銷的意義，探討行銷的演進過程。
❖ 瞭解整體環境市場，包括總體及個體行銷環境。
❖ 消費者行為取決於消費者的需求，瞭解消費者行為有其必要性。
❖ 消費者購買決策過程。
❖ 選擇目標市場。
❖ 擬定行銷 4P 組合。

行銷管理功能

IEM 個案

某大學學生餐廳—自助餐行銷管理報告

一、基本資料

　　學校的學生餐廳有兩處，一處位於商學院地下一樓，另一處位於行政大樓地下一樓，由於學校從上學期開始於心湖旁興建新的學生餐廳—心湖會館，行政大樓的學生餐廳結束營業，位於商學院地下一樓的自助餐，是目前學校僅剩的學生餐廳，學生餐廳的顧客學生居多，與少數老師，有時會有施工廠商的人，或幾位北大特區的居民，人潮集中在中午 12 點到 1 點。

　　根據市場區隔，某大學學生餐廳就地理位置屬北大特區，學生餐廳位於商學院地下一樓，能見度較低，目標客戶主要是學生，學生的消費行為模式因為中午僅有一個小時的用餐時間，因此除了考量餐點味道好，也會選擇價位低、方便快速的地方用餐。

二、4P 分析

1. 產品（Product）

　　自助餐形式，提供各式菜色供夾取，約 10 至 15 種主菜，副菜約 20 餘種，飯有白飯及紫米飯，免費提供湯，有時有已搭配好的便當供學生快速購買，這學期新增鋁箔包裝與罐裝飲料。

2. 價格（Price）

　　以秤重方式計費，每 100 公克 17 元，一份主菜加 10 元，白飯、紫米飯一碗 5元，餐廳搭配好的便當 65 元至 80 元，鋁箔包飲料一瓶 10 元，罐裝飲料一瓶15 元。

3. 通路（Place）

自助餐餐廳位於商學院地下一樓，目標客戶主要是學生，學生的消費行為模式，僅有中午 1 個小時的用餐時間，人潮集中在中午 12 點到 1 點。

4. 促銷（Promotion）

中午 1 點及晚上 6 點後，一份主菜免加 10 元。

三、SWOT 分析

根據 SWOT 分析某大學學生餐廳的優勢、劣勢、機會與威脅：

1. 優勢（Strength）

(1) 學生餐廳的優勢是方便且快速，自助餐形式可自行決定購買的量。

(2) 學校會監督餐廳的食材衛生。

2. 劣勢（Weakness）

對於食量較大的人來說，自助餐以秤重的方式計費，主菜另加 10 元，與到外面餐廳用餐相比，同樣四菜一主菜，會覺得比較貴。

3. 機會（Opportunity）

(1) 學生餐廳的自助餐與學校附近便當店相比菜色選擇較多樣。

(2) 方便用餐，校外離學校最近的自助餐店需步行 15 至 20 分鐘。

4. 威脅（Threat）

學區附近，不論從正門或後門，用餐種類眾多，提供多重選擇，用餐方便，至學生餐廳用餐非學生首選。

四、結論與建議

(一) 結論

學生餐廳與外面餐廳相比，應該要提供價錢較低，但依然有一定品質，CP 值高的餐點。四年的時間觀察下來，我覺得雖然菜色豐富，但每天的變化不大，且太油。

（二）建議

1. 產品

建議定期更換新菜色，可讓學生願意長期再消費，並調整烹調方式，減少用油，提高學生購買意願。

2. 價格

每 100 公克價錢可以調降，多數學生在網路上抱怨覺得學生餐廳太貴，與學校附近的便當店「韓一」比較，一個排骨便當一主菜加四配菜 70 元，且飯與菜的份量多，如果相同量以學校秤重的方式計費可能要 80 元以上。

付費方式以現金支付，我覺得可以考慮增設無現金支付，無現金支付是現代的趨勢，可以儲值卡或行動支付的方式付費，節省下找錢的時間，加快結帳速度。

3. 通路

增設已搭配好的便當於各院大廳販售，提升各院學生購買餐點的便利性，同時增加餐廳收入。

4. 促銷

(1) 特定節日提供特別的餐點，並於學校臉書社團上宣傳，在特定節日吸引顧客。主菜與部分副菜的擺放位置，無加熱裝置，建議可增設維持熱度。

(2) 促銷時段非多數學生的用餐時段，用到優惠的學生極少數，建議可調整，例如 12 點半開始促銷，可以讓更多學生享受到優惠，據觀察，12 點一到自助餐往往大排長龍，但大約 20 分鐘過後，購買人潮就會大幅減少，因此我覺得調整促銷時段，可使人潮分流，也會增加自助餐的來客數。自備餐具並無優惠，我覺得可以鼓勵自備餐具並給予折扣，既環保又能降低學生用餐花費。

(3) 推出集點活動，例如消費滿額集 1 點，集滿 10 點有折扣，如此可以讓學生覺得雖然花比較多錢，但可以集點並在未來取得優惠，增加學生自學校自助餐用餐的意願。

12-1 行銷管理概論

一、行銷的意義

「行銷」（Marketing）之定義，是一種刺激產品順利銷售的系統方法，滿足人類慾望的一種經營哲學。美國行銷學會（American Marketing Association, AMA）定義為：「行銷是規劃和執行有關概念、物品與服務的形成、定價、推廣與分配的程序，其目的在於創造能夠滿足個人和組織目標的交換。」

行銷管理就是把管理（規劃、執行、控制）技術應用到行銷活動上之現象。現代行銷觀念下，企業依據所欲達成的目標及研擬的策略，在特定市場裡，有系統的分析、策劃及評估，使生產的商品能反映市場趨向，滿足消費者需求，全面地運用企業的各項功能，以定價、促銷及分配活動配合服務市場，進而達到營利目標的要求。如圖 12-1 所示，完整的行銷管理體系應包括如下四個部分，相互結合，確立行銷管理的功能。

1. 企業與市場（或消費者）。
2. 行銷組合（產品、定價、促銷、分配）。
3. 控制系統（規劃、執行、控制）。
4. 環境因素（內、外在環境）。

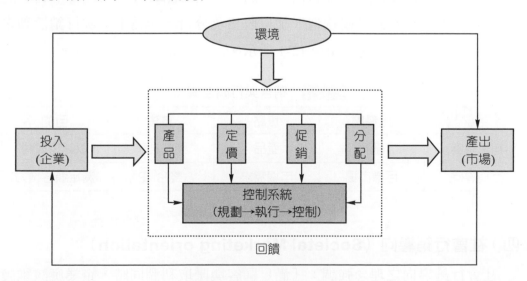

圖 12-1 行銷管理體系

二、行銷的演變

（一）生產導向（Production orientation）

生產觀念的作法係組織中追求高生產效率及取得廣泛的通路系統，思考邏輯在於需求遠大於供給；只要有生產即會有需求，不過在此過程中，忽略消費的眞正心理需要，容易導致「行銷近視症」（Marketing myopia），只看到眼前的產品，而忽略行銷環境的變化與消費者眞正的需求。

案例：以爲咖啡只要香濃即可賣得好，忽略咖啡也可用來凸顯生活品味、與人分享快樂、放鬆心情，導致錯失不少市場機會，甚至導致經營危機。

（二）銷售導向（Sales orientation）

銷售觀念則認爲組織應大力對其產品或服務加以推銷，否則消費者可能無法知道它的存在。銷售導向理念係認爲市場上可供選擇之產品或服務種類眾多，若不重視促銷活動，則消費者必不會購買組織的產品或服務。

案例：街上口沫橫飛招攬客人，之後卻消失無蹤的小販，就是秉持銷售導向。

（三）行銷導向（Marketing orientation）

行銷觀念則使企業設法瞭解消費者眞正的需求何在，針對其需求生產或提供所需要的產品或服務，配合價格、通路、產品品質等因素使得消費者能得到滿足，最後且須將其購後情形加以收集及分析，作爲下一次行銷活動之參考。銷售與行銷的不同，如表 12-1 所示。

表 12-1　銷售與行銷差異

	出發點	焦點	方法	目的
銷售導向	廠商	產品	強勢推銷	以銷售獲利
行銷導向	目標市場	市場需求	整合 4P	滿足顧客獲力

（四）社會行銷導向（Societal Marketing orientation）

社會行銷導向之理念強調：「滿足顧客與賺取利潤同時，企業應該維護整體社會與自然環境的長遠利益。」企業應該講求利潤、顧客需求、社會利

益三方面的平衡。綠色行銷成為 1990 年企業理念，是人們因應環保問題而興起的一種行銷方式。它的焦點在於符合消費者需求與廠商利益的同時又能維護生態環境。

案例：台積電（TSMC）強調提供更美好的居住環境品質及回饋鄉里，是 TSMC 公司義不容辭的責任，除了贊助經費，也與社區志工合作，推展各項教育、藝文、環境美化、保健、體育及公益等社區活動，提升社區生活品質為目標。

12-2 行銷市場分析

行銷部門或功能瞭解外部資源與環境趨勢，對市場或行銷活動有影響的因素，可分為總體行銷環境（Macro Environment）及個體行銷環境（Micro Environment），可由圖 12-2 更清楚看出其間因果關係。

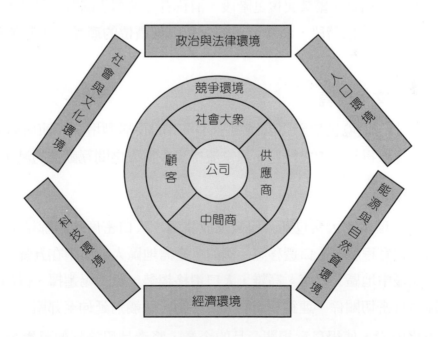

圖 12-2 行銷環境

一、總體行銷環境

總體行銷環境影響層面較廣大深遠，較難控制的力量不但影響許多企業，也會影響個體環境。

（一）政治與法律環境

政治與法律環境因與企業營業有極密切的關係，一般可從國內政局穩定性、國際政局穩定性、政府管制程度、財經法律等方面加以分析。

一連串的「綠色產品」、「綠色包裝」到資源回收再利用的觀念，顯示出企業已將「綠色消費」從意識到重要進接到行動支持。

案例：化學品濫用對自然環境的損害，喚醒各界人士的環保意識。

（二）經濟環境

經濟環境可從國內經濟情勢、國際經濟情勢、國內經濟及產業政策等方向說明。景氣包括蕭條、復甦、繁榮、衰退四階段。景氣階段與消費者購買意願與能力密切相關。繁榮與復甦階段，消費者比較願意購買高價位的產品，相反，在衰退與蕭條階段，消費者比較接受中低價位的產品，並避免購買非必需品及奢侈品。

（三）社會與文化環境

社會與文化環境包括金錢價值觀、休閒時間及活動增加、節儉價值觀的衰退，婦女意識提高、追求快速、追求流行，人與人之間互動性的減少等。

（四）人口環境

影響人口環境的因素包括人口數及成長率、人口密度、年齡結構、家庭數及結構、教育程度、人口遷移等。例如，臺灣地區人口集中在五都。臺北、新北市、大臺中地區、臺南、高雄，人口遷移趨勢，標示場選擇、行銷通路、立地選擇等有密切關係，連鎖超商隨人口移動，將觸角延伸至郊區。

少子化因素，使得兒童相關產品的企業，將產品用途延伸至青少年，甚至是中年人市場。

老人化因素，使得銀髮市場，如長照社區、成人教育推廣班、醫療與休閒服務、醫療保健用品等也日益重要。

（五）科技環境

科技環境，包括科技進步，研發費用大量支出，科技整合等。網路能迅速傳送文字、影像、聲音等資料，加上上網的人口日增，對行銷的影響相當深遠。近年的熱門商品，如 5G 智慧型通訊，都是科技帶來的成果。

科技對市場與行銷的影響主要有廠商更多開發新產品的機會，以較優異的品質與功能取代既有商品，但也縮短產品的生命週期。

二、個體行銷環境

個體行銷環境涵蓋競爭環境、社會大眾、供應商、中間商、顧客等直接與公司關係較密切的因素。對行銷部門而言，公司內部其他部門的意見與行動，會影響到行銷部門的行銷活動，這些部門包括：財務、研發、製造、採購及會計等部門。

（一）競爭環境

競爭環境包括產業分析及市場分析。例如，競爭者的折扣及降價促銷活動，皆會影響企業經營的利潤及風險。麥可波特（Michael Porter）提出產業競爭動力分析。Porter 將個體環境中的成員分為供應商的談判力量、購買者的談判力量、潛在進入者的威脅、替代品的威脅、產業內部的對抗與合作，以及其他關係人的力量等六種競爭動力。

（二）顧客

企業瞭解顧客不同的購買動機、目的及特性，以滿足顧客的需求，並隨時提供良好的售後維修服務，解決顧客的商品困擾。

（三）供應商

供應商是企業原料、零組件的來源，因此必須與供應商保持長久緊密的關係，確保原料、零組件的來源穩定。供應商對企業的角色，可依企業本身經營型態而有所差別。

（四）中間商

中間商是企業與顧客間的橋樑，透過企業可將商品或服務傳遞給顧客，另外，中間商可以傳遞及收集資訊。企業必須與中間商保持長久緊密的合作關係，確保商品或服務的銷售無虞。

（五）社會大眾

社會大眾（Public）是指會影響企業行銷活動的其他團體，包括金融機構、媒體、政府、社團組織、社區大眾及一般大眾。金融機構如銀行、投資公司等，會影響到企業借款及籌資的能力，媒體機構諸如電視、報紙、雜誌及廣播等媒體，報導的正反面資訊，對企業的形象有不同的影響。企業必須瞭解及遵守政府的各項法令及政策。

（六）企業能力與資源

公司能力與資源可從經營績效、公司組織、財務結構及能力、成本結構，與公司優缺點等方面了解。

12-3 消費者行為分析

一、消費者特徵

消費者行為取決於消費者的需求，消費者的需求以至於消費習慣和行為，是由多種因素共同作用的結果，說明如下：

（一）社會及經濟因素

歷史、政治法律制度、不同國家或地區民眾的不同信念群體、宗教群體和地域群體等飲食、服飾、建築、禮儀、道德觀念上往往大相徑庭；各種宗教無不具有獨特的清規戒律，對教徒的生活方式和習俗加以規範，提倡或抑制某種消費行為；不同地域的居民，因居住地的自然地理條件不同，形成不同的生活方式、愛好和風俗習慣。

（二）人口因素

社會文化諸因素相同的情況下，不同消費者的行為仍然會有很大差異，這是由於消費者的年齡、家庭生命週期階段、職業、經濟狀況、個性和生活方式等個人情況的不同而造成的。

（三）人格因素

通過制定適當的市場行銷組合，使消費者的信念和態度向著對本企業有利的方向發展，成為本企業的品牌忠誠者，包括群居性、冒險性、自信心與自尊。

（四）生活方式因素

個人在其一生中會參加許多群體，如家庭、俱樂部、黨派以及其他各種組織。每個人在各個群體中的位置可用角色和地位來確定。不同角色和社會地位的消費者，具有不同的消費需要和購買行為，包括參加活動、興趣、需求、價值觀與意見。

二、消費者市場的分析

消費者在購買和使用產品或享用服務的過程中，所表現的各種行為與決策。依顧客的購買目的，可將顧客市場分成消費者市場和組織市場兩大類。組織市場可分為企業市場（營利）、政府市場、非營利組織市場。消費者市場的特質如下：

1. 購買數量少，購買頻率高，例：民生用品、零嘴、衣物等。
2. 衝動性購買遠多於計畫性購買，例：促銷鼓吹、灌迷湯。
3. 需求彈性隨價位而異：季節性產品、颱風天時、替代性高。
4. 購買者眾多、地域分佈廣闊、需求多樣化、間接購買透過中間商。

三、消費者購買決策

（一）個人因素

1. 動機（Motivation）

驅使人們採取行動以滿足特定需求的力量，如馬斯洛（Maslow）需求層級，馬斯洛的生理需求可能食物、飲料與普通衣物，自尊需求包括豪華汽車、頂級信用卡，乃至於自我實現需求，實現夢想，如公益活動、探險。在較低層的需求得到滿足後，人類會追求較高層級的需求。

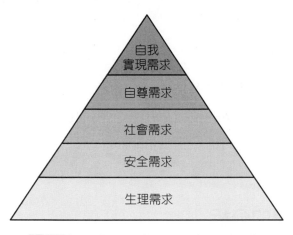

圖12-3　馬斯洛 （Maslow）需求層級

赫茲柏格（Herzberg）的雙因子理論（Two-factor Theory），雙因子理論包括保健因素（Hygiene factor）與激勵因素（Motivation factor）。例如員工未獲得薪資必定產生不滿足（保健因子）；但拿到薪資卻不一定滿意，還需有獎金、休假等福利（激勵因子）。

2. 知覺（Perception）

知覺是選擇、組織、解釋資訊的過程。選擇性注意（Selective attention），注意到特定少數資訊，消費者只記得部分資訊，例如：消費者應該不會記得多少昨天看到的廣告。業者提供的資訊與消費者需求或興趣應達到特定配合；選擇性曲解（Selective distortion）則是原有的認知或態度用來解釋某現象，可能會扭曲原意。

3. **學習（Learning）**

   (1) 經驗式學習：透過實際的體驗而帶來的行為改變，如使用試用品後而喜歡某品牌；或是在某商店內有不愉快經驗，從此不再光顧。

   (2) 觀念式學習：透過外來資訊或觀察他人而改變行為，看電視節目大略瞭解衛星導航系統的使用方式；或是觀察同學如何上網訂購電影票。

4. **信念（Brief）**

   消費者對企業或產品的信念，會形成企業形象或品牌形象，進而影響消費者態度、購買意願與行為，企業應該對消費者信念的形成與結果特別關注。

   案例：若「漢堡、炸雞、薯條都是高脂高熱量的食物，常吃有礙健康」的信念越來越普遍，相關業者就該思考因應之道。

5. **態度（Attitude）**

   指對特定事物的正反面評價。對於某個產品抱持良好態度時，消費者會在有意無意中過濾對這產品不利的資訊，或是正面解讀資訊。若對某個產品的態度不佳，消費者會過濾正面的資訊，甚至落井下石，誇大這產品不利的一面。

（二）社會文化因素

1. **文化（Culture）與次文化（Subculture）**

   文化是一個區域或社群所共同享有的價值觀念、道德規範、文字語言、風俗習慣、生活方式等。

   案例：節慶（農曆新年、中秋、中元、端午）影響消費者購買行為。

   次文化屬於特定群體的特殊文化。

   案例：桃園是泰國勞工聚集最多的縣市，縣府每年四月都會為泰勞舉辦潑水節。

2. **家庭（Family）**

   家庭開啟我們的社會化過程（Socialization process），學習與接受社會規範與價值觀念的過程。

   案例：鬼月不宜嫁娶、為了去霉運吃豬腳麵線。

3. 參考團體（Reference group）

對一個人的價值、態度、行為等有間接或直接影響的他人。如意見領袖（Opinion Leader），對某類產品有高度興趣或深入認識，並對他人在購買這類產品時有影響力的人。參考團體包括成員團體（同樣身份、直接影響）與非成員團體（不具同樣身份、間接影響）。

4. 社會階層（Social class）

反映社會地位的分群結構，同一個階層的人有類似的價值觀念、興趣、生活方式等。

(1) 上層：企業集團經營者、掌握龐大財富或社會資源者。

(2) 中上層：企業高級主管、專業人士。

(3) 中下層：中高級藍領、基層白領。

(4) 下下層：無業遊民。

5. 社會角色（Social role）

特定的社會情境中，受到他人認可或期望的行為模式。如應徵工作面試之前，挑選領帶或理髮，增加錄取的機會；母親節一定買蛋糕慶祝等。

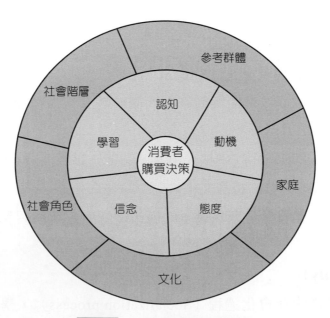

圖 12-4 消費者購買決策架構

四、購買決策

（一）例行性購買決策

消費者在日常生活中經常面臨簡單的決策過程，因為例行性購買容易，並不牽涉高度的經濟能力、心理或績效風險、發生頻率高、產品價格低。

案例：購買毛巾、牙膏等日常用品。

例行性購買決策流程如圖 12-5 所示。

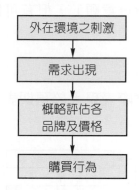

圖 12-5 例行性購買決策系統

（二）複雜性購買決策

複雜性購買決策通常有一定的步驟，如圖 12-6 所示。複雜性購買決策會一直循環進行，因此企業必須注意循環過程，否則將無法有效掌握忠誠顧客。

1. 需求認知

需求來自內在與外在刺激，內在刺激與生理、心理狀態有關，例如：口渴想喝水、特殊節日想大吃一頓。外在刺激受產品資訊、媒體廣告或他人談話影響。

案例：同學的手機品牌、電視名人廣告。

2. 資訊蒐集

資訊蒐集包括內部蒐集，如：記憶；外部蒐集，如：廣告文宣、銷售人員、產品包裝商業看板、店面櫥窗、店內展示，或是來自家人、同學、同事、鄰居與個人人脈。

3. 資訊分析與評估

方案評估受到以下三點影響：

(1) 產品屬性：產品的性質（天數、價格、特色等）。

(2) 屬性重要性：對以上屬性的重視程度。

(3) 品牌信念：相信個別屬性所能帶來的利益。

4. 購買行為

方案評估之後產生的「購買意願」，但有可能遇到不可預期與控制的情境因素，如現場缺貨。

5. 購後評估

購後行為滿意度產生，實際表現大於預期表現，顧客滿意，實際表現小於預期表現，顧客不滿意。

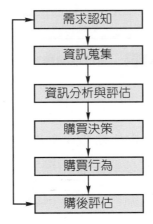

圖 12-6　複雜性購買決策

12-4 目標市場選擇

一、市場區隔化概念

隨著個人平均所得的增加及教育程度的提高，人們對消費多樣化的需求，快速明顯的出現，廠商根據某些購買者特性分類廣大的市場，再決定針對某群購買者提供產品利益或特色，例如：消費者頭髮特點而有不同的市場，如有頭皮屑、乾燥分叉的洗髮精。

目標市場行銷的作法是採取 STP 作法：

1. 市場區隔（Segmentation）：有哪些不同需求與偏好的購買族群？

2. 選擇目標市場（Targeting）：要經營哪一個或多個市場區隔？

3. 市場定位（Positioning）：如何將商品的獨特利益，傳遞給市場區隔中的顧客？

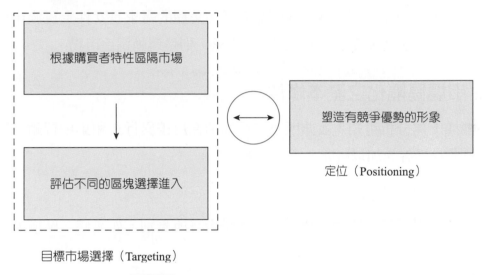

圖 12-7　目標市場行銷的作法 ： STP

二、市場區隔化

市場區隔化指市場中可能因消費者的特性而呈現不同質的情形，根據購買者特性區隔市場，評估不同的區塊選擇進入，塑造有競爭優勢的形象，以不同的行銷組合滿足不同的消費者。市場區隔化有三個基本策略：

（一）無差異行銷（Undifferentiated marketing）

將整個市場視為一目標群體，只利用一套行銷組合以滿足市場所有消費者的需要。消費者需求沒有很大的差異，該市場又稱大眾市場（Mass market）。

（二）集中行銷（Concentration marketing）

集中行銷係指企業在眾多目標市場中選定一特定消費群體，並設計一行銷組合以滿足目標市場的需要。廠商資源有限集中全力經營次要市場，該市場稱為利基市場（Niche market）。

（三）差異行銷（Differentiated marketing）

差異行銷係指企業將目標市場區隔為不同的小市場，以不同的行銷組合滿足目標市場的需求與特性。同樣是鞋子，美麗的需求是女性上班族市場，跳芭蕾舞的需求是舞者市場，而跑步的需求，則是運動選手市場。

三、市場區隔化之基本條件

根據上述分析可知，並非所有市場均須採用差異行銷和集中行銷，應對現有及潛在顧客先加以研究，考量因素以下：

（一）地理區隔變數

潛在市場所有消費者之特性與需求是否有所差別，如氣候、區域與城鎮規模與人口密度。

（二）人口統計變數

性別、所得、年齡、職業、教育與家庭生命週期，企業適當的行銷組合能夠真正接近目標市場。

（三）心理統計變數

包括人格特質、生活型態、價值觀與動機，指潛在市場之消費者可依其購買力或規模加以區隔的可能性。

（四）行為變數

包括追求的利益、時機、使用率與反應層級。企業公司所採用之行銷組合是否能真正吸引區隔市場的注意或採用。

四、目標市場行銷策略

區隔化的工作已為各企業所採用，越是成功的企業越能了解區隔化的真義，且能將之有效運用。市場區隔化的工作是目標行銷策略的一環。

（一）確認公司之市場定義

公司應依本身經營觀念、公司資源、經濟環境等情形，決定公司所欲面對的市場是何種市場。

（二）分析潛在顧客的特性與需求

分析潛在顧客的特性與需求可透過初級資料之調查及次級資料之收集，企業確認潛在顧客的特性與需求。

（三）確認區隔市場之基礎

這些區隔變數包括地理、人口統計、心理、和產品相關變數，並依據第二步驟的資料收集潛在顧客之特性與需求。

（四）界定及描述市場區隔

對市場區隔內個人或組織之特性與需求所做之描述，由於市場中可能存在不同特性與需求之潛在顧客，企業需要能夠明確加以界定及描述，適當進行市場區隔。

（五）衡量市場需求

區隔市場之需求足以符合公司的目標？若區隔市場之需求很小，對公司營運少有幫助，則公司實無須針對此區隔市場進行太多行銷努力，以免徒增行銷支出。

（六）分析競爭者之定位

消費者對選擇某特定品牌之產品特性、區分不同品牌之依據，係依據其產品屬性決定，分析競爭者之定位有助於公司了解競爭者在市場區隔中之地位。

（七）評估市場區隔

透過對市場區隔之評估來達成目的，包括對市場區隔大小與成長、市場區隔結構的吸引力、公司目標與資源等三項因素之評估。

（八）選擇市場區隔

當市場區隔符合企業的特性與需要，企業即可進行產品定位及行銷組合策略擬定。

（九）產品定位

　　進行產品定位時，產品地位之市場區隔引導至小市場區隔，而考量規模的大小是否符合企業需求，惟有市場區隔的消費者注重產品特性時，該市場區隔特色是企業的利基市場。

（十）決定行銷組合

　　行銷組合是產品定位策略的具體作法，企業選定目標市場及產品定位後，必須詳細研訂行銷組合細部內容，著手各項行銷活動。

12-5　行銷策略組合

　　進行促銷決策之前必須對行銷架構、環境的監控與管理、顧客需求與滿足加以探討然後能著手瞭解企業基本考量、實施推動方案，最後進行計畫評估，如圖 12-8 所示。

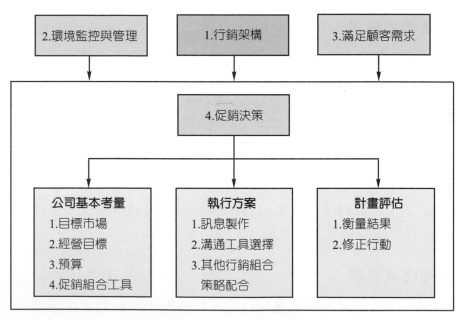

圖 12-8　整合性促銷管理模式

一、產品（Product）策略

廣義的產品是指任何提供給市場，滿足消費者某方面需求或利益的東西。產品策略的品質、包裝、品牌等均常在促銷策略中出現，尤其企業在推動新產品品牌時必須支付大量的促銷費用。

（一）產品組合（Product mix）與產品線（Product line）

產品組合是指企業內所有的產品，由多個產品線組成，如圖 12-9 說明個案企業牙膏、漱口水、牙粉與牙刷四個產品線。長度是指產品組合或產品線的產品數目，如牙粉產品線長度是 2。深度是指個別產品有多少種規格或樣式，白人超氟牙膏的深度是 3。

產品組合包括現有的產品線廣度與深度的增減，向上延伸（Upward stretch）是指高價、高品質的產品，向下延伸（Downward stretch）則是指低價、低品質的產品。擴增產品廣度與深度的原因，反映企業理念與策略，利用產能與其它內部資源、因應競爭情勢與配合消費者需求的變化。

產品線是由一群在功能、價格、通路或銷售對象等方面相關的產品所組成，產品線多寡依公司規模、經營產業特性等因素而異，如圖 12-9 說明個案企業牙膏、漱口水、牙粉與牙刷四個產品線，產品線的數目即為產品組合的廣度。銷售通路與功能相似之產品組合，產品線方面常見的相關決策是產品線延伸及產品線填補兩種產品。

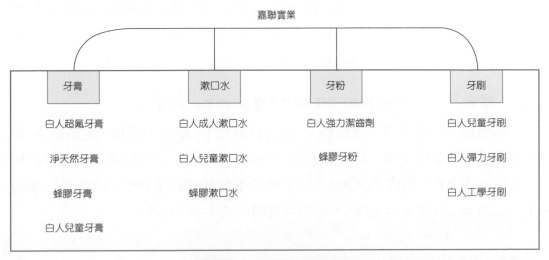

圖 12-9　產品組合與產品線

（二）品牌（Brand）策略

品牌名稱與品牌標誌（Brand mark）的組合，是否建立本身產品品牌，這是企業在品牌上所面臨的基本策略。從消費者角度，品牌的功能具有因產品種類繁雜，消費者藉由品牌濃縮資訊，濃縮資訊之後，讓消費者的購買決策省時省力，同時知名品牌在市場上的良好形象和信賴感，成為消費者心目中的品質保證。

（三）包裝（Package）

指產品容器和包裝紙之設計與製造。包裝的功能主要在於保護產品、傳達資訊、方便使用或攜帶與建立形象，推廣產品。包裝包括與內容物直接接觸的初級包裝（Primary package）、次級包裝（Secondary package）與運送包裝（Shipping package）。

二、定價（Pricing）策略

定價對產品在促銷活動上有直接衝擊性影響力。當企業欲以市場滲透方式快速取得市場占有率時，低價格策略是關鍵因素之一，價格（Price）的意義，狹義是為了取得產品所須付出的金額，廣義則是為取得產品的代價（如金錢、精力、時間）。

（一）成本加成（Markup on cost）定價

採取加成定價法（Markup pricing），如價格＝單位成本＋（單位成本 × 加成百分比），當單位成本 \$50、加成 20%，價格等於 \$50 ＋（\$50×0.2）＝ \$50 ＋ \$10 ＝ \$60，毛利＝售價－成本＝ \$10。

（二）售價加成（Markup on selling price）定價

如價格＝單位成本＋（價格 × 加成百分比），亦即，價格－（價格 × 加成百分比）＝單位成本，因此價格（1 －加成百分比）＝單位成本，所以價格＝單位成本 /(1 －加成百分比)，當單位成本 \$50、加成 20%，價格等於 \$50/ (1 － 0.2) ＝ \$50/0.8 ＝ \$62.5，毛利＝售價－成本＝ \$12.5。

（三）損益平衡定價法（Break even pricing）

找出損益平衡點（銷售額等於總成本，利潤為零），銷售量 × 價格＝固定成本＋（銷售量 × 變動成本），銷售量＝固定成本 /（價格－變動成本）。如固定成本 =$5,000、變動成本 =$20、價格 =$30，則銷售量＝固定成本 /（價格－變動成本）= $5,000/$10 = 500，銷售量為 500 個單位時，銷售額等於總成本，利潤為零；之後每賣一個單位，則淨賺 $10（價格－變動成本）。

（四）目標利潤定價法（Target profit pricing）

廠商可藉由預測價格與需求量之間的關係，並利用損益平衡分析，來訂定合適的價格，假設在 $30 的價格下，預計可賣出 1,500 單位，因而創造 $10,000（$10×1,000）的利潤，如果這利潤符合目標，則接受 $30 的定價，若不符合利潤目標，則嘗試調整成本或價格，預測新的需求量，以決定是否有更合適的價格水準。

（五）知覺價值定價法（Perceived value pricing）

以消費者對產品的知覺價值來定價，價位與知覺價值成正比，廠商通常設法強化產品的優良形象，以便提高產品的知覺價值與價格，炫耀性產品最適合採用這種方法。

（六）超值定價（Value pricing）

訂出比消費者預期還要低的價格，如零售市場裡常見的每日低價定價法（Everyday low pricing, EDLP），如：家樂福量販店不斷地強調「天天都便宜」。

（七）現行價格定價法（Present rate pricing）

價格和競爭者價格一樣，或保持一定的距離，價格水準反應產業內的集體智慧，不但讓廠商可獲得合理利潤，也可避免破壞同業間的和諧。

（八）競標定價法（Tender process pricing）

用在公開招標的採購方式，選擇競標價格最低的承包商或供應商。競標公司為了得標，必須預測競爭者的報價，以提出更低的報價。

三、推廣（Promotion）策略

通路策略當然對促銷組合有所影響，企業通路系統是經由較多階段的通路組合，則如何取得更多中間商的支持，對於促銷組合將具有相當的分量。例如銷售策略中之推與拉策略之運用，須配合促銷組合工具，推的策略依靠公司銷售力及各種促銷活動；拉的策略則是利用大量廣告及銷售促進方法。

四、通路與配銷（Place and distribution）策略

配銷通路（Distribution channel）是介於買方與賣方之間，專職產品配送與銷售工作的個人與機構所形成的體系。通路管理的工作與決策如下：

（一）決定通路目標

決定通路目標，必須考慮服務什麼目標市場、服務哪些地理區域以及提供何種服務水準。

（二）確定通路型態與選擇通路成員

通路合作夥伴可以是經三階通路，由批發商、中盤商、零售商到消費者，但亦可以採取零階方式，由製造商直接面對消費者，通路的整合方式，因產業特性不同，而有特定的通路型態。

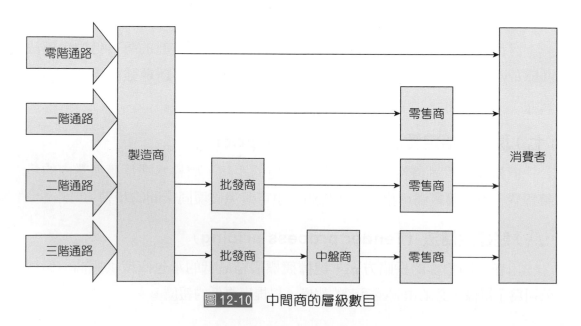

圖12-10　中間商的層級數目

（三）處理通路衝突，激勵通路成員

通路衝突的原因在於溝通不良，資訊傳遞錯誤或資訊不夠流通與透明，或是對某個現象或事實的看法不一致，如零售業者覺得景氣衰退，而減少貨品的採購，但製造商卻對景氣抱持樂觀態度，大量生產。

（四）評估通路成員

銷售配額達成度、平均存貨水準、客戶交貨時間、損毀與遺失貨物之處理、對促銷與訓練活動之合作與提供顧客之服務水準。

exercise 本章習題

一、填充題

1. 市場區隔化有三個基本的策略，分別是：＿＿＿＿＿＿＿、＿＿＿＿＿＿＿、＿＿＿＿＿＿＿＿＿＿。

2. 行銷環境大致可區分為＿＿＿＿＿＿、＿＿＿＿＿＿。

3. 四種行銷理念分別是：＿＿＿＿＿＿、＿＿＿＿＿＿、＿＿＿＿＿＿、＿＿＿＿＿＿＿。

4. 行銷策略組合（4P）有哪 4P？＿＿＿＿＿＿、＿＿＿＿＿、＿＿＿＿＿、＿＿＿＿＿＿。

5. 社會與文化環境對人們有什麼很大的影響：＿＿＿＿＿、＿＿＿＿＿、＿＿＿＿＿＿。

6. 消費者行為，社會與經濟因素，包含＿＿＿＿＿＿、＿＿＿＿＿、＿＿＿＿＿、＿＿＿＿＿＿。

7. 複雜性購買決策包含：需求認知、＿＿＿＿＿＿、＿＿＿＿、＿＿＿＿＿、＿＿＿＿＿、購買行為、購後評估六項。

8. ＿＿＿＿＿＿：對一個人的價值、態度、行為等有間接或直接影響的他人，如意見領袖（Opinion Leader），對某類產品有高度興趣或深入認識，並對他人在購買這類產品時有影響力的人。

9. ＿＿＿＿＿＿的基本定義係指市場中可能因消費者的特性而呈現不同質的情形，根據購買者特性區隔市場，評估不同的區塊選擇進入，塑造有競爭優勢的形象，並以不同的行銷組合滿足不同的消費者。

10. 集中行銷係指企業在眾多目標市場中選定一特定消費群體，並設計一行銷組合以滿足目標市場的需要。廠商資源有限集中全力經營次要市場，該市場稱為＿＿＿＿＿＿。

二、簡答題

1. 請說明行銷的意義及其內涵。

2. 請問行銷的演進分成那四個階段？重點又在哪裡？

3. 行銷的總體市場包含哪些？

4. 消費者購買決策包含哪二項？其流程如何？

5. 請說明市場區隔化的三個基本策略的內涵？

6. 市場區隔化的基本條件有哪些？

NOTE

CHAPTER 13
人力資源管理

學習目標

　　企業的核心競爭力，優秀而擁有不斷學習與創新的人力資源是重要關鍵之一，突顯了企業人力資源管理的重要性。人力資源管理的政策及作法，對企業的組織績效有正面的影響。

❖ 人力資源管理的意義。　　　　　❖ 激勵。

❖ 人力資源的規劃。　　　　　　　❖ 薪酬管理。

❖ 招募和遴選員工。　　　　　　　❖ 績效考核。

❖ 員工訓練與發展。

員工雇員

策略目標

教育訓練

人力優質

HRM
HUMAN RESOURCE
MANAGEMENT

員工招募

商業價值

獎勵報酬

IEM 個案

麥當勞人力資源策略

　　麥當勞是成功的全球性國際化組織之一，Ray Kroc 於 1955 年成立，它擁有超過 35,000 家零售店，每天為超過 7,000 萬客戶提供服務。麥當勞通過特許經營模式向全球擴張。

一、麥當勞的願景、使命和目標

　　使命、願景和目標定義組織的夢想。麥當勞的使命是成為顧客最喜歡的飲食基地。麥當勞的主要目標是在友好和有趣的環境中為人們提供美食，並尋求承擔社會責任，同時為股東提供最佳回報。

　　這些願景、使命和目標意味著麥當勞公司尋求在其員工（包括周圍社區、供應商、所有者和客戶）的基礎上取得成功，麥當勞在建立積極的客戶關係方面進行大量投資。由於目標和使命通過員工轉換內化，因此重視有效人力資源能力的發展。麥當勞的願景提供公司的前景。麥當勞願景是「通過提供 CQSV 卓越品質（Quality）、服務（Service）、清潔（Cleanliness）和價值（Value）的最佳手段，成為世界上最好的快餐店體驗，讓每家餐廳的每一位顧客都微笑。」顧客滿意取向為所有速食業所遵循的經營方針，麥當勞體認到營業

額是工作的方向，利潤是工作的目標，員工是工作的資源，顧客滿意更是唯一的工作，CQSV 令人信服且有力，足以構成對組織期望的未來狀態的鼓舞人心的看法。

二、麥當勞人力資源策略規劃

麥當勞全球的運營策略，根據其「雙贏計畫（Plan-to-win）」制定運營策略，主要圍繞提供卓越客戶體驗的需求而波動。Plan-to-win 戰略側重於產品、人員、地點、價格和促銷（5Ps）。結合 5Ps，麥當勞相信可以實現持續提升客戶體驗的使命，人力資源戰略包括人力資源準備、選拔、教育、績效和員工薪酬。

以員工為主要來源，通過改善體驗，確保客戶滿意度的戰略計畫中，麥當勞制定了有效的就業規劃策略。公司通過確保在人數和專業知識方面部署合適的人員，有最好訓練、最好生產力的麥當勞團隊，能夠在顧客滿意與員工滿意上，達成其企業目標。

確保最佳人才推動麥當勞成功的過程中，選擇構成組織人力資源戰略的重要組成部分。麥當勞經營的所有地區，都有大量的勞動力供應，麥當勞有效率地運用訓練投資，儘管它選擇技術嫻熟的員工來推動其盈利計畫，但它招聘的是非技術人員，對於麥當勞的投資人力，產生一定的效益，培訓和發展中投入組織資源，確保他們充分了解公司的宗旨、目標和使命。

三、結論

人力資源部門的目標是處理與員工有關的問題，職責包括培訓和發展、招聘和選拔、解決員工衝突、制定員工激勵策略和工作滿意度計畫，以及在製定薪酬計畫中發揮積極作用等，從而在組織、員工、客戶和其他利益相關者之間建立積極的工作關係。

麥當勞強調在正確的時間提供正確的訓練，訓練的價值在於對員工生產力的大幅提升，麥當勞的訓練也提供給加盟經營者，加盟經營者在麥當勞的系統裡佔有很大的部分，對加盟經營者的生產力，有很大的幫助。

13-1　人力資源管理的意義

　　人力資源（Human Resources），就是組織內所有與員工有關的任何資源而言，包括員工人數、類別、素質、年齡、工作能力、知識、技術、態度和動機等均屬之。人力資源是組織的主體、管理的核心，人力資源管理得當，組織運作才能上軌道，從而提升組織效能。

　　人力資源管理（Human Resource Management, HRM）指組織運用現代管理方法，對人力資源的四大主軸——獲取（選人）、開發（育人）、利用（用人）及保持（留人）等方面所進行的規劃、組織、指揮、控制和協調等一系列活動，最終達到實現組織發展目標的一種管理行為。

表 13-1　人力資源管理與人事行政或人事管理之差異

人力資源管理	人事行政或人事管理
1.策略性、指導性、動態性、積極性和整體性	1.作業性、事務性和靜態性
2.人力資源成本	2.人事行政：運作於政府機關的人力作業
3.人力資源投資	3.人事管理：企業機構的人力運用問題

13-2　人力資源的規劃

　　人力資源管理的出發點是從人力規劃（Manpower Planning）開始，避免不必要的人力浪費，達到組織之健全，人力資源得到最高的利用。人力資源規劃（Human Resource Planning）是指管理當局為確保組織能擁有適當數量、品質的人才，適時安置在適當職位上的一種過程，能夠有效地完成有助於達成組織整體目標的工作。人力資源規劃係對現在或未來各時間點企業之各種人力與工作量間的關係，予以評估、分析及預測，期能提供與調節所需之人力，並進而配合業務之發展，編製人力之長期規劃，以提高員工素質，發揮組織之功能。人力資源規劃可分成三個步驟：

一、評估現有的人力資源

首先評估其現有的人力資源狀況，是建立人力資源盤點（Human Resource Inventory），人力資源盤點報告列出公司內每位員工的姓名、性別、年齡、教育程度、經歷、訓練、語文能力及特殊技能等，按各欄位分類統計，盤點資料及報告可供管理當局評估當前可用的人才及技能。

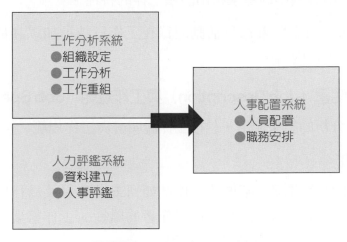

圖 13-1　人力盤點系統架構

（一）工作分析

人力資源盤點主要在使管理當局了解各個員工技能，進一步深入評估現有人力資源，就是進行工作分析（Job Analysis），經由工作分析程序，可了解每個工作所包含的內容、性質、責任及工作僱用條件，用於招募與徵選、薪資管理、訓練與發展以及工作執掌的釐清與劃分。

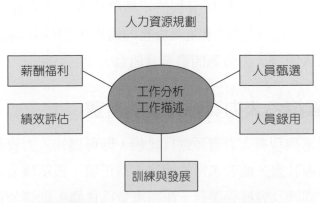

圖 13-2　工作分析在人力資源規劃角色

用來蒐集工作分析有關的資訊，有以下的方法：

1. **觀察法**：直接觀察或錄影拍攝實際工作流程。

2. **面談法**：單獨或分組和員工面談。

3. **問卷調查法**：使用結構化問卷，查核或評等其所執行的工作。

4. **技術會議**：由會議中的專家指出該項工作的特性。

5. **員工記錄法**：員工將其每日活動記錄在工作日誌，加以評估或是予以結構化，成為工作內容。

（二）工作說明書（Job Description）與工作規範（Job Specification）

根據工作分析的結果產出，包括工作說明書與工作規範。

1. 工作說明書

對每一個工作者實際應該做些什麼？如何去做？以及為什麼要做的一種書面說明。工作說明書內容包括工作者的職銜、工作摘要、特定責任、職務與活動、工作條件與物質環境等。

2. 工作規範

資格條件的說明，包括教育程度、經驗、訓練、判斷、創新能力、體力、技能、情緒特性，及特殊感官要求如視覺、嗅覺、聽覺等。

二、評估未來人力資源需求

企業在評估未來人力資源需求，要審慎考量公司的目標，達成組織目標所擬定的策略，及支持該策略所發展的組織結構等先決條件。例如門市人力資源的需求，經常來自顧客對產品或服務的需求，預估營業額作為基礎，評估要達成該項收入所需人力資源的數量及組合。

三、發展一套符合人力資源需求的計畫

對未來的需求與現有人力資源進行比較，即可獲知人力資源的淨需求量，發展一套人力資源計畫。倘若求得的淨需求為正值，表示該公司必須實施人才的招募、徵選、訓練及發展等業務。淨需求量為負值，則該公司應設法推動必要的人事調整，包括裁員、資遣、出缺不補等。

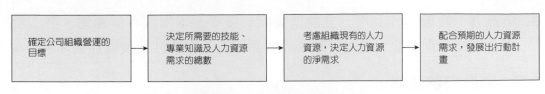

圖 13-3　人力資源規劃的程序

13-3 招募和遴選員工

一、招募（Recruitment）

　　招募是指企業機構為了尋找符合待補條件的人員，吸引他們前來應徵，並從中挑選出適合人員，且加以任用的過程。有效的員工徵選，必須能羅致合於工作要求的員工，並滿足組織當前與未來持續發展的需要。

　　員工徵選計畫與活動，依人力資源規劃和待填補的特定工作需求進行。員工徵選必須能吸引或找尋到合適的工作候選人，否則就不是成功的員工徵選。不管員工徵選是否依據現有的或新設的職位而進行，都必須確定工作需求，才能作有效的徵選活動，招募的步驟說明如下：

（一）擬定招募計畫

　　招募人才計畫，是一連串持續不斷的活動，不僅是人事部門的重要職責，亦涉到其他實際需求人力的部門。徵募人力計畫著需求的不同而內容有所不同，但其基本要求是達到人和事的配合，亦根據工作分析及工作評價的結果，確實做到因事設人，而非因人置事。

（二）尋求徵募途徑

　　徵募的途徑大致可分為三類：

1. **間接法**：報章雜誌、人力銀行刊登求才廣告。

2. **直接法**：(1) 直接向學校徵求人才；(2) 學校中的就業博覽會，直接和應屆畢業學生面談業獲得其履歷等資料，增進招募之效果；(3) 現職員工介紹、引用親屬或毛遂自荐，可以激發員工對機構之關切感忠誠心。

3. **第三者**：建教合作利用公立的就業職訓機構、學術或專業團體、勞工組織，以及社團組織。優點是較易尋找到優異的專業性及技術性人才。

（三）準備招募資料

招募組織資料必須能配合招募之目的，使招募人員確實是所需的人員，以下幾種常用的評估項目：

1. **職務說明書**：擬定職務之職責，簡要之敘述。

2. **所需資料條件**：包括 (1) 個人資料基本背景資料；(2) 分析的能力；(3) 技術能力；(4) 態度與需求；(5) 生理與心理健康狀況；(6) 價值體系。

3. **機關或事業概況**：採取小冊子方式編印，就事業之組織概況、員工人數、主要任務、近年來事業發展情形及今後的發展方向等簡要說明。

二、徵選（Selection）

徵選的目的，在於進一步獲得應徵者的詳細資料，使得企業能招募到最合適的人選。徵選是指從眾多應徵者中，選出最合適的人員擔任某項工作的過程。徵選之程序主要視企業規模、管理文化、工作種類及經營而有所不同。徵選應包含下列幾個步驟：

（一）建立徵選標準

根據工作規範或該職缺所規定的資格條件，作為選擇員工的依據，例如應具備的教育程度、工作經驗、人格特質或特殊專長技能等標準。

（二）決定考選日期與報名

考選日期牽涉企業用人時機的問題，考量產業特性及人力供應來源之淡旺季。(1) 直接報名：應徵者親自至企業報名；(2) 間接報名：通信或網路報名。

（三）審查資料

過濾掉不合要求的應徵者，節省招募的時間及成本。

（四）考試（測驗）

筆試測驗已成為被廣泛運用的客觀徵選工具，尤其是大公司公開對外招考，應徵者通常都必須通過基本的學科能力或專業科目測驗，有些公司則直接以面談代替，但有的大企業則口試、筆試兼顧，測驗之種類由各機構根據需求自行決定，測驗類型有成就與績效測驗（Achievement and performance test）、性向測驗（Aptitude test）、興趣測驗（Interest test）與人格測驗（Personality test）等四類。

（五）任用面談

目的在於輔助考試的不足，經由應徵者面談，可獲得許多筆試無法得到的訊息，從而作為是否錄用之參考資料。

（六）主管批示

人事部門雖然負責任用程序的工作，但經過面談程序後，須將候選人名單及各階段的成績資料，交給予該項職務的主管，批示並選擇適當人選，最後再交由經營者決定。

13-4 員工訓練與發展

是針對組織內員工所實施的一種再教育，企業促使員工學習與工作有關的知識與技巧，用以改進其工作績效，進而達成組織目標的人力資源管理措施。訓練是組織透過有計畫、有組織的方法，以協助員工增進其工作能力的措施。訓練的種類，分為下列各類。

一、職前訓練（Orientation training）

職前訓練或稱之始業訓練或引導訓練，實施對象為新進員工。對新進員工在進入企業之前，由主管教導其認識企業的組織，所應擔任的職務，相關工作單位及其他各種有關的權利義務之一切活動。職前訓練應使新進的員工瞭解該企業的產品或服務項目，以及其個人工作績效與企業的相互關係。職前講習包括：

1. **組織的職前講習（Organizational orientation）**：向所有員工介紹相關及感興趣的主題。

2. **部門及工作的職前講習（Departmental and job orientation）**：敘述專屬於新員工之部門及工作的主題，分別由兩個不同的層級來進行。

二、在職訓練（On the job training）

在職訓練由督導人員，或由專任輔導人員加以指導。在職訓練依實施目的，可分為補充知能訓練、儲備知能訓練、管理發展訓練等。

在職訓練目的在幫助員工更加認識組織，提供學習者工作知識與技能的機會，藉此發掘員工之才能，儲備人才，加強團隊工作效率。

三、職外訓練（Off the job training）

職外訓練就是為在模擬的工作情境中，其設備與條件和實際工作情境極為類似或完全相同的一種訓練。職外訓練重視訓練本身的教育效果，最適用於監督或管理人員的訓練。目的有的是在改進現職人員的工作效率，增進員工本身能力，未來擔任更重要的責任。

四、外界訓練（Outside training）

是委託外界機構代訓者，此稱為外界訓練。外界機構包括大學，或企業學校及專業訓練機構等。訓練內容視專業工作性質而定。

五、其他訓練計畫

就人員訓練而言，有些訓練是針對高級管理階層而設，稱之為高級管理人員訓練；有些為中級管理人員而設，稱之為中級管理人員訓練；有些為一般員工而設，稱之為領班訓練；有些訓練為學徒而設，稱之為學徒訓練。

13-5 激勵

　　激勵過程的第一步驟就是了解員工來到工作崗位上眞正的需求。探究員工眞正的需求，有人重視好顏面，有人渴望好成就，也有人希望能夠影響他人。需求將會導致緊張及不滿足，尋求解決之道，莫過於對準目標滿足其需求，則必能舒解該緊張與不滿足。有關這方面的研究討論，以馬斯洛（A. H. Maslow）的層次需求理論、麥奎格（McGregor）X 理論與 Y 理論和赫茲柏格（F. Herzberg）的雙因子理論最著名。

一、層次需求理論

　　馬斯洛所提出的層次需求理論（Hierarchy needs theory）。馬斯洛認爲人類存著一組複雜的需求慾望，其對人之重要程度，層級式地排列出來，需求層次理論可分爲五個層次，分別爲：

（一）生理需求（Physiological need）

　　維持個體生存及延續種族所需要的資源，和促進使個體處於平衡狀態，如食、衣、住行的滿足，需要運動、休息、休閒和睡眠等。

（二）安全需求（Safety need）

　　主要在免於害怕、焦慮、混亂、緊張、危機及威脅，使個體能在安全、穩定、秩序下，獲得依賴和保護。

（三）歸屬社會需求（Social need）

　　主要在被接納、愛護、關注、鼓勵及支持，避免孤獨、陌生、寂寞、疏離，使個體能成爲團體中的一份子，與他人建立親密的關係。例如：避免孤獨、寂寞、陌生，並進而成爲團體的一份子，與他人建立親密的關係。

（四）自尊需求（Self-Esteem need）

　　獲取或維護個人自尊心的一切需求，自尊需求分爲兩種，一爲成熟需求，二爲威望需求。前者指尊重自己，例如：相信自己有能力、有自信、獨立及勝任感。後者則指需要受人尊重，例如：有聲望、有地位、受人注意及受人賞識。

（五）自我實現需求（Self-Actualization need）

指完成個人目標、發揮潛能，充分成長，最後趨向統整的個體。例如：具接納自己、面對問題、自動自發的思考、富創造力、幽默感、民主價值等特質的人。

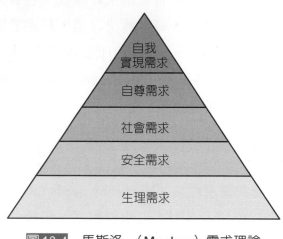

圖13-4 馬斯洛 （Maslow）需求理論

二、X理論與Y理論

麥奎格（McGregor）於 1960 年代提出 X 理論與 Y 理論之觀點，以對人性的假設比較為基礎，X 理論認為人們有消極的工作源動力，而 Y 理論則認為人們有積極的工作原動力。

（一）X理論的管理者

相信人的本性天生就是好逸惡勞、缺乏雄心、規避責任、喜歡被指揮、多數人應該以強迫、控制、指導及懲罰的威脅、促使他們努力、以達成目標。

X 理論反映出管理者對員工的不信任感，認為要讓組織目標與工作順利的達成，只好依賴制訂嚴格的紀律、採取強制、監督與懲罰等措施。

（二）Y理論的管理者

相信人在被鼓勵的情形下，會自願工作、承擔責任、具有潛力及創造力，以啟發方法激勵員工自我控制達到組織的目標。

Y 理論主張人們是具有良知的，只要組織提供合適的工作環境，一般員工都會努力地工作；如果組織採取正確的激勵措施，員工不僅會自我約束，更會主動發揮潛能完成任務。

三、雙因子理論

赫茲柏格的雙因子理論，即一為保健因子（Hygiene factor），另一為激勵因素（Motivation factor）。工作「滿意」都與「工作內容」有關，這些因素為激勵因子，激勵因子使員工滿意其工作。工作「不滿意」多發生在與工作相關的「情境」因素上，這些因素為保健因子，它可以防止員工不滿意。茲分述如下：

（一）保健因子

它能維持員工工作動機於最低標準，使組織得以維持不墜的因素而言。當這些因素在工作中未出現時，會造成員工的不滿；但有了這些因素也不會引發員工強烈的工作動機。亦即保健因子只能維持滿足合理的工作水準而已。這些因素之所以具有激勵作用，乃是若它們不存在，則可能引發不滿。

保健因子包括：公司政策與行政、技術監督、個人關係、工作安全、薪資、個人生活、工作條件和個人地位等。這些因素基本上都是以工作為中心的，是屬於較低層級的需求。

（二）激勵因子

指某些因素會引發員工高度的工作動機和滿足感，亦即可提昇員工工作動機至最高程度的因素。但這些因素如果不存在，也不能證明會引發高度的不滿。由於這些因素對工作滿足具有積極性的效果。

激勵因子包括成就、承認、升遷、賞識、進修、工作興趣、個人發展的可能性以及責任等，這些因素在需求層級論中，是屬於高層級的需求，基本上是以人員為中心的。

13-6 薪酬管理

薪酬管理（Pay management）是將薪資制度做合理地制定，並有系統地實施、調整及管理的過程。付給員工的薪資酬勞，或稱為薪酬（Compensation）。薪酬是組織對員工提供服務所給予的酬償（Reward），分為：

1. **內在酬償（Intrinsic reward）**：參與決策、較大的責任及成長機會等，引起員工自發性感受到被酬償的誘因。

2. **外在酬償（Extrinsic reward）**：金錢、福利、好的工作環境及其它實體的報酬誘因。

一、目的

（一）安定其服務

員工一旦經由任用，依規定為企業服務，企業為酬庸員工服務，必然提供員工薪酬，答謝貢獻與辛勞。

（二）安定其生活

員工努力工作之目的為安定其個人與家庭生活，維持生活之所需，薪資的報酬，能夠讓員工更安心地為組織服務。

（三）維護其地位

員工工作的目的，不僅在保持其一定的生活水準，更重要的乃在維護相當的社會地位，以及獲得應有的尊重。

（四）滿足其需求

薪酬資給付不僅為員工帶來地位的肯定，更能滿足其生理與心理上方面的需求，在心理上有安定感，進而達成高成就需求的滿足。

二、內容

（一）報償（Compensation）

員工以勞力換得的所有外在報酬，由基本薪資或薪俸、獎勵或紅利，以及福利所組成。

（二）薪資（Pay）

它僅與員工以勞力換得的真實貨幣有關。

（三）基本薪資或薪俸（Base wage or salary）

員工以其工作換得的每小時、每週或每月的薪資。

（四）獎勵（Incentives）

基本薪資或薪俸外所提供的報酬，直接與績效相關。

（五）福利（Benefits）

員工在組織中的職位而獲得的報酬。

三、工作評價

工作評價（Job Evaluation）是以系統方式決定組織內每一個工作的相對價值，是規劃薪資結構時最重要的步驟，也是薪資管理的基礎。

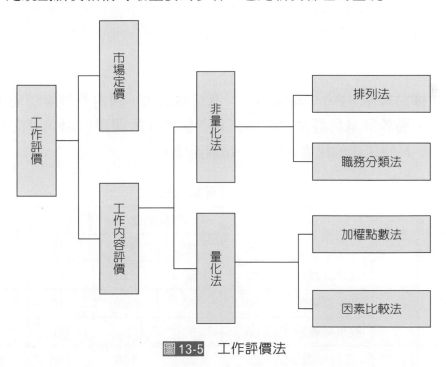

圖 13-5　工作評價法

（一）市場定價法

工作的市場比率與價格，訂定一個工作的薪資率，即所謂的「行情」，透過市場調查的方法決定滿足外部公平的原則。市場定價法簡單而容易，但缺點在於無法充分考慮到經濟條件、企業規模及其它變數，而且需假設所有企業的同類型工作的薪資都是固定的。

（二）工作內容評價法

1. 非量化法

(1) 排列法（Ranking method）：根據各項工作責任、難易程度而將所有工作價值由高至低依次排列，並分為各種等級來排列比較，適用於工作性質單純、種類不多的職務。

(2) 職務分類法（Job classification method）：事先定出排名間的差異程度。職務（工作）分類法是以工作的可報酬因素（Compensable factors）中之共同因素，如責任、能力、知識、經驗等的程度，將組織內所有工作分成約 5 ～ 15 個等級，再將等級排列比較得出等級說明書。

2. 量化法

(1) 加權點數法（Point method）：或稱點數法，國內外最廣泛使用的方法，屬於計量的評價法，將公司各種工作的關鍵性因素分配加權指數，再將工作的總權數值逐一比較而成。

表 13-2　加權點數法

因素	權重	次因素	點數範圍				最大權數
			1級	2級	3級	4級	
責任	1	公司經營	40	80	120	160	360
		他人管關係	30	50	80	110	
		股東與顧客	20	50	70	90	
技能	2	工作知識	35	70	105	140	260
		工作經驗	20	40	60	80	
		教育程度	10	20	30	40	

因素	權重	次因素	點數範圍				最大權數
			1級	2級	3級	4級	
努力	3	肢體的	20	40	60	80	240
		心智的	40	80	120	160	
工作環境	4	工作狀況	20	40	60	80	140
		危險性	15	30	45	60	
總點數							1,000

(2) 因素比較法（Factor comparison method）：類似加權點數法與排列法的結合，等級改為以金錢為尺度的薪級，比較工資所有工作得出工作因素權重，先選出公司內部若干代表性工作，並確定工作評價標準所需的各項因素，再將各項因素根據所選定的工作加以排等。

表 13-3　因素比較法

工作 ＼ 可酬因素	知識	責任	經驗	工作環境
廠長	3	1	1	4
課長	2	2	2	3
助理	4	3	4	1
作業員	1	4	3	2

13-7 績效考核

　　績效考核（Performance Appraisal）指主管或相關人員對員工的工作，作有系統的評價而言。績效考核可以作為人員晉升異動與薪資管理的依據，同時也可以瞭解員工未達成考核標準原因，透過各種教導以及訓練課程的規劃，開發組織的人力資源，進而增進組織的工作績效。

一、目標

（一）作為改進工作的基礎

員工明瞭自己工作的優點與缺點，能提升員工工作的滿足感與勝任感，使員工樂於從事該項工作，幫助員工愉快地適任其工作，並發揮其成就。

（二）作為升遷調遣的依據

提供管理階層最客觀而正確的資料，員工升遷調遣的依據，並達到人適其職的理想。

（三）作為薪資調整的標準

釐定調整薪資的基準，具有優良績效，中等績效或缺乏績效的員工，分別決定其調整的幅度。

二、績效考核方法

好的績效考核方法應具有普遍性，可鑑別出員工的行為差異，使考核者以最客觀的意見做評估。目前組織所採用的績效考核方法。

（一）常模參考型評估

員工績效評估最基本的問題是「誰是本單位表現最佳者？」、「如果要裁員時，應該是誰？」或「誰該做什麼？」如果要回答這些問題可採用常模參考型評估表，它可由最佳者開始依序排列員工表現。

1. 評等量表法（Rating scale）

最常見的績效考核方法。是評定每位員工所具有不同特質之程度。它的型式有二：

(1) 圖表評量表（Graphic rating scale）：以一條直線代表心理特質的程度；評定者即依員工具有的心理特質程度，直線上某個適當的點打個記號，即可得到評定項目的分數。

(2) 多段評等量表（Multiple-step rating scale）：各種特質的程度分為幾項，且在各項特質的某個程度打個記號，然後將各特質的得分相加，個人工作的總分。

2. **員工比較系統法（Employee comparison）**

(1) 等級次序系統（Rank-order comparison system）：實施考核時，先由考核者加以評等，然後再排定其次序。

(2) 配對比較系統（Paired comparison system）：該法是相當有效的績效評估方法。程序是準備一些卡片，每張卡片上寫著兩個被考核者的姓名，每位被考核者都必須與其他一位配對比較，考核者自卡片上兩個姓名中選出一位比較優良者。

(3) 強制分配系統（Forced distribution system）：是將被考核的人數採用一定百分比，評定總體工作績效，偶而亦可應用於個別的評等。應用此法時，需將所有員工分配於決定的百分比率中，如最低者為百分之十，次低為百分之二十，中級者百分之四十，較高者百分之二十，最高者百分之十。

（二）行為型評估

1. 書面評語法

是最簡單的評估方式，即是寫一份敘述性文字，說明員工的優點、缺點，過去的表現和潛力，並且提供改善建議。評估的結果，除了員工實際的績效表現之外，可能也會受到評估人員的文字運用能力所影響。

2. 重要事例技術

是由監督人員記錄員工的關鍵性行為。當員工做了某種很重要、具價值或特殊行為時，監督人員即在該員工的資料中做個記錄。關鍵性行為，包括特質環境、可靠性、檢查與視導、數字計算、記憶與學習、綜合判斷、理解力、創造力、生產力、獨立性、接受力、正確性、反應能力、合作性、主動性、責任感。

3. 評等尺度法

最普遍的一種評估方式，依據各種評估構面來設計，如工作績效、人格特質等。工作績效相關因素如工作品質、工作量、工作知識等；人格特質可包括積極性、獨立性、成熟度及可靠性等。

4. 行為依據評等尺度法

結合了重要事件法與評等尺度法的主要成分，評估者依據某些項目，在一個數量尺度上為員工評等，但其項目都是某一個工作中實際行為的例子，而非一般性的特質描述。

（三）產出基礎型評估

以產出為基礎是在評估員工的實際產出，是否達到公司所要求的標準，也就是對員工實質有形產出進行評估，常見的方法有下列四種：

1. 目標管理法

評估管理者和專業員工的較佳方式之一，原因是可激發員工潛能，群策群力達成目標。不但重視個人心理需求的滿足，並能兼顧企業追求生存、成長、利潤、穩定等基本目標。

2. 績效標準評估法

與目標管理機制類似，直接衡量績效的好壞，通常用在評估管理者。所謂「標準」就像「目標」一般，亦須要具有明確、可驗證等特色。與目標不同的是標準通常有很多項，並且較目標更詳細。可以為各個不同的標準，訂定權數，當每項標準分別評分後，將得分再乘以權數，最後加總所有得分。

3. 直接指標評估法

除了評估員工的績效之外，還要評估其他準則，如生產力、缺勤率及流動率等。經由部屬的缺勤率及流動率評估一位管理者的績效，而非管理者則由其生產力及工作品質衡量。

4. 貢獻記錄法

用於評估專業人員，尤其是針對「記錄代表一切績效」或是很難訂定標準的專業人員。貢獻記錄法是由專業人員依據相關工作構面，將自己完成的一切工作，登錄在貢獻記錄表中，再由主管查核記錄的正確性，然後由外界專家組成評估小組評估貢獻的整體價值。

13-8 員工福利與服務

員工福利廣義的定義，包括工資、獎金、工時、童工、女工、工會組織、安全衛生、災害補償、職工福利、康樂活動、就業輔導、勞工保險、教育訓練、輔建住宅、退休撫卹、家計調查等，凡能改善生活，提升生活情趣，促進身心健康者均屬之。說明如下：

一、經濟性福利

員工提供本薪資和有關獎金以外的經濟性服務而言。此種服務可使員工得到實質的金錢利益，含有與薪資相近似的意義。此種福利包括：(1) 互助基金，由公司與員工共同捐獻；(2) 退休金給付，由公司或公司員工共同負擔；(3) 團體保險，包括壽險、疾病保險、住院與手術保險；(4) 員工疾病與意外給付；(5) 婚喪補助、生育補助；(6) 分紅入股、產品價格優待；(7) 公司貸款與存款優利計畫；(8) 撫卹、家屬補助、獎金等。

二、娛樂性福利

員工供社交性和康樂活動，增進員工身心健康的福利措施。包括：(1) 舉辦各種球類活動及提供運動設備；(2) 社交活動事項；(3) 文化藝術活動；(4) 特殊性活動。

三、設施性福利

指企業有感於員工的日常需要，提供其便利與服務的福利措施。福利包括：(1) 保健醫療服務，如醫院、醫務室、特約醫師、體檢等；(2) 住宅服務，如供給宿舍、代租或代屋子修理或興建等；(3) 公司食堂及餐廳；(4) 設立福利社，供應廉價的日用品、折扣優待；(5) 教育性服務，如設立、托兒所、幼稚園、進修訓練班等；(6) 提供法律與經濟諮詢；(7) 供應交通工具，如交通車；(8) 製發制服或工作服。

exercise 本章習題

一、填充題

1. 人力資源管理的出發點是從＿＿＿＿＿＿開始，如此才能避免不必要的人力浪費，求得組織之健全，使人力資源得到最高的利用。

2. 管理當局首先評估其現有的人力資源狀況，通常的作法是建立＿＿＿＿＿＿，報告列出公司內每位員工的姓名、性別、年齡、教育程度、經歷、訓練、語文能力及特殊技能等，各欄位分類統計，這些資料及報告可供管理當局評估當前可用的人才及技能如何。

3. 人力資源盤點主要在使管理當局了解各個員工能夠做什麼？要更進一步深入評估現有人力資源，就是進行＿＿＿＿＿＿，可了解每個工作所包含的內容、性質、責任及某項工作需要僱用何種條件的人員，用於招募與徵選、薪資管理、訓練與發展以及工作執掌的釐清與劃分。

4. 公司完成人力資源規劃，同時又確定所需要招募人選的質與量之後，下一步即是進行＿＿＿＿＿＿，也就是找尋、確認並吸引適當求職者前來應徵的過程。

5. ＿＿＿＿＿＿（Orientation training）或稱之始業訓練或引導訓練，其實施對象為新進員工。它乃為對新進員工在進入企業之前，由主管教導其認識企業的組織，所應擔任的職務，相關工作單位及其他各種有關的權利義務之一切活動。

6. ＿＿＿＿＿＿依其實施目的，可分為補充知能訓練、儲備知能訓練、管理發展訓練等。其目的在幫助員工更加認識組織，提供學習者工作知識與技能的機會，藉此發掘員工之才能，以儲備人才，藉此加強團隊工作效率。

7. ＿＿＿＿＿＿為人力資源管理的一環，是將薪資制度做合理的制定，並有系統地實施、調整及統制的行為。付給員工的薪資酬勞，或稱為薪酬（Compensation）。

8. ＿＿＿＿＿＿是指主管或相關人員對員工的工作，做有系統的評價，績效考核可以作為人員晉升異動與薪資管理的依據，透過各種教導以及訓練課程的規劃，進而增進組織的工作績效。

9. _____ 係對每一個工作者實際應該做些什麼、如何去做,以及為什麼要做的一種書面說明。大多數工作說明書內容包括工作者的職銜、工作摘要、特定責任、職務與活動、工作條件與物質環境等。

10. _____,或稱之始業訓練或引導訓練,其實施對象為新進員工。它乃為對新進員工在進入企業之前,由主管教導其認識企業的組織,所應擔任的職務,相關工作單位及其他各種有關的權利義務之一切活動。

二、簡答題

1. 請說明人力資源管理的意義。

2. 請說明人力徵募的步驟重點。

3. 請問企業的遴選員工程序主要分為哪幾個步驟?

4. 請問企業支付員工薪資的目的有哪些?

5. 請說明績效考核的目的以及方法?

6. 有關訓練的種類,可分為哪幾類?

7. 請說明馬斯洛的層次需求理論。

8. 請解釋赫茲柏格的雙因子理論。

NOTE

CHAPTER 14
分析與設計

學習目標

　　工業工程整合資訊科技（Information Technology, IT）技術提升生產力，一項不可缺失的改善工具之一，全盤的瞭解系統分析與設計有其必要性。本章首先說明何謂資訊系統及其架構，進而探討系統的分析與設計，分成三大部分，亦即：

❖ 系統輸出設計。
❖ 系統輸入設計。
❖ 系統發展。

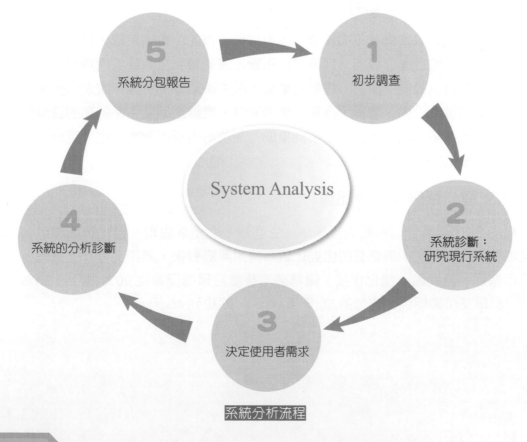

系統分析流程

智能工廠，深度融合自動化與資訊化，實現內外互聯的智能製造場景

三大集成　成就業內首家智能工廠

精藝塑業有限公司（簡稱「精藝」）創立於 1999 年，專業為化妝品、醫藥保健等行業提供真空瓶、乳液瓶、膏霜瓶等高檔包材，同時提供絲網印刷、燙金、貼標等服務，是一家集設計、開發、生產於一體的專業化妝品包裝的生產型企業，客群包括百雀羚、韓後、珀萊雅、聯合利華、寶潔等在內的眾多大陸以及國際知名品牌。

精藝早已從單一產品配件擴展到整套產品，更積極將產品線從護膚擴展至彩妝領域。在整個注塑行業的生產運作由勞動密集型轉向技術密集型，由純手工作坊式轉向自動化、無人化生產模式的背景下，精藝借拓寬多元化的產品結構，尋求建立大規模智能化生產能力的契機。「投入做智能生產，就是希望我們的產品能有更高的附加價值，在市場開拓上更具競爭力。」2014 年，精藝開始按照國際工業生產自動化標準投資規劃新廠。

智能工廠正通過實施「三大集成」逐漸實現：首先，縱向集成，打通從設計研發到生產出貨的各運作單元，實現由控制層、運營層到企業層的網路化、資訊化集成，消除資訊孤島；第二，端對端集成，以生產訂單為主線，實現研發、工藝、生產、品質、設備、物料、行銷的業務協同，實現產品全生命週期的資訊化閉環以及全產業鏈可追溯；第三，橫向集成，在企業內部複製智能化，實現企業集團化、標準化、透明化運營。

資訊化支撐　聚焦交期與品質

藉由 ERP 資訊管理系統從行銷端、生產端、財務端實現一體化資訊集成，實現賬實同步；其次，與精藝的自動化廠商博眾無縫對接，無論生產計畫還是生產執行過程，軟硬體一體化銜接。讓精藝的整體訂單達交率從 90%提升至 95%以上，訂單交付週期也從之前的 55 天到 60 天，縮短到 45 天。

軟硬體融合　實現生產數據完整交互

　　由 T100 派發工單給 MES，MES 派發生產指令單，通過參數的設定，轉化到設備上去，同時複製工單後開工，設備便開始進行生產。這過程中包材自動送入，物料箱自動送入，產品自動擺放。整個環節包括生產資訊、產品品質各方面的數據都處於即時監控之下，並即時收集與回饋至 T100 或 MES 系統中，實現真正少人化、數位化的智能生產場景。

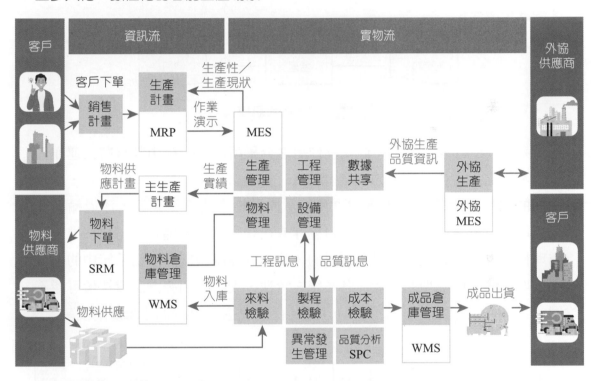

大數據分析　智能轉型下一哩路

　　生產現場通過生產進度即時看板、機臺稼動即時看、良率分析看板，能即時統計、監測並回饋廠區關鍵生產線上的生產工單資訊、工單工時效率、自動檢測資訊，這些都被結合整廠數據看板與智能分析手段的運用，即時監控整個廠區作業全程數據，精準判斷廠區運作狀況與效率。

參考資料來源：鼎新電腦

14-1 資訊系統概述

資訊（Information）是因為資料經過搜集、儲存，在某一時點上，符合使用者的需求，例如：透過一套處理程序而產生，期望有助於決策。資料的搜集儲存，必須要投入成本，例如：資料收集時的人工程本、儲存時設備及維護的成本等。在收集資料時，必須要考慮，資料能否提供現在或未來有用的資訊，因應企業各階段管理者的需求，提供他們做為決策時的依據，資訊才能產生效益。

圖 14-1　基本的資訊模式

系統（System）是由一群交互作用之分子所組成，經由其整體之運作而達成其特定之目標。系統的要素有輸入、處理、輸出、控制、決策者，以及面對的環境六大部分，如圖 14-2 所示。由環境中的資訊來源，透過輸入單元獲取外界資訊，經過處理後加以儲存或在存取舊有的儲存資料檔案進一步處理後加以輸出，完成資訊系統目的，並透過控制機制回饋給系統中的決策者，增進輸入與處理的效能。各系統之特性、大小、開發方法或技術可能不同，「系統分析與設計」之過程，可歸納出一些基本共同的步驟或階段。

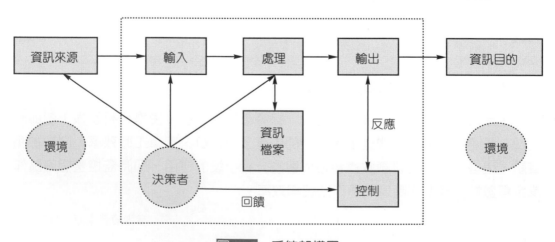

圖 14-2　系統架構圖

系統是由電腦、硬體、軟體、電腦專業人員及作業程序等要素所組成的一種組織體，藉由這個組織體的運作，達成獲取資訊的目的。因此資訊系統（Information System, IS）定義為「利用電腦設備從事資料之收集、整理、儲存、傳送等之作業」，目的是提供給系統使用者有意義與有價值得資訊，做為其經營分析與管理決策的應用或參考。IS 在組織中能夠收集、處理、儲存、傳播資訊以支援決策制定、協調、控制、分析問題、具像化複雜事物與創造新產品的相互關連的元件（Component）。

資訊系統的目的是在適當的時機，提供適當的資訊，給適當的人員，以便協助決策制定，解決問題。資訊科技的日新月異，應用的普及和經營環境的競爭，使得有效的掌控與應用資訊已成為企業成敗的重要關鍵因素之一。為能有效管理與應用資訊，以支援組織的經營管理和決策需求，各種資訊系統乃應運而生，如交易處理系統 （Transaction Processing System, TPS）、管理資訊系統（Management Information System, MIS）、決策支援系統（Decision Supporting System, DSS）或是專家系統（Expert System, ES）等。

一、交易處理系統

企業商業活動過程中的資料電子化。交易處理系統最主要的功能是處理大量的日常作業資料。發展交易處理系統是以企業的作業程序為對象，將作業程序的每個步驟電子化，並將每個步驟所處理的資料記錄至資料庫中。

二、管理資訊系統

交易的原始資料轉換為有意義的格式。管理資訊系統是以交易處理系統所處理的資料為基礎，將作業資料彙總成組織中各階層管理者所需的資訊以利管理者做決策。管理資訊系統就是交易處理系統加上管理性的資訊。

三、決策支援系統

協助決策者作決策，系統以互動方式與決策者互動。決策支援系統由資料庫、模式庫與對話子系統組成。

四、專家系統

專家的經驗融入資訊系統中。專家系統企圖將專家的知識存放到電腦，協助非專家做出如專家般品質的決策，專家系統較特殊的點，是以推論而不是計算的方式得到結論。專家系統由知識擷取子系統、知識庫、推理引擎、解釋子系統與對話子系統組成。

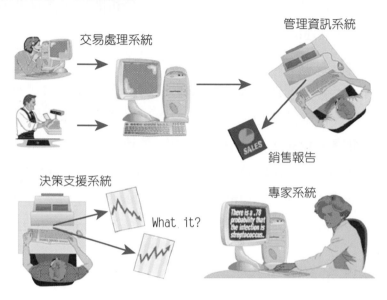

圖 14-3 TPS、MIS、DSS 與 EIS 之資訊系統

14-2 系統分析

一、系統

系統（System）是指在一個企業中，為達成一個共同的目的，將一連串相關的商業流程串連在一起。系統必須存在組織環境中，系統亦有範圍的，系統有九大特色，包括：(1) 由各元素組成；(2) 元素互有關連；(3) 界限；(4) 特定的目的；(5) 適用於某一個環境；(6) 系統包含各種不同之介面；(7) 條件限制；(8) 具備輸入；(9) 具備輸出。與系統相關之重要觀念如下：

1. 開放式系統（Open system）：系統與其環境之間可自由地互動。

2. 封閉型系統（Close system）：系統不會受其環境影響產生任何改變。

3. 系統分解（Decomposition）：系統細分成一些元件。

4. **模組化設計（Modularity）**：分解系統制式化，以利重新設計、組裝或系統改造時予以再利用。

5. **耦合性（Coupling）**：系統元件間之相關強度，相關度愈低愈好。

6. **內聚強度（Cohesion）**：每一系統元件其處理機能應予單純化。

　　系統邏輯機能描述強調具備何種（What）機能（Function），不涉及如何建置（Physical implementation）。系統分析就是調查、研究系統的需求與實際作業狀況，探討其問題癥結所在，然後研討、評估使用電腦處理的各種可行方案，從中找出最佳的方案，建立電子資訊系統的準則。

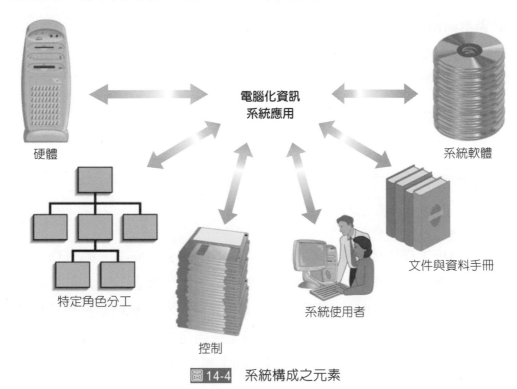

圖 14-4　系統構成之元素

二、系統分析

　　系統分析（System Analysis, SA）目標是透過開發應用軟體以改善組織的運作效率，並訓練內部員工有效運用此應用軟體，開發出之應用軟體（或稱系統），目的在於支援組織上的功能或流程。系統分析階段在於選擇一個最佳目標、針對目標製作完整且詳細功能說明文件，作為評估建置工作達成目標的標準、精確預估達成目標的相關因素（如成本、效益、時程表、績效等）以及協調有關部門對上述相關項達成協議。

分析（Analysis）根據系統的特性及各種操作上的限制條件，發展出適當的分析模式和技術，應用這些模式和技術發展出各種解決問題的可行方案，加以評估以提供高階管理階層進行決策選擇之參考。SA 通常是研究某些工商業電腦化的功能，作為後繼階段作業的依據，包括以下的階段。

1. 決定需求的來源

(1) 收集必要資訊。

(2) 既有的文件及檔案。

(3) 電腦報表上的資料。

2. 將需求結構化

(1) 流程塑模。

(2) 概念式資料模型。

3. 可行性方案的產生

14-3 系統設計

系統分析工作完成以後，接著進行系統接合（Synthesis）的工作，「接合」將分解後的事務重新加以組合的意思，系統的「接合」就是指「系統設計」（System design, SD）。系統設計，是由系統分析師根據系統分析結果，研究規劃以電腦為工具的新作業系統，新系統除了要符合使用者需求外，並且要比現行系統更有效而理想，系統設計的主要工作項目與程序如下：

一、工作程序

1. 覆閱系統分析報告與指派工作：進行系統設計前，系統分析師需先稽核系統分析報告，再指派工作給有關人員。

2. 輸出設計（Output design）：規劃設計輸出報表及畫面之規格、內容等。

3. 資料檔或資料檔設計（File or date base design）：規劃設計資料檔案檔或資料庫之組織結構、內容等。

4. **輸入設計（Input design）**：設計輸入方法、輸入資料內容及原始憑證格式等。

5. **通信設計（Communication design）**：遠距資料通信及網路系統傳輸的方式等。

6. **處理設計（Process design）**：新系統的作業流程與方法、提共軟硬體需求。

7. **系統控制設計（System control design）**：設計各種控制方法，確保系統的正確性與可靠性。

8. **檢討**：檢討所設計之系統是否符合使用者的需求與目標。

二、工作項目

（一）系統輸出設計

1. 輸出設計的目的

(1) 系統輸出的內容，什麼資訊方能滿足系統的需求。

(2) 系統輸出的媒體，應使用什麼媒體、輸出設備。

(3) 系統輸出的格式，什麼格式方能把資訊有效的表達。

2. 輸出設計的基本要求

(1) 輸出報表紙或螢光幕之內容應清晰、正確而簡便。

(2) 各種報表紙或畫面均應標註表頭、日期及頁數，易於了解。

(3) 選用合適的媒體。

(4) 資料之編排應合乎邏輯。

3. 輸出設計的步驟

(1) 確定系統輸出的需求。

(2) 選擇系統輸出的媒體。

(3) 輸出報表格式的設計。

(4) 螢光幕畫面格式的設計。

(5) 輸出報表的處理方法。

（二）系統輸入設計

1. 確定應輸入的資料項目即及來源

確定輸入資料項目就是要決定應輸入什麼項目，方能產生所需要的資訊。為確定輸入的資料項目，系統分析師必須將整個系統的所有「報表分析單」、「資料字典」及「檔案格式」等加以分析。輸入資料項目確定後，探討這些輸入資料項目的資料來源。大部分的輸入資料都必須由原始憑證中取得，有時只需從一種原始憑證輸入取得，將其建立於表格（Table）中，當需要這些資料時，可直接從表格中尋取，一方面可簡化資料的輸入，另一方面可加快輸入速度。

2. 選擇資料登錄方法

原始憑證上之資料，通常均無法直接輸入電腦處理，且其所記載之文字亦可能不適合輸入電腦處理，原始憑證上之資料，必須利用資料登陸設備（Date Entry Devices）轉換成媒體型態上之資料或數位資料，然後電腦才能加以處理。電子資料處理系統所常用的資料登錄陸設備，可分為下列六大類：

(1) 打卡機及驗卡機（Keypunches & Verifiers）。

(2) 磁帶登陸機（Key to Tape）。

(3) 磁碟登陸機（Key to Disk）。

(4) 光學字符閱讀機（Optical Character Reader, OCR）。

(5) 終端機（Terminals）。

(6) 銷售點終端機（Point of Sale terminal, POS）。

3. 代碼設計

由於項目繁多，資料處理的對象中，分類又極複雜，為瞭解每一項目本身的特性與相關項目之關係，利用一組字元取代原來項目的名稱，這樣的一組字元就叫做代碼（Code）。

4. 原始憑證格式設計

原始憑證（Source document）係指交易發生時的原始資料表單，例如購物時統一發票，請假時之請假單及訂購貨品之訂購單。因原始憑證是輸入資料的來源，品質可直接影響資訊系統的成敗，系統分析師應妥慎予以規劃設計。

5. 輸入媒體格式設計

原始憑證資料轉錄於儲存的格式，此格式必須要能方便鍵入人員資料，設計方法如下：

(1) 資料的存放順序

資料在媒體的存放順序應與原始憑證之閱讀順序一致，一般均由上而下、由左而右，故先讀取者應記錄在輸入媒體記錄的前端，後輸入者應記錄在輸入媒體的後端。

(2) 資料記錄的長度設計

媒體之資料記錄單位是「記錄」（Record），資料由原始憑證登錄至媒體，是一筆資料產生一個記錄，但因媒體內之記錄長度有最大與最小限制時，故每筆資料所含的字符數若超過記錄長度之最大限制時，一筆資料就要產生一個以上的記錄。

(3) 資料項目的長度設計

輸入資料記錄所含之資料項目均為輸出所必須，每一項目究竟應留設多少個字符長度？系統分析應先調查各該項目再原始憑證上可能出現的最大字符數量，然後再決定每一資料項目長度。

14-4 系統發展

系統發展（System Development, SD）討論一個軟體資訊系統的開發過程中所涉及到，包括系統建置的規劃與管理、分析與設計所採用的方法、分析與設計所採用的技術以及各種相關事項，系統發展步驟如下。

一、擬定系統發展計畫

系統發展階段是整個系統開發過程中最主要的一環，所需的工作時間，經費與人力等均較其他階段多，影響系統的成敗亦最直接，本階段之做推行應先擬妥發展計畫，成立專案管理小組負責監督與管制計畫之執行，以期系統發展工作能順利推行。

專案管理小組應由電腦中心，系統分析師與程式設計師組成，並指定一位主管或資深系統分析師爲負責人。系統發展計畫主要包括擬定工作進度與分配工作兩項，要確定整個系統所需之工作項目、人力與時間，然後將各項工作分派與工作人員，所用工具爲甘特圖（Gantt chart）或要徑圖（Critical path method）。

二、程式定義模組設計

（一）程式定義

程式定義（Program definition）就是要詳細描述每一個程式的輸入出資料檔（或資料庫）處理需求，包括輸入資料格式（Input data layout）、輸出報表格式（Output report layout）、資料檔或資料庫格式（Data base layout）及資料內容、性質等。

（二）模組設計

程式模組設計係指程式功能的分割，用由上而下設計方法，將每一程式的功能予以分類，先分成幾個大類，再將每一大類細分成小類，如此逐層分割下去，直到每一小類之功能或內容變得相對簡單。

三、撰寫程式規範圖

程式是電腦化資訊系統的命脈，品質的高低可直接影響系統的作業效率與程式維護工作，爲提高程式設計品質，所有程式設計工作必須予以標準化、制度化，程式語言要統一、設計方法要劃一，欲達成這些目的，系統分析師應預先制定程式規範書（Program specification），作爲程式設計師之依循。

四、程式設計

程式規範圖撰寫完成，程式設計人員即可依照規範書內容著手程式設計工作（Programming）。分爲規劃程式邏輯與撰寫格式指令（Coding）兩部分。

（一）規劃程式邏輯

系統分析師在從事程式模組設計時，將每一程式之處理邏輯，以 IPO 圖、N-S 圖、流程圖、決策表、決策樹或結構圖予以簡要描述，程式設計師只需依照這些簡要處理邏輯予以詳細分析即可。

（二）撰寫程式指令

軟體成本遠較硬體為高，軟體成本中又以維護成本所佔比例最大，因此程式品質的程式除必須講求標準化與模組化外，還要注意程式的美觀與簡單。

五、測試

測試事實上是要先假設程式中有錯誤（即以破壞的觀點為出發點），然後再設法儘量去找出這些錯誤。測試有以下的目的：

1. 從一可執行的程式中找出錯誤。

2. 發現尚未被發現的錯誤。

當功能不能滿足使用者的需求時，就表示程式有錯誤。當測試發現有錯誤之後的步驟就是執行除錯（Debugging）之工作，將錯誤發生的位置找出來，並將其訂正。

六、撰寫說明文件

系統建立後，往往因社會環境變遷及使用者需求的改變，難免需要修正。修改時間可能是在系統建立以後數月或數年，屆時參與原設計工作、人員也許已分散各處或不在原單位工作，使得系統與程式之修改工作必須由他人負責，而這些新人對系統毫無所知，致修改工作十分困難且容易造成錯誤。縱使原設計人還在原單位工作，亦因時間的過往，記憶也會逐漸淡忘。

為使負責維護系統與程式的人，能夠很容易的瞭解整個系統之設計方法，系統分析師與程式設計師完成其系統或程式後，應將其設計方法寫成說明文件（Document），使操作人員與系統使用者能了解新系統的操作與應用方法，系統分析師亦應分別撰寫系統操作說明書與使用說明書。

14-5 系統開發方法論

一、結構化（Structured）方法論

結構化分析以一份整體計畫為基礎，又稱可預期法（Predictive approach）。使用一連串的流程模型，圖形來描述一套系統。以流程為主體，側重於資料轉變為有用的資訊流程，也稱為流程中心法（Process-centered technique）。

（一）瀑布式方法論

瀑布模式為系統的每一個階段定義出相當嚴謹的開發程序與步驟。每一個階段必須完成之後，才可以轉移到下個階段。這就好比如水流一樣，一階流過一階。所以這種開發方式被稱為瀑布模式，每一個階段的產出是下一個階段的輸入，稱為可交付成果（Deliverable）或最終產品（End product）。

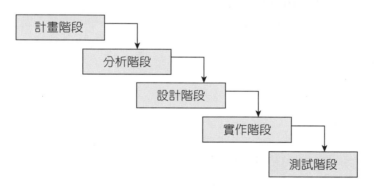

圖 14-5　瀑布式方法步驟

瀑布式方法論以循序式的方式進行系統的開發。每一個步驟會有確認的過程。每一個階段基本上允許對於上一層階段的回饋，以利於修訂與校正。瀑布模式以文件驅動（Document-driven）為其主要的特徵。因為瀑布模式重視各階段的文件記錄，因此，採用瀑布模式的開發方法將會於每一個階段產生大量的文件。這些文件都要經過計畫支持者的批准，然後才可以開始下一個階段的工作。

（二）雛型方法論

使用者與開發團隊再經由不斷的溝通討論，測試，修改，擴充此雛型直到系統滿足了使用者的需求。這種方式就是雛型模式。能夠快速地開發出系統雛形，雛型模式在很多情形利用電腦輔助系統工程（Computer-Aided Systems Engineering, CASE）工具為開發過程的輔助工具。

CASE 工具提供一個系統開發的整體架構以及多種設計方法，包括結構化分析與物件導向分析。CASE 工具還可以在模型完成之後自動產生程式碼，加速系統的建置流程。

雛型模式強調使用者的參與，不強調嚴格的文件定義。即使有文件記錄系統的各項工作，內容到最後可能也都與實際不符。從開發模式的本質上來看，雛型模式很適合用於小型的計畫專案，使用者可以高度參與系統開發過程的計畫專案。

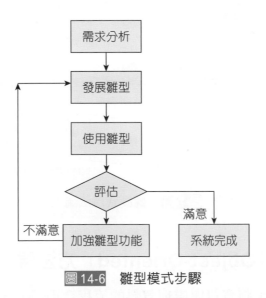

圖 14-6　雛型模式步驟

（三）螺旋式方法論

螺旋式方法論有時候也稱為反覆式（Iterative）方法論。螺旋式方法論主要的重點也是在改進瀑布式僵化的開發原則。螺旋式方法論所提出的改進方法為反覆地執行系統開發的各階段過程，直到系統完成為止。螺旋式方法論是由許多個循環所組成。每一次的循環都要經歷系統開發的階段以及風險評估。螺旋式開發方法以風險驅動（Risk-driven）為其主要的特徵。

　　螺旋模式開發過程中，每一步驟均使用到瀑布模式，主要焦點在於風險的評估及管理。開發人員只定義系統中具有最高優先權的部份，然後先行分析、設計以及實作這一部分，從客戶或是使用者那方面得到回饋，有了這方面的資訊後，再回到定義以及實作更多其他系統所需具備之部分。

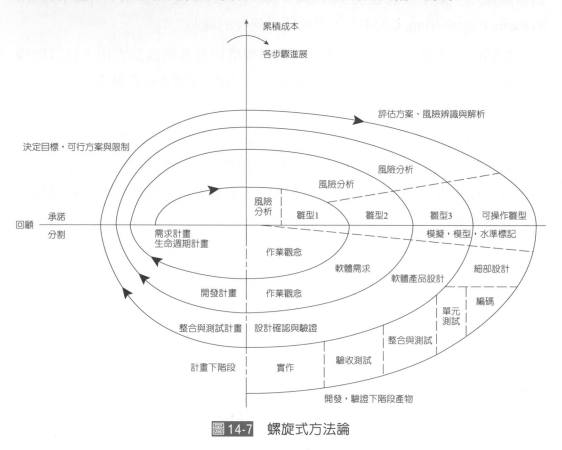

圖 14-7　螺旋式方法論

二、物件導向（Object-Oriented）方法論

　　物件導向分析是將資料與處理資料的流程合而為一，強調的是物件以及物件跟物件之間的關係。物件是類別（Class）的一個成員。類別是相似物件的集合。物件具有屬性（Property），可從所屬類別繼承或重新創造。物件導向方法論涵蓋三個過程：

（一）物件導向分析

物件導向分析的重點工作在定義出系統的模型。有了系統的模型，接下來可以進行物件導向設計。在分析階段，主要的工作是利用類別或是概念模型以及物件的觀點來分析、檢驗系統的需求。

（二）物件導向設計

物件導向設計的重點工作在定義出一個以物件為設計規範的系統實作藍圖。設計階段的主要工作在勾勒出邏輯的、具體的以及靜態的和動態的系統模型。

（三）物件導向程式設計

使用物件導向程式語言，依據分析與設計的要求與規範開始實作系統。

三、Rational 統一流程（Rational Unified Process, RUP）

軟體工程在近代最有名且使用在物件導向是 Rational 統一流程。具有很多優點，是由 Rational 公司發展，採用瀑布式改良開發流程，建立了簡潔和清晰的過程結構，為開發過程提供較大的通用性，有三大特點、四個階段和九個核心流程。

（一）三大特點

1. 軟體開發是一個疊代（Iteration）過程。

2. 軟體開發是由使用案例（Use case）驅動。

3. 軟體開發是以架構設計（Architectural design）為中心。

（二）四個階段

1. **起始階段（Initial phase）**：進行可行性研究，定義專案大小及涵蓋範圍，評估專案所需的能力、時程與經費，及資訊系統預期達到之效益，了解商業模型及需求。

2. **精細規劃階段（Elaboration phase）**：擬定專案計畫、系統特性與架構、確認商業模型及需求，進行系統分析與設計。

3. **建構階段（Construction phase）**：建構產品並進行單元、整合測試。

4. **移轉階段（Transition phase）**：將產品分批交付給客戶驗收測試，並進行使用者訓練。

（三）九個核心的工作流（Core workflows）

(1)商業建模（Business modeling）；(2)需求（Requirements）。(3)分析和設計（Analysis & Design）；(4)實作（mplementation）；(5)測試（Test）；(6)開發（Deployment）；(7)配置與變更（Configuration & Change management）；(8)專案管理（Project management）；(9)環境（Environment）。

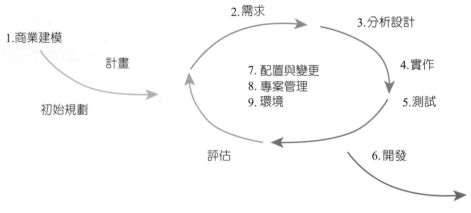

圖 14-8　RUP之反覆式的開發過程

14-6 系統開發生命週期

系統開發生命週期（Systems Development Life Cycle, SDLC）是一個系統從無到有的過程，過程包含幾個重要的階段，首先是了解系統如何能夠支援企業的需求，有了明確的需求以及對於需求清楚的定義，就可以開始從事系統的分析、設計工作。開始將設計予以實作、並且經過不同的測試階段，當一切都沒有問題，系統就可以正式上線運行執行它所賦予的任務。系統開發生命週期四階段如下：

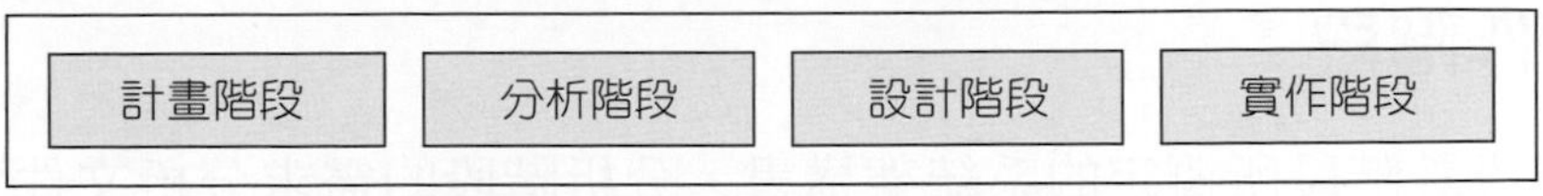

計畫階段	分析階段	設計階段	實作階段

圖 14-9 系統開發生命週期四階段

一、計畫階段（重點：目的 – Why）

了解為什麼要建立一個系統、建立這個系統所帶來的實質利益有哪些。對於一個企業來說，系統所帶來的企業價值與效益。

（一）可行性分析

可行性分析包含有技術面的可行性方析（Technical feasibility）以及經濟面的可行性方析（Economic feasibility）等。

（二）計畫書以及工作報告書

計畫書主要是做為整體計畫開發的工作基礎，而工作報告書則記載著計畫的目標與限制，計畫完成所帶來的成效與益處，以及所需執行的工作大綱。

二、分析階段（重點：內容 – What）

了解系統的需求是什麼（What），分析階段定義系統所要解決的問題。系統要提供什麼樣的功能。需求文件為此階段的產出。需求文件中基本上不會牽涉到實作的細節。需求文件的描述主軸大致上以功能需求以及非功能需求為主。

三、設計階段（重點：方法 – How）

了解系統的需求如何被達成（How），回答如何達成系統的需求，系統架構書為設計階段產出。本階段建立系統的架構模型，例如：架構描述系統的組成元件，包括支援系統的硬體設施的配置與組態（比如系統運行的平臺，網路架構等）；軟體架構的模型（例如：軟體元件、軟體介面的制定、軟體元件的行為、軟體運行的環境等）；使用者介面的設計（例如：圖形元件的選用，位置，大小格式等細節）；輸出報表格式的樣式等。

四、實作階段

根據設計階段所擬定的系統架構書,分析階段的需求分析文件,開發團隊開始建立系統。系統建立的過程中,包含有測試的階段,部分計畫會把測試這項工作獨立出來自成一個階段。並且擬定測試計畫書。實作階段的產出就是系統本身。

14-7 系統建置與操作

系統建置與維護目的,在於轉換實體之系統規格為可執行的應用軟體,將已執行的工作文件化,提供現在及未來使用者必要的協助。包含編程、測試、安裝上線、文件製作、教育訓線、支援與維護七個主要的活動。

將舊系統換成新系統的過程,四種常見的方法:

1. 直接上線(去除舊系統,直接置入新系統)

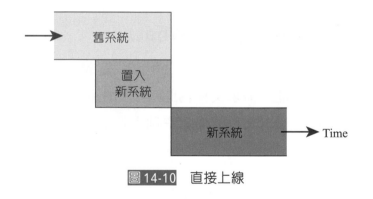

圖 14-10　直接上線

2. 並行上線（新、舊系統並行）

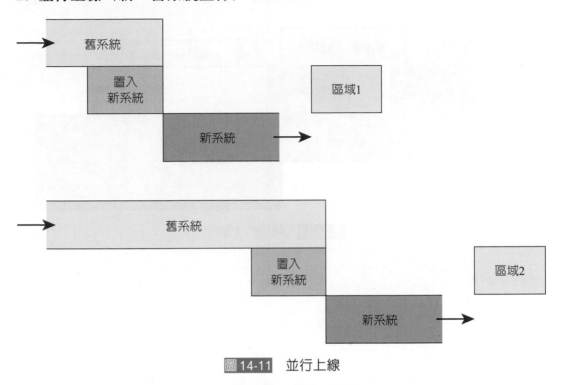

圖 14-11　並行上線

3. 先選擇某一個區域上線（舊系統置入部分新系統）

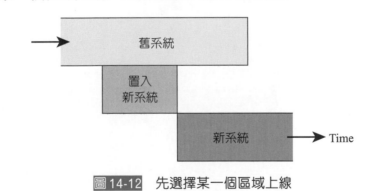

圖 14-12　先選擇某一個區域上線

4. 階段性上線（舊系統置入模組化新系統）

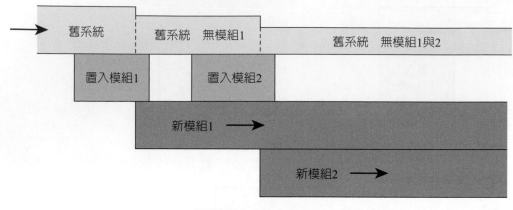

圖 14-13　階段性上線

exercise 本章習題

一、填充題

1. ＿＿＿＿＿＿＿＿（Source document）係指交易（Transaction）發生時的原始資料表單，例如購物時統一發票，請假時之請假單及訂購貨品之訂購單。品質的好壞可直接影響資訊系統的成敗，因此系統分析師應妥慎予以規劃設計。

2. ＿＿＿＿＿＿＿＿最主要的功能是處理大量的日常作業資料，是以企業的作業程序為對象，將作業程序的每個步驟電子化，並將每個步驟所處理的資料記錄至資料庫中。

3. ＿＿＿＿＿＿＿＿（Systems Development Life Cycle, SDLC）是一個系統從無到有的過程，首先是了解系統如何能夠支援企業的需求。有了明確的需求以及對於需求清楚的定義，可以開始從事系統的分析、設計工作。

4. ＿＿＿＿＿＿＿＿目標是透過開發應用軟體以改善組織的運作效率，並訓練內部員工有效運用此應用軟體，開發出之應用軟體（或稱系統），目的在於支援組織上的功能或流程。

5. ＿＿＿＿＿＿＿＿：協助決策者做決策，系統以互動方式與決策者互動。決策支援系統由資料庫、模式庫與對話子系統組成。

6. ＿＿＿＿＿＿＿＿＿＿強調具備何種（What）機能（Function），而不涉及如何建置（Physical implementation）。

7. 系統發展計畫主要包括擬定工作進度與分配工作兩項，也就是要確定整個系統所需之工作項目、人力與時間，然後將各項工作分派與工作人員，所用工具為甘特圖（Gantt chart）或＿＿＿＿＿＿＿＿。

二、簡答題

1. 請問將舊系統換成新系統的過程中，四種常見的方法為何？

2. 請問系統開發生命週期四階段為何？

3. RUP 是一種軟體開發的方法，請問 RUP 強調的特點為何？

4. 導向分析是將資料與處理資料的流程合而為一，強調的是物件以及物件跟物件之間的關係。物件導向方法論涵蓋哪三個過程？

5. 請說明資訊系統內容重點為何？

CHAPTER 15

企業資源規劃

學習目標

　　企業資源規劃（Enterprise resource planning, ERP），是一個即時與整合企業資訊的應用系統，包含採購、生產管理、銷售、財務與人力資源等各種不同的功能模組，還需要和企業經營實務與作業流程整合。本章對企業資源規劃的基本認識如下：

❖ 概述企業資源規劃之定義、演進與特色。

❖ 企業需要 ERP 的原因、ERP 的市場現況、模組與優缺點。

❖ ERP 系統與整合供應鏈管理（Supply chain management, SCM）。

❖ 企業導入 ERP 系統成的前置作業、ERP 的國內外領導廠商等應用。

❖ 介紹 ERP 的國內外領導廠商。

ERP 應用範圍

Industrial Engineering and Management

台南企業紡織業導入ERP探討

1. 台南企業股份有公司作為紡織業導入 ERP 之探討對象。台南企業股份有限公司成立於民國 50 年。台南企業在臺灣是一個歷史悠久的公司。其主要產品有：A、西服與西褲；B、風衣；C、男性個性系列服飾；D、男女休閒服飾；E、團體制服製作。台南企業在臺灣成衣界佔有極重要的地位，隨著海外事業的拓展，台南企業早已邁向國際化。

2. 台南企業導入 ERP 為因應企業集團全球化的需求，台南企業於 1998 年開始從事 ERP 導入可行性評估。1998 年 2 月選擇 SAP R3 ERP 系統，並在 8 月 17 日正式啟動導入計畫，預定民國 2000 年 6 月完成臺灣地區的導入工作。預計導入財務管理、成本控制、銷售訂單、採購庫存、生產製造五個模組，整導入時程由 1998 年 8 月 17 日專案啟動至 2000 年 6 月系統上線共計 10 個月。

3. 台南企業在導入 ERP 系統之過程考慮因素彙整，如表 15-1 所示。

表 15-1　台南企業導入 ERP 系統之考慮因素彙整表

構面	因素
經營管理	經營模式
	企業體質及績效
	目標導向
作業流程／方式	線上即時查詢
	銷售接單
	採購
	供應商
	外包作業
	現場資訊整理
資訊整合及管理應用	資訊整合
	資料正確性
	管理資訊及分析運用

構面	因素
	即時線上查詢功能
	客戶銷售訂單
生產製造	生產作業狀況
	現有庫存資訊
	縮短備購及圖樣變化更新的 lead time
	增進生產準交率
	緊急插單
方案管理	運送及報價
	不同地點接單評估
	外包／自製比例

4. 台南企業導入 ERP 之工作變革：

表 15-2　台南企業導入 ERP 之工作變革

項目	資訊運用	作業流程模式更新	與供應商間作業
導入後工作變革	1.內部資料藉由資料庫共享 2.供應商端資料能自動、即時且經整合後，能程有效資訊供台企運用	1.由人工查詢確認等改成電腦查詢各項訂單交易、確認等事項 2.物料運送、收受等狀況異動皆能隨時查知	1.由 EDI Wed 傳遞、查核訊息（訂單、庫存等） 2.E-mail 運用傳達訊息

5. 台南企業 ERP 未來營運流程：

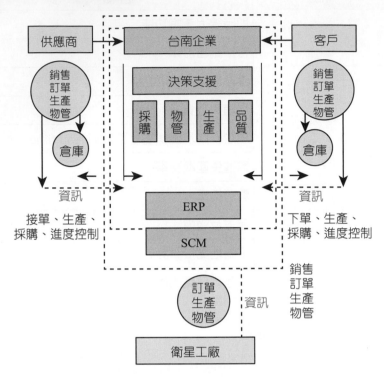

參考資料來源：遠東學報第二十卷第二期 中華民國九十二年三月出版

15-1 ERP 的定義與效益

一、ERP 的定義

全球市場化改變企業原有的營運模式，為了能夠深入經營市場，企業營運不再只侷限於傳統的方式進行之，為了隨時掌握及時資訊，企業需提升內部的流程效率，導入企業資源規劃系統，達到資源共享，於最短的時間內因應市場需求作調整為企業謀求最佳效益。

企業資源規劃（Enterprise Resource Planning, ERP）的基本定義：企業內部價值鏈上主要的財務會計、銷售配送、生產製造、物流管理、人力資源等，所有跨部門的功能的資訊起來，提供最即時、正確、有用的資訊，以支援管理決策，有效的運用資訊科技策略。

（一）整合企業流程

ERP 系統是將公司內所有跨部門及企業流程（Business processes），整合到一個單一的電腦應用程式系統中，滿足各跨部門不同的需求，將資料流入單一的資料庫，各跨部門容易分享資訊且能夠互相溝通暨合作。

（二）多模組應用軟體

ERP 是一個藉由多模組應用軟體所支援的廣泛活動之企業用詞，軟體是幫助一個製造業或其他企業管理其重要組成，包含產品計畫，零件採購，庫存維護與供應商互動，提供客戶服務及訂單追溯。

（三）標準化作業流程

ERP 使企業流程自動化並簡化人力，整合財務資訊，提供高階主管決策，標準化作業流程和製造方法增加產能、降低成本。

二、ERP 對企業的主要效益

ERP 使企業流程自動化並簡化人力，整合財務資訊，提供高階主管決策，標準化作業流程和製造方法增加產能、降低成本。ERP 是電子商業，導入 ERP 將影響公司的架構、流程，提升整體效能，滿足客戶需求，掌握競爭優勢。採用 ERP 對企業的主要效益包含：

（一）企業流程再造（Business Process Re-engineering）

　　導入 ERP 前，企業體本身就應先進行企業流程再造，將原有之舊流程加以某種程度之簡化，徹底翻新作業流程，以便在衡量表現的項目上，如成本、品質、服務和速度等，獲得戲劇化的改善」。導入 ERP 前，企業體本身就應先進行企業流程再造，將原有之舊流程加以某種程度之簡化，提昇效率與競爭優勢。

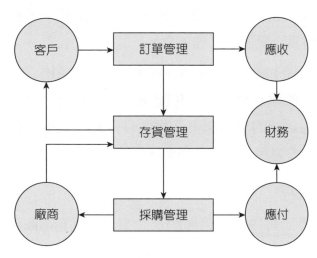

圖 15-1　ERP 系統的整合和規劃

（二）整合企業的後端系統

　　ERP 是整合的應用軟體組合，將企業內部的資源加以整合，包含行政管理（財務，會計等）、人力資源管理（薪資、津貼福利等）和製造資源規劃（採購、生產計畫等）及其他支援模組，圖 15-2 為 ERP 的涵蓋領域。

圖 15-2　ERP 的涵蓋領域

（三）改善訂單流程

　　企業、製造系統若要持續不斷地進行其生產活動，必須能夠持續不斷的獲得顧客訂單，決定於是否能讓顧客從接到訂單開始、原物料的採購、半成品與成品的製造、儲存與配銷，售後服務滿足要求，運用到適當的管理流程手法及資訊科技的輔助，才能管理好等種種資訊系統的原因。

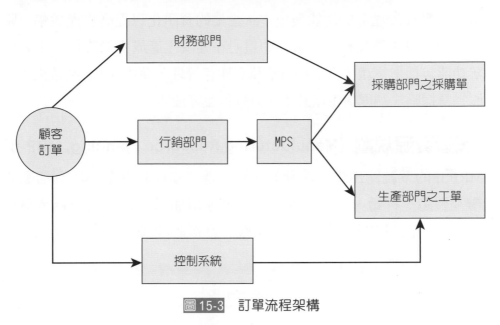

圖 15-3　訂單流程架構

（四）整合企業營運管理系統

　　整合內部不同功能的資訊系統，並快速回應顧客需求與反應市場變化，提供決策支援資訊，處理營運產生的資料，支援企業運作與決策制定的資訊，企業內部的資訊通行無阻。

（五）邁向全球運籌管理

　　ERP 可以使得企業內部的資訊通行無阻，再加上供應鏈管，透過網路與系統的有效結合，企業將可全面整合上、中、下游之原料供應商、經銷商與零售商，提昇企業整體之效益。對外部競爭環境而言，應用電子商務的資訊科技及管理技術，建立具國際競爭力的製造及銷售管道，達全球運籌管理模式，提升企業整體之國際競爭力。

15-2 企業資源規劃的演進

一、物料需求規劃（Material Requirements Planning, MRP）

本階段屬於生產導向，企業資訊系統的應用重點在於作業自動化，而市場的需求重點在於產品的功能與成本，企業的資訊化以提高生產效率、降低成本、支援大量生產為核心，管理的重心在強調生產成本的降低。主要應用的系統功能包括主生產排程、物料清單與庫存管理，藉由 MRP 系統來支援工廠的原物料採購、調度與生產計畫，以降低生產成本。

二、製造資源規劃（Manufacturing Resource Planning, MRP-II）

MRP II 的系統跨出生產活動的藩籬，進一步地將企業內所有活動的資源，舉凡製造、行銷、財務、專案、人事等都加以整合，提升企業整體經營的效率，並從制訂出能夠達成企業整體目標的計畫。如圖 15-4 所示，為 MRP II 的系統架構。

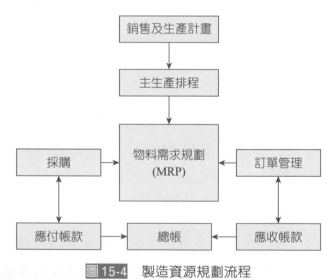

圖 15-4　製造資源規劃流程

三、及時供應／全面品質管制（Just in time / Total quality control）

本階段的整合重點在於將全面品質管理、生產管理與物料管理等資訊系統予以整合。整體而言，以工廠為核心，整合所有的生產製造相關資源，尚未將企業的整體資源納入考量。

四、企業資源規劃

　　資訊科技的進步與全球化的競爭壓力，掌握即時化的資訊與因應客製化模式的興起，使企業管理的重點轉移至如何有效運用企業內所有資源，達到零誤差、整合、即時與彈性的需求，以快速回應產業與顧客的需求變化，侷限於工廠的 MRP、MRP II，逐漸無法滿足企業之需求，以流程貫穿企業所有部門的 ERP 系統因應而生，具備 MRP II 跨功能整合的特色之外，藉著提供跨地區、跨國別的即時、整合資訊，提高企業對變化的反應能力，發揮企業的綜效（Synergy effect）。

五、供應鏈管理（Supply Chain Management, SCM）

　　隨著電子商務（E-Commerce, EC）的興起、全球專業分工時代的來臨，以及企業組織虛擬化的趨勢潮流，企業與上下游及協力夥伴等外部單位整合逐漸成為企業經營的重點。

表 15-3　ERP 系統演進歷程比較分析

系統		功能說明
MRP	管理重點	生產與物料規劃為主
	功能	1. 客戶訂單處理、2. 主生產排程、3. 項目基本資料與用料表、4. 庫存管理、5. 採購管理、6. 生產現場控制、7. 產能需求規劃
MRP II	管理重點	強調銷售、生產、物料與財務管理之製造資源的規劃與執行
	功能	1. 企業營運規劃、2. 需求計畫、3. 預測、4. 生產計畫、5. 成本會計、6. 人力資源、7. 企業經營績效評估
JIT／TQC	管理重點	整體企業各項全面品質管理與資訊系統的整合
	功能	1.TQC 系統、2. 產品設計、3. 決策虛擬、4. 整合財務系統
ERP	管理重點	研發、銷售、生產、配銷、服務、人力與財務等企業內部資源整合的最適化
	功能	1. 銷售功能電腦化、2. 先進的排程計畫系統、3. 製造執行系統、4. 配銷／運籌管理、5. 供應鏈管理、6. 整合客戶端與供應商資訊
ERP+SCM	管理重點	結合企業內外部客戶與廠商之全球運籌管理
	功能	強調與外部資源結合，主要功能：1. 供應鏈管理、2. 顧客關係管理、3. 知識管理、4. 專家系統、5. 決策支援系統

15-3 企業導入 ERP 的策略

企業導入 ERP 系統前必須完成的前置作業，企業必須有達成導入 ERP 系統預期目標的共識，塑造 ERP 系統運作環境，重組企業業務流程與管理會計建立，提供業績衡量報告與企業獲利能力分析。

一、循序漸進（Step-by-Step）

安裝時採取一次一個模組的方式，降低失敗的風險，特別集團企業，採分權式大型企業，雖然導入速度慢，但可使子集團循序導入，成功模式轉移降低風險，但建置的時間增長，成本增加。

表 15-4　循序漸進 優點與缺點

優點	缺點
▸ 單位時間內所需投入人力較少	▸ 專案導入時間較長
▸ 專案品質隨成員技術及知識累積而增加	▸ 維護新模組及舊模組的銜接，耗費成本與時間
▸ 專案的經驗可以不斷累積到下一個專案	▸ 成員動機不同可能因時間拉長而減低
▸ 變革過程較為平順	▸ 使用者無法立即體會到系統整合的優點
▸ 導入成本有較長時間分攤	▸ 環境改變，導致企業流程須重新調整

二、大刀闊斧一次完成（Big bang）

將企業現有系統淘汰直接改用整套 ERP 系統，連接全部的事業單位，藉由調整組織的營運與人員編制，同時達到企業流程再造目標，所有模組同時上線一次完成，縮短建置的時間，降低成本，但複雜度增加，需要完善的整合及規劃。

表 15-5　大刀闊斧一次完成 優點與缺點

優點	缺點
▸ 專案時程縮短	▸ 短時間內需投下龐大人力與物力
▸ 整合後的功效可馬上展現	▸ 高階管理人員無法迅速回應對問題的解決
▸ 專案成員的衝勁較高案	▸ 大量的教育訓練與組織的變革管

三、階段式逐步導入（Modified big bang）

企業為增加時效，參考相同產業導入模式，或由供應商提供最佳管理模式，迅速建構 ERP 系統。或採用部分功能模組，隨未來需要作規劃，測試完成後，再逐步擴展到其他範圍的模組。

表 15-6　階段式逐步導入 優點與缺點

優點	缺點
▶ 專案成員可以從前面的據點建立的導入過程中學到經驗 ▶ 所需資源較所有據點同時導入少 ▶ 首要據點解決，降低後續各點風險 ▶ 增進彼此了解	▶ 忽略各據點特有的流程 ▶ 各據點的獨特運作方式，系統的建置變的複雜 ▶ 導入時間較長，暴露的風險較高 ▶ 計畫人員長時間的離開原工作環境，增加未來歸建的風險

四、導入策略選擇

三種導入策略各有優缺點，主要差別在於同一時間所導入的範圍不同，企業應採用何種導入策略，應視企業的規模、組織特性及產業特質等因素，決定一個合適的導入方式進行規劃。

（一）循序漸進法

先導入 ERP 套裝軟體的部分功能模組，經確認沒有問題後再依序加入其他功能模組，這樣的方式主要在於降低風險，但所需的時間較長。

（二）大刀闊斧一次完成

企業通常會直接採用 ERP 套裝軟體的流程或僅進行小幅度的修改，一般會造成大規模的組織變革，風險較大，但效果迅速。

（三）階段式逐步導入的方式

導入方式是先選擇一個地區進行導入，成功了再換下一個地區，可使企業之下的子集團便於循序導入。

15-4 ERP導入的程序

　　全球市場化改變企業原有的營運模式，為了能夠深入經營全球市場，企業營運不再只侷限於傳統的方式進行之，為了隨時掌握及時資訊，企業需提升內部的流程效率外，導入 ERP 系統，達到資源共享，於最短的時間內因應市場需求作調整為企業謀求最佳效益。導入 ERP 系統可分為下列四個階段：

一、第一階段：前期準備階段

　　首先企業要確定目標。ERP 的導入會牽涉到組織與流程的改造，準備階段要有高層的支持與決心，以及包含各種部門人才且強而有力的專案團隊。

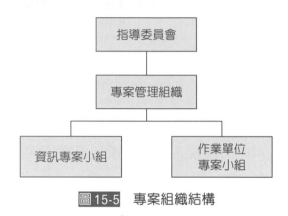

圖 15-5　專案組織結構

（一）訂定專案目標

　　定義明確的目標，專案組織更容易瞄準方向。

（二）成立專案組織

　　ERP 的導入，涵蓋的範圍相當廣泛，必須要整合相關部門，成立一個專案組織並有能力推動專案於全公司。專案組織的架構，如圖 15-5 所示：

1. 督導委員會

　　高階主管組成，督導專案目標達成與否，制定專案導入的政策，確保資源的可用性，快速的決策，對專案經理的支持。

2. 專案管理組織

　　專案的導入，負責溝通、協調及控制所的專案寄度與品質，以及對功能性的議題進行評估與決策。

3. 作業單位專案小組

設計企業目前及未來的流程，對專案管理組提供支援，建構及客製化系統，對使用者提供支援及教育訓練，測試新系統，蒐集正確資料以便輸入系統。

4. 資訊專案小組

負責系統功能，進行企業流程以及專案管理管控。

（三）硬體

決定硬體設備的需求，注意預留版本升級的空間。

（四）軟體

決定什麼應用程式，最能符合企業流程的需要。

二、第二階段：運作流程規劃

結合公司營運特性與 ERP 流程，設計出最有利的作業流程。這個階段最大的考驗為團隊如何有效的合作，注意到人員對新流程的心理恐慌和抗拒。

（一）建立組織架構

描述企業目前的架構和作業流程，檢討並改進缺點。然後根據目前的架構和作業流程，改進缺點，訂定未來需求的目標。

（二）考量客製化層面

ERP 大多數為套裝模組，所期望的系統與套裝模組會有所差距。必須分析架構、作業流程和標準模組的差距，檢討差距的接受程度，並處理差距。差距的處理為一客製化作業，即修改成適合企業需要的方式。

三、第三階段：準備與轉換測試

包括系統測試與確認；並對使用者加以訓練。

（一）資料移轉

資料移轉是一個非常重大的課題，資料的數量都很龐大，非常需要時間。資料移轉的正確性非常重要，必須經過驗證。

（二）整合測試

整合或移轉均需經過嚴格的測試。

四、第四階段：系統正式啓用及運作

系統完全導入後，企業必須持續的改善組織架構及作業流程，適應系統的標準程序，透過企業流程再造，持續的改善組織架構及作業流程，以達到最佳化的境界。

15-5 ERP導入成功的關鍵因素

資訊化的投入到底能夠給企業帶來什麼回報，是所有的企業決策者在作出資訊化投入決策之前最關心的事情。應用在企業要成功導入 ERP 系統，針對實際執行關鍵績效指標（Key Performance Indicators, KPI）加以衡量，和原來訂定的目標，提升組織的管理效率，最終目的是達成企業管理目的如降低成本、增加獲利之目標。

企業導入 ERP 之績效評估，一般是由關鍵性成功因素而定，綜合專家學者的意見，將企業導入 ERP 系統的關鍵性成功因素整理如圖 15-6 所示，企業 ERP 導入的影響成功的關鍵因素中，企業經理人對 ERP 導入與時程配合的決心，顧問的專業水準，以及良好的溝通能力，企業與外部客戶及廠商的溝通以及系統導入文件製作，均會影響 ERP 導入的進行。

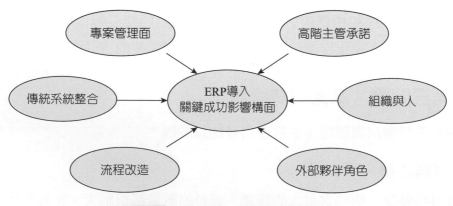

圖 15-6　ERP導入成功的關鍵因素

15-6 ERP 的國內外領導廠商

一、ERP 的國外領導廠商

(一) 思愛普系統軟體股份有公司（SAP）

SAP 為全球第一大標準企業應用軟體供應商，同時也是歐洲第一大電腦軟體公司及全球第三大電腦軟體公司的 SAP，以其一貫的穩健風格，持續的在全球主從式應用系統的市場上居於領導者的地位。SAP 是 System application products in data processing 的縮寫，1973 年推出 SAP R/1 方案，並陸續推出 R/2 及 R/3，1998 年在紐約證交所掛牌上市，約佔有當時全球 31% 的 ERP 市場，On the shelf 軟體成為全球最大的商業應用軟體，SAP 本身也成為繼 Microsoft、Oracle、IBM 後全球第四大的獨立軟體廠商。

(二) 美商甲骨文有限公司（Oracle）

甲骨文股份有限公司是全球大型數據庫軟體公司，成為全球僅次於微軟的全球第二大軟體公司。名稱是 Software development laboratories，1982 年為幫助公司贏得業界的認同，以產品名稱為公司之命名，才正式更名為美商甲骨文系統公司（Oracle system corporation）。目前總部是設在美國加州 Redwood shores，其客戶群遍及全球，自 1987 年以來，已是全球第一大資料庫管理系統提供者。

Oracle 以關聯式資料庫系統起家，在資料庫領域位居龍頭，為全球第二大軟體公司，目前在 ERP 系統領域以安裝套數計算則排名第一。自其創始以來就將發展重心放在資料庫上，挾其在資料庫上的品牌優勢，也使其 ERP 系統具有其他廠商所不能及的戰略地位，Oracle 的 ERP 產品在製造與財務元件上功能十分強大，相當具有競爭力，系統模組包含財務、製造、人力資源、專案管理、供應鏈管理等。

二、ERP 的國內領導廠商

鼎新電腦公司為現今國內最具規模的商業應用軟體領導廠商，2002 年與神州數碼合資成立神州數碼管理系統公司，經營大陸企業應用軟體市場，觸角遍及華北、華東及華南經濟區。設計理念是為了因應 21 世紀全球化動態企

業經營環境所需的企業資源規劃管理資訊系統，其亦是工業局主導性新產品，引用最新的「軟體元件」技術及「多層式主從分散處理架構」，結合「動態企業流程」的程序控制技術研發而成，其中涵蓋了「配銷管理」、「存貨管理」、「製造管理」、「財務管理」、「人力資源管理」、「品質管理」及「決策支援」等範疇，有效促成企業全面流程自動化，即時掌握企業內經營資訊。

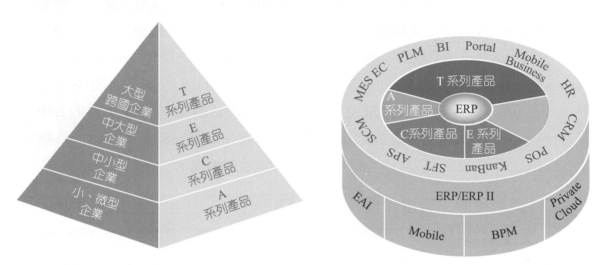

圖 15-7 鼎新電腦公司以ERP為核心資訊化主線，結合自動化硬體與系統整合廠商協作

資料來源：https://www.digiwin.com/tw/aboutdsc.html

三、選擇適合的 ERP 系統

ERP 系統的好壞很難說，每一家 ERP 廠商都說自己的系統最好。只要有依照正規方法開發，具備標準架構的系統都是好的。適用於某公司的 ERP 系統，對其他公司不一定適用。可以從六個方面來評估。

(一) 標準架構

選擇 ERP 要注意它的實質內涵，而非亮麗的外觀或噱頭，ERP 系統建立在標準架構，符合標準的 ERP，一般狀況下、特殊情況或公司擴大就可以再適用。

（二）客製化

每一個公司都有獨特的作業方式與不同的資訊需求，客製化是指當公司有特殊需求時在套裝系統上「外掛」修改或新增的功能。客製化和升級以及成本有關，除非 ERP 套裝軟體所提供的作法優於使用者的實務，ERP 系統還是需要客製的。

（三）功能完整

功能完整的 ERP 系統，易學易用，例如標準作業程序、作業說明、欄位說明、教材、展示系統等，利用線上文件持續作教育訓練對 ERP 的成本效益幫助很大。

（四）評估擁有成本

ERP 系統的軟體價格已經從數億、數千萬降到數百萬，未來可能降到數十萬需要用到專業知識的客製及顧問單位成本則會越來越高。套裝軟體的授權成本占總擁有成本（Cost of ownership）的比例將變得非常的小，在評估 ERP 系統成本時不能只考慮軟體價格，而要考慮「擁有成本」。

（五）參考用戶的滿意度

應該要仔細評估，選擇真正適用的系統，參訪用戶的重點除了系統功能外，還應包括使用階段所需投注的人力成本。

（六）是否能進行升級

升級和客製化往往是矛盾的，許多 ERP 用戶因為修改系統而無法升級，評選 ERP 系統應選擇可以同時客製及升級的系統。必須要求廠商拿出具體方案來，看得出這方案的可行性。

exercise 本章習題

一、填充題

1. _____ 之定義為「從根本重新思考，徹底翻新作業流程，以便在衡量表現的項目上，如成本、品質、服務和速度等，獲得戲劇化的改善」。

2. ERP 是整合的應用軟體組合，將企業內部的資源加以整合，包含行政管理（財務，會計等）、人力資源管理（薪資、津貼福利等）和 _____ （MRP II）（採購、生產計畫等）及其他支援模組。

3. ERP 可以使得企業內部的資訊通行無阻，如果再加上 _____，透過網路與系統的有效結合，企業將可全面整合上、中、下游之原料供應商、經銷商與零售商，以提昇企業整體之效益。

4. 物料需求規劃（MRP）在 1960 年～ 1970 年此階段屬於 _____ 導向，企業資訊系統的應用重點在於作業自動化，而市場的需求重點在於產品的功能與成本，所以企業的資訊化以提高生產效率、降低成本、支援大量生產為核心，因此管理的重心在強調生產成本的降低。

5. 隨著市場逐漸走入消費者導向的時代，市場需求重點轉移至產品的多樣化與高品質化，生產型態則轉變為多樣少量的模式，管理的重心在強調生產彈性與效率。以生產規劃為核心的 MRP 系統逐漸不能滿足企業之需求，以工廠為核心整合製造所需各項資源的 _____ 成為市場主流。

6. 隨著自動化技術日益成熟，自動化與資訊化的整合需求日殷，全面品質管制（Total Quality Control, TQC）與 _____ 的觀念逐漸發酵。

7. _____：安裝時採取一次一個模組的方式，可以降低失敗的風險，特別集團企業，特別採分權式大型企業，雖然導入速度慢，但可使子集團循序導入，成功模式轉移降低風險。

8. _____：將企業現有系統淘汰直接改用整套 ERP 系統來連接全部的事業單位，藉由調整組織的營運與人員編制，同時達到企業流程再造目標，所有模組同時上線，一次完成。

9. ERP 導入的第一階段：前期準備階段，首先企業要確定＿＿＿＿＿＿＿＿。
   ERP 的導入會牽涉到組織流程的改造，故一定要有高層的支持與決心，並要有
   一支強有力的專案團隊，包含各種部門的人才。

10.因為 ERP 的導入涵蓋的範圍相當廣泛，必須要整合相關部門，成立一個＿＿＿＿
   ＿＿＿＿＿，並有能力推動專案於全公司。

二、簡答題

1. 請說明 ERP 導入的程序。

2. 請問三種 ERP 導入策略分類？

3. 請說明階段式逐步導入的優點與缺點。

4. 企業資源規劃的演進可以分為哪幾個階段？

5. 請說明 ERP 對企業的主要效益。

CHAPTER 16
工業工程與管理之其它相關議題

學習目標

工業工程與管理的未來,著重整合工業工程系統。本文說明工業工程的發展走向,提供參考。

❖ 技術發展方向和趨勢:包含技術改變、關係整合、企業再造。

❖ 技術上的改變:管理資訊系統、資訊與生產製程控制、群組技術與彈性製造系統、電腦輔助設計與製造。

❖ 工業工程未來之挑戰:網際網路出現,對於品質觀念重新定義,並探討六標準差企業再造,以及供應鏈的新走向。

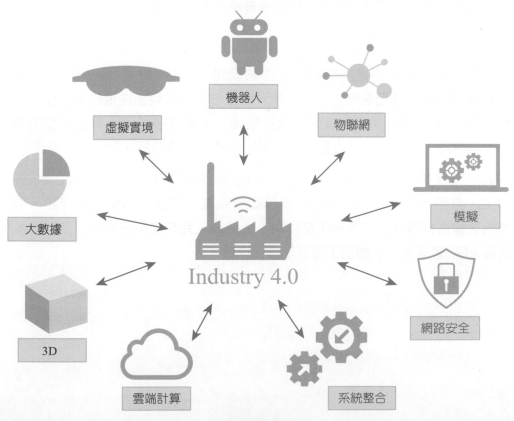

機器人

虛擬實境

物聯網

模擬

大數據

Industry 4.0

網路安全

3D

雲端計算

系統整合

智慧工廠全貌

工具機單機智能化應用於金屬加工

隨著工業 4.0 與智慧製造發展趨勢，以及消費者追求物以稀為貴的消費型態，單一產品多樣化的行銷模式成為市場主流，間接影響製造產業的生產模式。因此，製造產業逐步轉型為少量多樣與混線生產模式，加工效率與製造品質的要求漸漸提高，導致傳統倚靠人工打樣、監控與除錯的效率不足以應付客戶需求。為此，許多工具機大廠透過推出加工智能輔助軟體，提高加工效率，例如：在機臺主軸安裝感測器，監測加工中的切削振動狀態，並透過解析及應用刀具與設備的最大動態容許負荷，協助加工者快速得到最佳的加工參數，並降低除錯與試誤的時間，且提升打樣效率與生產效率。

在現今少量多樣，重視快速換線能力的生產模式下，已經不允許加工者用上述的方法搜索參數了。因此，可以導入加工參數智能決策軟體，透過簡易的切削測試，結合切削振動量測與 AI 技術，快速分析主軸在不同轉速之下的動剛性並找出切削甜蜜點，降低加工振動、提升加工效率，大幅節省加工者測試參數的時間，在少量多樣的加工模式下快速取得最佳參數。

加工產線彈性自動／智慧化

以模具生產為例，產線可透過整合自動倉儲、AGV、輸送機、機械手臂、CNC、等硬體設備，搭配零點定位系統解決運送、上下料與工件定位等問題。結合雲端管理平臺（MES 系統、稼動率監控系統），完成多種模具彈性生產的排程、命令與管理，以符合現行少量多樣、彈性生產的製造環境。

自動化流程如圖 16-1 所示，首先將模具安裝於治具盤，送入自動倉儲系統等待加工，當要加工時，AGV 車會將模具從自動倉儲運送至自動化工作站，再透過機械手臂將模具送入工具機中進行加工，待加工完成後再由機械手臂取出模具，透過 AGV 車送至下一個加工站或是送回倉儲。

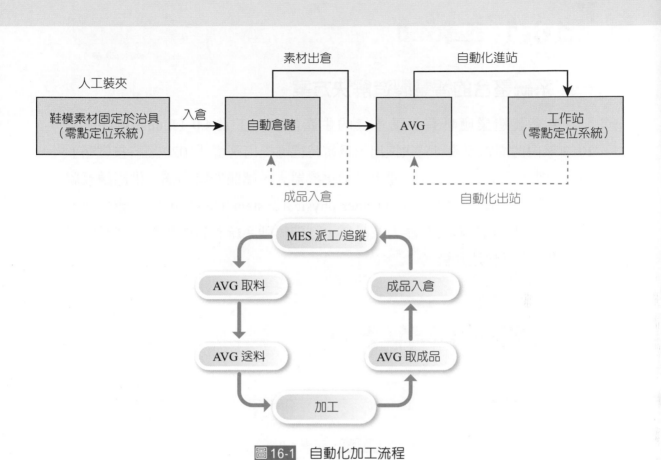

圖 16-1 自動化加工流程

參考資料來源：工具機與零組件雜誌，第130期，2021年5月號。

16-1 工業4.0

一、系統整合的智慧製造解決方案

　　未來製造業應具有少量多樣的生產能力。工業4.0（Industry 4.0）於2012年由德國聯邦政府首次提出，為當時德國提出落實「2020高科技戰略」的十大未來計畫之一。大量運用自動化機器人、感測器物聯網、供應鏈互聯網、銷售及生產大數據分析（Cyber-physical system, CPS），以人機協作方式提升全製造價值鏈之生產力及品質，打造軟硬系統整合的智慧製造解決方案，協助企業快速升級。

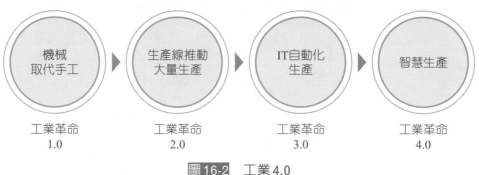

圖16-2　工業4.0

　　工業4.0的第一步：資訊透明。透過感測平臺，掌握所有機臺設備的運作，以及各種工件產品的生產狀況，判定並採取下一步智慧製造流程。如利用3D視覺感測器精準掃描3D的生產物件或場景，結合3D與2D的影像融合分析，線上進行量測；或作為瑕疵檢測的工具，可滿足高精密產品的數位自動全檢需求，從感測平臺獲得相關數據後，透過聯網平臺蒐集分析數據，並將結果回饋至產線，實現智慧化生產，有助於快速調整改善製程，讓生產更順暢。

（一）整合虛實的智慧製造產線

　　智慧製造必須串聯生產流程與步驟，讓每段製程都能「瞻前顧後」，整條產線變得更智慧。由於傳統製造業的機臺設備新舊不一，有些已經是10多年前的機臺，考量到製造業者現有的機器設備大多未具備智慧連網功能，只要加裝在舊型設備機臺上，不需耗費鉅資更換設備，可經由感測器擷取各項資訊加以應用，提升生產設備的智慧化程度。

智慧製造最大的特色與價值，在於透過製造數據的收集、分析再回饋產線，達到參數最佳化、產能模擬等附加價值，並結合生產週期、模具、機臺、材料的管理，共同整合成「智慧製造整合方案」（Intelligent Manufactory 4.0），製造業者控生產狀態，達到智慧製造的最佳生產模式。

圖 16-3　智慧工廠架構

（二）生產排程管理系統，展現未來智慧工廠樣貌

　　「生產排程管理系統」，連接企業資源規劃與製造執行系統等資訊，整合機臺、人員、工具、物料等資源，透過演算法自動產出，在生產排程插單等訂單需求變動下能快速重新排程，幫助管理人員掌控生產狀況。運用「智慧自動化量測系統」，利用機器人自動上下料，夾取工件進行三次元量測，減少由人工換料時間，量測結果上傳至雲端系統，建立產品資訊、提升品管效率，符合少量多樣的生產模式。

　　工業 4.0 將工業系統提升到前所未有的高度，通過系統解決產品生命週期不斷縮短、物流交貨週期加快，以及客戶訂製要求多樣化的問題，強化訂單管理、產品研發、技術研發、生產設備研發。新的產業鏈將使製造業不再只是硬體設備製造的概念，而是融入資訊技術、自動化技術和現代管理技術的新服務模式。

16-2 工業工程未來之挑戰

　　隨著網際網路（Internet）產業的持續成長，企業迎向新時代的挑戰，決勝的關鍵與傳統之工業工程的觀點已完全不一樣，致勝的關鍵點在於掌握價值與速度。未來產業發展的主要趨勢是追求多變化、簡易化操作、彈性迅速以及靈活運用智慧型的產品，因而帶來產業的價值與速度。因此面對爆炸性知識管理時代，網路革命所帶來的企業整合價值，工業工程掌握時代的脈動，成為產業面對未來必須掌握的課題與挑戰。

一、管理策略精緻化

　　對於電子商務的經營管理，必須建立數位時代的經營與服務的特色，才能掌握先進市場的優勢，塑造自身獨特的競爭優勢，因此在保存工業工程系統，高階管理應如何構建經營理念、策略與目標一致性品質文化。內部管理活動構面，各項機能運作流程、人力資源品質如何落實品質政策於日常管理，就成為必須面對討論的課題。

二、品質資訊系統（Quality Information System, QIS）

　　網路商機的競賽中，「品質」已成為顧客選擇企業之標準之一，品質的期望已從有形產品的品質擴展至設計、生產、銷售、售後服務、進而至企業整體的全面品質，在這目標與前提之下，品質資訊系統就成為網路企業發展的新趨勢，如何進行 QIS 規劃與推薦，對於產業的發展可以產生實質貢獻。

三、整合內外部服務品質

　　電子商務的整體經營過程是虛擬化，如何強化對客戶的服務品質，擴大接觸網路上的潛在客戶，藉由網際網路的即時互動，以提高顧客的滿意度，因應客戶的多樣化來界定外部服務品質構面、衡量顧客滿意調查指標、銜接內外部服務品質與界面互動過程的模式標準化，都是需要面對的主題。

16-3 工業工程與企業再造

　　整個科技的轉變不只改變企業的經營模式，更重要是改變企業重新思維的策略，網路所帶來的無遠弗屆的能力，在組織結構、策略規劃與人員思維角度就必須重新進行企業改造。

一、精實管理（Lean Management, LM）

　　「精」是指其精神在「追求全面品管，止於完善」，「實」是指其主旨在「消除各種浪費，創造真實價值及財富」，其根本為「追求全體上、下游價值溪流（Value stream），創造產品的共榮、互利之整體活動」。精實管理透過觀看流程、消除浪費，節省成本，學習「少量多樣化」的生產模式，並推廣到研發、銷售、上下游廠商、持續改善，讓公司的供應鏈澈底「暢流」創造最大的價值與獲利。

（一）確定價值（Specify value）

　　精實系統思考法的第一原則，精實系統以關鍵性起步點為價值，最終顧客能界定價值，只有就某特定產品、在某特定時間、以特定價值來滿足顧客需求時，才能表達出價值所在，「正確地確定價值」為精實系統思考法的關鍵性第一步。

（二）價值溪流（Value stream）

　　精實系統思考法的第二原則是確認價值溪流（Identify the value stream），三個關鍵性管理工作，包括：(1) 解決問題任務，從概念開始，經詳細設計、工程作業到新產品推出；(2) 物理轉化任務，把原材料變形為能交給顧客的產品；(3) 資訊管理任務，從訂單、生產日程細節直到交貨。過程中確認每一產品的整體價值溪流，以利排除浪費情況。

（三）使價值暢通活動暢流（Flow）

　　精實系統思考法的第三原則，是把所有工作的基本步驟及連續流程、創造成具價值的步驟使其成為一暢流。為達到「暢流管理」，發展出及時化系統，用來協助工廠達成暢流化，同時製程能實行平均化排程（平準化）。

（四）由顧客向生產者推動拉力（Pull）

後拉（Pull）生產方式 是只在顧客需要某產品或服務時，所有製程方開始運作生產。是設想顧客需要的產品，然後反推向「生產者」管理活動。

（五）追求完善（Perfect）

持續性的突破性與漸進式兩種改善方式，為了能達到完善的境界，需善用精實化技術，必須能應用「價值確定，價值確認、暢流化及後拉式」四大原理。

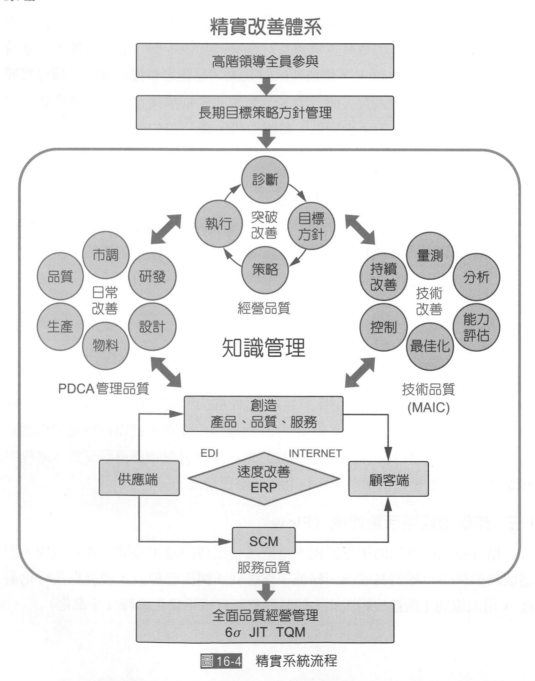

圖 16-4　精實系統流程

二、供應鏈管理（Supply Chain Management, SCM）

為了全球運籌管理體系能夠有效運作，將供應鏈從備料、生產、出貨、通關到市場配銷每個環節加以連接，以達到及時化的管理與運作。供應鏈發展所及，著眼於全球化供應鏈，因此企業接單生產模式（Configuration-to-Order, CTO）與接單生產（Built-to-Order, BTO），若進行變革會對傳統工業工程系統產生質變，供應鏈管理三大特色，如下所示：

1. 顧客需求為導向的後拉式系統。

2. 全球性資源整合系統。

3. 充分運用資訊工具。

表 16-1　供應鏈管理之策略、戰略及作業議題

策略議題	戰略議題	作業議題
供應鏈的設計	存貨政策 採購政策 生產政策	品質控制 生產計畫與管制 日程安排
伙伴關係	運籌政策 品質政策	自製或外購

三、運籌管理

運籌（Logistics）運籌涉及產銷過程中與原物料、設備、產品運輸有關的活動，包括訂單處理、原物料及產品之倉儲、存量管制、檢驗、包裝、配銷、運輸及顧客服務等活動。

「運籌管理」（Logistic Management）就是企業進行市場的行銷、產品設計、顧客滿意調查、生產、採購、後勤補給、供應商以及庫存等整體管理體系的經營，核心的精神便是快速反映市場的變化與顧客的需求，以創造大的綜效。如何搭配軟硬體電腦網路、建立標準作業程序、企業作業程序的再造以及跨國性人勢資源管理成為學術研究的新課題。

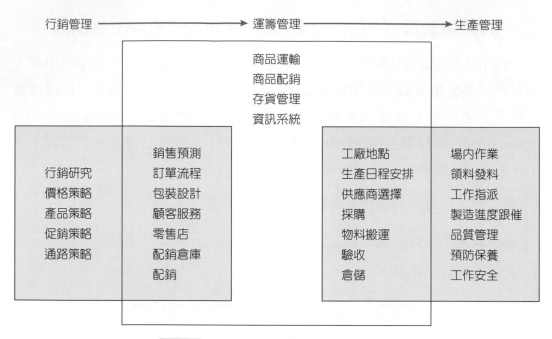

圖 16-5　生產、行銷與運籌管理之關係

四、智慧型製造系統（Intelligent Manufacturing Systems, IMS）

智慧型製造系統：「利用先進的智能技術（如專家系統、模糊邏輯、類神經網路等）和知識庫建立具有智慧或自我決策能力的製造系統，以便有效率地完成生產線上的關鍵作業程序，順遂達到降低生產成本之最終目的」。隨著臺灣高科技產業之製程技術的持續提升，製程精度之要求亦隨之日益嚴苛，導致產品良率的確保受到嚴厲的考驗。因此產業界智慧型製造系統，可達成提升生產效率及降低生產成本的目標。

隨著網際網路科技的發展，使得 IMS 化能進展成 E 化的境界，供應鏈 E 化存在於各個高科技產業，並且更進一步地發展成一個 E 化製造（e-Manufacturing）的全球營運模式。E 化製造環境下的供應鏈結合可製造性設計（Design for Manufacturability, DFM）、產能預估與精實生產系統。

IMS 需具有線上與即時預測能力，具備即時評估其預測結果，IMS 亦已通用化，使其能應用在不同領域，如半導體產業或其他高科技產業。IMS 針對「單一機臺內的分散式智慧」及針對「完整製造系統的總體性智慧」。在微觀方面（Machine level），其共通性技術為嵌入式與無線化技

術；宏觀方面（Enterprise level），則必須先建構完成 E 化製造的基礎建設
（Infrastructure）。

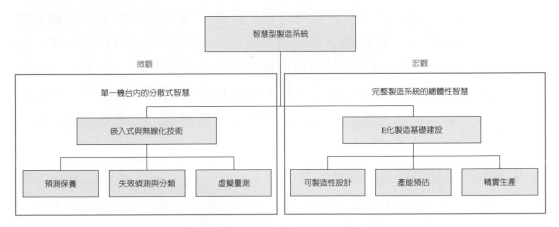

圖 16-6　智慧型製造系統的範疇

五、服務管理

服務管理，是組織將服務視為競爭優勢，重視組織與顧客接觸的關鍵時刻（Moment of Truth, MOT），整合組織各個層面，從精心設計的服務策略、顧客導向的服務人員及服務傳遞系統，經營顧客體驗，以超越顧客期待的服務品質，讓顧客導向成為服務組織的首要驅動力。

服務組織，受到服務無形性、異質性、易逝性、服務的生產與消費同時發生等特性影響，服務無法事先製造、不能儲存、展示與重來，顧客無法預先知覺或感受到服務，不同的服務人員帶來不同的服務體驗，且服務過後，留下的僅是顧客經驗與感受口碑，有客觀因素，也有主觀感受。因此，服務管理的內涵，就是經營每次服務接觸的動態互動過程與成果。

（一）服務作業的特性

服務最大的特性應該是在投入（Input）和資源（Resources）。服務的投入就是顧客本身，而資源則是管理者可以控制的人力和資本。服務系統的設計應該將顧客視為共同生產者（Co-producer），不僅考慮顧客與服務系統的互動，更考慮顧客是如何參與服務系統，以及顧客可以對服務提供什麼樣的貢獻。

1. **顧客參與服務過程**

   顧客會出現在服務現場，服務環境的設計對顧客的影響是不容忽視的。對顧客而言，服務就是服務環境的親身經歷，服務設計如果是從顧客的觀點來設計的，一定能為服務品質加分。一般都將服務的前檯（Front-office）和後檯（Back-office）做明顯的區分，但是也有一些服務業是將後檯作業透明化，以提高服務品質，例如有些餐廳則開放廚房供顧客參觀，服務的一個重要觀念是如何讓顧客積極地過程，而不是將顧客摒除門外。

2. **服務的生產和消費是同時發生的**

   服務就沒有辦法預先儲存，變動需求就成為服務管理的一大挑戰。例如、圖書館沒有要借書時，經過流通服務櫃檯可能是空蕩蕩的，但是要借書時卻要排隊，由於服務具開放系統的特性，所以服務的庫存就是顧客的等待－排隊，所以服務能量的管理，設備的有效利用，減少設備閒置時間，就成為服務管理的重點。生產與消費同時發生，也使得服務難以進行品質控制，無法以傳統製造業檢驗的方式進行品管，服務品質管理有別於傳統的品質管理。

3. **服務能量是隨時而逝的**

   服務是易逝的，飛機的座位沒人座、圖書館開門沒有讀者上門，表示服務能量的空間，服務能量的充分利用就成為服務管理的一大挑戰。顧客對服務的需求通常以一種週期性的行為，有尖峰和離峰的變動。面對服務需求的變動和服務能量的易逝性，服務管理者可以採取三種策略：

   (1) 分散需求：利用預約或是保留、利用價格誘因（離峰時段打折）與行銷離峰時段（尖峰時段反行銷）。

   (2) 調整服務能量：尖峰時段雇用臨時工，根據求排班，增加顧客自助式服務的內容。

   (3) 讓顧客等待：消極的作法，可能得承擔顧客不滿易，抱怨，甚至失去顧客的風險。

4. **顧客在那裏，服務地點就在那裏**

   顧客和服務提供人員必接觸，不管是服務人員親訪或是顧客光臨，服務地點得設在靠近顧客的地方。雖然有了網路之後，實體的距離對有些服務來說，已經不是那麼重要了，但交通時間和成本當然會影響地點選擇

的經濟性,所以設立很多小型的服務據點爭取顧客,成為常用的策略,如學校複印店設立,就是很好的例子。

5. **經濟規模有限**

由於受服務地點限制的服務而言,經濟規模是很難達成的。速食店變通的方法是在總公司作半成品加工,在分送到各服務點以達經濟規模之效益。或是擴大其服務項目,以爭取經濟範圍的效益。

6. **服務的控制是分散式的**

服務是及時在現場生產,很難控制與達到標準化,對於零售業或是速食店,標準化的方法是利用特殊的設備或是提供種類有限的產品或服務。對於較複雜的專業服務,則可透過密集的訓練、護照制度、和審查來達到服務控制。

7. **無形性**

服服務是一種觀念與想法,服務的創新是無法取得專利的,要保持服務的優勢,服務公司必須快速地超越其競爭對手,拉大距離。服務的無形性,也帶給消費者困擾。當消費某項服務,例如電視網購,沒有辦法看到、摸到與感受到,顧客必須仰賴服務公司的聲譽等因素來做選擇。

8. **輸出難以衡量**

量化的評估無法反應品質,甚至服務的績效無法單純的以產出(Output)評估,實務作法是由附加顧客的投入轉變為產出的狀況,衡量其附加價值。

(二)PZB 模式

1. 服務品質構面

PZB 模式是於 1985 年由劍橋大學的三位教授 Parasuraman, Zeithaml and Berry 所提出的服務品質概念模式。主概念為顧客是服務品質的決定者,企業要滿足顧客的需求,必須要彌平此模式的五項缺口。缺口一至缺口五可由企業透過管理與評量分析去改進其服務品質。

(1) 可靠性:指可信賴且準確地實現所承諾之服務的能力。

(2) 反應性:指協助顧客與提供及時服務的意願。

(3) 確實性:指員工的知識和禮貌及傳達信賴的能力。

(4) 同理心:指對顧客提供個人化的關懷。

(5) 有形性：指實體設備、裝備、人員及溝通資料等屬性。

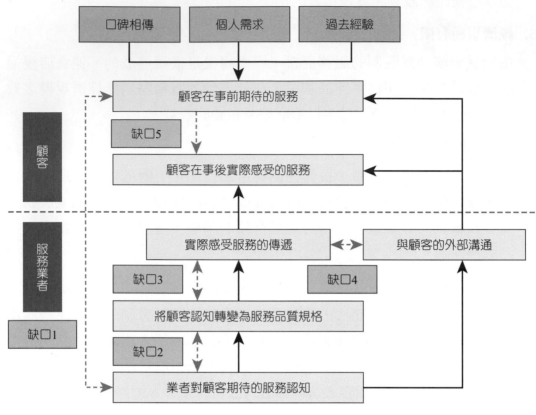

圖 16-7　服務品質缺口模型

2. 服務品質缺口

(1) 缺口 1：不知道顧客的期望，顧客期望與經營管理者之間的認知缺口

當企業不了解顧客的期待時，便無法提供讓顧客滿意的服務。因此若縮短此缺口，需要研究顧客的期望及需求，參考同性質企業中顧客的期望、或是確認服務過程中的問題。

(2) 缺口 2：錯誤的服務標準，經營管理者與服務規格之間的缺口

企業可能會受限於資源及市場條件的限制，可能無法達成標準化的服務，而產生品質的管理的缺口。可以利用①設計以滿足顧客期望；②清楚而特定（爲員工所接受）；③與重要的工作構面相關；④經由適當回饋測量與審核，同時目標應該具挑戰性但能達成。

(3) 缺口 3：服務績效缺口，服務品質規格與服務傳達過程的缺口

企業的員工素質或訓練無法標準化時或出現異質化，便會影響顧客對服務品質的認知。此時員工所扮演的角色就相當重要，影響此缺口的因素包括，員工不確知管理者的期望及如何滿足該期望、員工感受到不能滿足所服務的顧客的程度、員工的技術以及執行工作的工具與技術之適當性、評估與獎勵系統的適當性、員工感受到有彈性處理的程度，而不會在提供服務時不知所措。

(4) 缺口 4：執行的錯誤，服務傳達與外部溝通的缺口

例如誇大的廣告，造成消費者期望過高，使實際接受服務卻不如預期，降低其對服務品質的認知，通常是直線部門上下比較會犯這種錯誤，但是部門間橫向的共同作業也會有這種錯誤出現，若要減少這種缺口的出現機會，就要有一個標準作業流程。

(5) 缺口 5：顧客實際感受到的服務和期望服務間的差距

存在於顧客的主觀意識中，也就是顧客對於自己所得到的服務，會根據自己的經驗、別人的口碑。以及是否能滿足自己的需要，判斷產品或服務，在自己心裡面認知好或不好的結論。

exercise 本章習題

一、填充題

1. ＿＿＿＿＿＿＿＿＿為了全球運籌管理體系能夠有效運作，將供應鏈從備料、生產、出貨、通關到市場配銷每個環節加以連接，以達到及時化（Just-in-Time）的管理與運作。

2. ＿＿＿＿＿＿＿＿（Logistic Management）就是企業進行市場的行銷、產品設計、顧客滿意調查、生產、採購、後勤補給、供應商以及庫等整體管理體系的經營。

3. ＿＿＿＿＿＿＿＿＿（Intelligent Manufacturing Systems, IMS）為：「利用先進的智能技術（如專家系統、模糊邏輯、類神經網路等）和知識庫建立具智慧或自我決策能力的製造系統，以便有效率地完成生產線上的關鍵作業。

4. E化製造環境下的供應鏈結合＿＿＿＿＿＿＿＿（Design for Manufacturability, DFM）、產能預估（Capacity forecasting）與精實生產（Lean Production）系統。

5. ＿＿＿＿＿＿＿＿就是利用先進的智能技術（如專家系統、模糊邏輯、類神經網路等）和知識庫來建立具有智慧或自我決策能力的製造系統，以便有效率地完成生產線上的關鍵作業程序，順逐達到降低生產成本之最終目的。

6. 企業在網路商機的競賽中，「品質」已成為顧客選擇標準之一，對於產品品質的期望已從有形產品的品質擴展至設計、生產、銷售、售後服務、進而至企業整體的全面品質，在這目標與前提之下，＿＿＿＿＿＿＿＿就成為網路企業發展的新趨勢。

7. 供應鏈發展所及，著眼於全球化供應鏈，因此企業接單生產模式（Configuration-to-Order, CTO）與＿＿＿＿＿＿（Built-to-Order, BTO）若進行變革。

8. 供應鏈管理三大特色，包括以顧客需求為導向的後拉式系統、＿＿＿＿＿＿＿＿與充分運用資訊工具。

9. 顧客對服務的需求通常以一種週期性的行為，有尖峰和離峰的變動。面對服務需求的變動和服務能量的易逝性，服務管理者可以採取＿＿＿＿＿＿＿＿：利用預約或是保留、利用價格誘因（離峰時段打折）與行銷離峰時段（尖峰時段反行銷）。

10.服務管理，是整個組織將服務視為競爭優勢，重視組織與顧客接觸的關鍵
　　＿＿＿＿＿＿＿，管理每次與顧客互動的機會與經驗，整合組織各個層面，從
精心設計的服務策略、顧客導向的服務人員及服務傳遞系統，經營顧客體驗，
以超越顧客期待的服務品質，讓顧客導向成為服務組織的首要驅動力。

二、簡答題

1. 精實系統思考法的第二原則是確認價值溪流（Identify the Value Stream），三個
關鍵性管理工作，包括：

2. 運籌（Logistics）運籌涉及範圍：

3. PZB 模式，有哪五項服務品質缺口？

4. 請說明供應鏈的內涵。

國家圖書館出版品預行編目(CIP)資料

工業工程與管理 / 鄭榮郎編著. -- 八版. -- 新
北市：全華圖書股份有限公司, 2023.09
　面；公分
ISBN 978-626-328-646-7(平裝)
1.CST：工業工程　2.CST：工業管理
440　　　　　　　　　　112013344

工業工程與管理（第八版）

作者 / 鄭榮郎

發行人 / 陳本源

執行編輯 / 黃翔毅

封面設計 / 戴巧耘

出版者 / 全華圖書股份有限公司

郵政帳號 / 0100836-1 號

印刷者 / 宏懋打字印刷股份有限公司

圖書編號 / 0531907

八版一刷 / 2023 年 12 月

定價 / 新台幣 640 元

ISBN / 978-626-328-646-7

全華圖書 / www.chwa.com.tw

全華網路書店 Open Tech / www.opentech.com.tw

若您對本書有任何問題，歡迎來信指導 book@chwa.com.tw

臺北總公司(北區營業處)
地址：23671 新北市土城區忠義路 21 號
電話：(02) 2262-5666
傳真：(02) 6637-3695、6637-3696

南區營業處
地址：80769 高雄市三民區應安街 12 號
電話：(07) 381-1377
傳真：(07) 862-5562

中區營業處
地址：40256 臺中市南區樹義一巷 26 號
電話：(04) 2261-8485
傳真：(04) 3600-9806(高中職)
　　　(04) 3601-8600(大專)

歡迎加入 全華會員

● 會員獨享

會員享購書折扣、紅利積點、生日禮金、不定期優惠活動…等。

● 如何加入會員

掃 QRcode 或填妥讀者回函卡直接傳真(02) 2262-0900 或寄回，將由專人協助登入會員資料，待收到 E-MAIL 通知後即可成為會員。

如何購買 全華書籍

1. 網路購書

全華網路書店「http://www.opentech.com.tw」，加入會員購書更便利，並享有紅利積點回饋等各式優惠。

2. 實體門市

歡迎至全華門市（新北市土城區忠義路 21 號）或各大書局選購。

3. 來電訂購

(1) 訂購專線：(02) 2262-5666 轉 321-324

(2) 傳真專線：(02) 6637-3696

(3) 郵局劃撥（帳號：0100836-1　戶名：全華圖書股份有限公司）

※ 購書未滿 990 元者，酌收運費 80 元。

OpenTech.com.tw 全華網路書店

全華網路書店 www.opentech.com.tw
E-mail: service@chwa.com.tw

※ 本會員制如有變更則以最新修訂制度為準，造成不便請見諒。

得 分

全華圖書（版權所有，翻印必究）

工業工程與管理

CH01

工業工程與管理導論

班級：＿＿＿＿＿＿＿＿＿

學號：＿＿＿＿＿＿＿＿＿

姓名：＿＿＿＿＿＿＿＿＿

（ ）1. 關於動作研究（Motion study principles）下列何者為非？ (A) 創始者為吉爾伯斯（Frank Gilbreth） (B) 將必要的動作複雜化 (C) 可以定義為操作員人體動作的研究 (D) 旨在消除不必要的動作。

（ ）2. 下列何項不是手工業技術生產時期（Craft production）的生產階段？ (A) 大量生產（Mass production） (B) 師徒制（Apprenticeship） (C) 茅舍生產（Cottage） (D) 工廠生產（Factory）。

（ ）3. 下列何者不是科學管理階段（1900 到 1930 年）的特色？ (A) 大量生產 (B) 計畫評核術 (C) 勞工分工 (D) 專業化及工作研究。

（ ）4. 泰勒於 1903 年出版的著作《工廠管理》（Shop management），將個人工作的各項基本動作，應以科學方法為依據，而不是過去的經驗通則，是屬於哪一項科學管理原則？ (A) 工人選擇科學原則（Scientific Worker Selection） (B) 誠心合作原則（Cooperation and Harmony） (C) 責任劃分原則又稱最大效率原則（Greatest Efficiency） (D) 動作科學化原則（Scientific Movements）。

（ ）5. 「霍桑效應」（Hawthorne Effects）之研究建議為 (A) 注重工作與生產進度 (B) 關心生產轉變成關心工人 (C) 注重工作設計與員工激勵 (D) 提高生產力。

（ ）6. 「作業研究在工業工程與管理的發展中產生極大的影響，下列何者不是作業研究範圍？ (A) 線性規劃 (B) 動態規劃 (C) 統計品管 (D) 馬可夫鏈。

（ ）7. 美國統計學家史瓦特在一九三一年以統計的觀念，主要的貢獻為 (A) 品管圈 (B) 統計管制 (C) 六標準差 (D) 全面品質管理。

（ ）8. 下列何項不是科學管理之父泰勒（Taylor）所主張改善工作效率的方式？ (A) 工作方法簡單化 (B) 以科學方法訓練工人之工作技能 (C) 規定各項作業的標準產量 (D) 上司部屬合理分工及權責界定。

（ ）9. 下列何者不屬於企業的五大功能之一？ (A) 財務 (B) 生產 (C) 教育訓練 (D) 研究與發展。

（ ）10.「科學管理之父」係指哪一位學者？ (A) 古力克（L. Gulick） (B) 馬斯洛（A. Maslow） (C) 泰勒（F. Taylor） (D) 赫茲柏格（F. Herzberg）。

( ) 11. 泰勒（F. Taylor）的科學管理原則，對工人的激勵方式為何？ (A) 潛能開發 (B) 按件計酬 (C) 工作輪調 (D) 工作擴大化。

( ) 12. 下列對泰勒（F.W. Taylor）的敘述何者錯誤？ (A) 講究「最佳管理方法」的尋求 (B) 重視「高階主管的管理技術」 (C) 被稱為「科學管理之父」 (D) 著有《科學管理原則》。

( ) 13. 被後人稱為「現代管理理論之父」者為何人？ (A) 費堯 (B) 韋柏 (C) 胡桑 (D) 泰勒。

( ) 14. 行政管理主張之行政五大要素，不包括下列何者？ (A) 溝通 (B) 協調 (C) 計畫、控制 (D) 組織、領導。

( ) 15. 霍桑試驗的第一階段裝配接力試驗結果，生產量之提高，係以下列何關係最為重要？ (A) 獎金提高 (B) 工作環境改善 (C) 休息時間之增加 (D) 人格尊重。

( ) 16. 開創人群關係學派的重要活動是下列何者？ (A) 明諾布魯克會議 (B) 黑堡宣言 (C) 時間與動作研究 (D) 霍桑實驗。

( ) 17. 互換性零件、大量生產、標準化、勞工分工及專業化及工作研究等，是屬於下列何者的領域？ (A) 科學管理學派 (B) 管理科學學派 (C) 行為學派 (D) 古典學派。

( ) 18. 組織欲有效作用，必須依照該組織所處的特定環境，因人、因事、因地、因時而採取適當的組織型態及管理方法，並沒有所謂放諸四海皆準的組織型態或管理方法。此乃屬於哪一理論學派的論點？ (A) 行政管理學派 (B) 科學管理學派 (C) 自我創新理論 (D) 權變理論。

( ) 19. 傳統管理理論之管理學派不包含下列何者？ (A) 管理科學學派 (B) 行政管理學派 (C) 科層式（官僚）學派 (D) 科學管理學派。

( ) 20. 工業工程階段（1920 年代延續至現在）這階段出現的特色，下列何者不是？ (A) 有勞工聯盟 (B) 工具設計 (C) 計畫評核術 (D) 獎工制度。

得　分

工業工程與管理

CH02

規劃與控制

班級：＿＿＿＿＿＿＿＿

學號：＿＿＿＿＿＿＿＿

姓名：＿＿＿＿＿＿＿＿

（　）1. 古人說：「凡事豫則立，不豫則廢」，其中的「豫」是指　(A) 組織　(B) 計畫　(C) 用人　(D) 研究發展。

（　）2. 有關目標管理（MBO）的敘述，下列何者為非？　(A) 由杜拉克（Drucker）首先提出　(B) 績效目標由高階主管單方面訂定，並強制分配下屬執行　(C) 以目標為基礎的管理工具　(D) 使組織內實施大幅度的授權。

（　）3. 高階管理者所要進行的是　(A) 策略性計畫　(B) 特定性計畫　(C) 專案計畫。

（　）4. 麥可波特（Michael Porter）指出產業分析中的五種競爭力不包括以下何者？　(A) 進入障礙　(B) 競爭者威脅　(C) 替代品威脅　(D) 員工抗爭威脅。

（　）5. BCG 矩陣中，高成長、高相對市場佔有率的是何種事業？　(A) 明星事業　(B) 金牛事業　(C) 老狗事業　(D) 問題事業。

（　）6. 下列何者非屬於 SWOT 的分析項目？　(A) 機會　(B) 組織　(C) 優勢　(D) 威脅　(E) 劣勢。

（　）7. 企業進行策略規劃時，常分析所處環境及本身條件，此策略分析之技術稱為　(A) SWOT 分析　(B) ABC 分析　(C) CPM 分析　(D) STP 分析。

（　）8. 下列何者屬於規劃程序之中？　(A) 界定企業之經營使命　(B) 進行有關環境因素之偵測　(C) 設定目標　(D) 評估本身資源條件　(E) 發展可行的多種方案。

（　）9. 下列何者不是控制之不良反應？　(A) 本位主義　(B) 短期觀點　(C) 長期觀點　(D) 表面文章　(E) 影響士氣。

（　）10.控制程序可分為四項，下列何者為非？　(A) 標準的建立　(B) 工作成果的衡量　(C) 偏差矯正　(D) 建立無效的回饋　(E) 以上皆非。

（　）11.下列何者不是有效控制的原則項目？　(A) 必須由員工參與設定　(B) 設定有效標準的重要性　(C) 必須與工作收關　(D) 不需要求完整　(E) 需求明確。

（　）12.有關決策的程序步驟，下列何者為非？　(A) 製造問題的階段　(B) 方案的分析階段　(C) 發現問題的階段　(D) 無須作重要的分析　(E) 方案的發展階段。

( )13.目標管理的英文縮寫是什麼？ (A) MUB (B) MOB (C) MIB (D) MTA (E) MBO。

( )14.決策的中心意義為 (A) 選擇 (B) 規劃 (C) 計畫 (D) 評估 (E) 以上皆非。

( )15.目標管理包含的步驟，下列何者為非？ (A) 設定目標 (B) 擬定行動計畫 (C) 評價組織績效與員工表現 (D) 所有各階層經理，不用負責任達成所設定之目標 (E) 評價組織績效與員工表現。

( )16.策略管理中常用有關內部的優勢與劣勢、外部的機會與威脅分析方法，稱為 (A) SWOT (B) B2B (C) MBA (D) NPO。

( )17.管理功能中控制的基本步驟有：a. 建立績效標準；b. 工作績效的衡量；c. 比較實際的績效與績效標準；d. 針對差異採取改正行動。其順序為 (A) a.b.c.d. (B) a.d.c.b. (C) a.c.b.d. (D) a.b.d.c。

( )18.下列描述何者為真？ (A) 規劃可以減少外界環境的變化 (B) 規劃可以減少環境變化所帶來衝擊 (C) 規劃與環境變化無關 (D) 規劃可以增多外界環境的變化。

( )19.規劃的重點在於 (A) 建立組織的目標 (B) 找尋達成目標的手段 (C) 以上皆是 (D) 以上皆非。

( )20.甘特圖（Gantt-Chart）主要作為 (A) 排程與控制進度 (B) 增進士氣 (C) 關心生產轉變成關心工人 (D) 作業者工作的集體性。

得　分

工業工程與管理

CH03

組織與領導

班級：＿＿＿＿＿＿＿＿

學號：＿＿＿＿＿＿＿＿

姓名：＿＿＿＿＿＿＿＿

（　）1. 下列何種權力基礎係導因於員工個人的認同與敬仰所產生？　(A) 歸屬權力　(B) 專業權力　(C) 獎賞權力　(D) 合法權力。

（　）2. 依學者之見，他人之所以願意接受領導者的影響，乃是被領導者了解，若不接受領導的話，將會受到某種程度的懲罰。此為領導基礎中的哪一種權力？　(A) 專家權力　(B) 關連權力　(C) 懲罰權力　(D) 強制權力。

（　）3. 下列何項非 French&Raven（1959）所認為的產生影響力（領導）之基礎？　(A) 報償權力　(B) 合法權力　(C) 歸屬權力　(D) 信任權力。

（　）4. 對於任何一家公司或產業而言，沒有最佳的管理模式，完全視情況而定。此種觀念稱為　(A) 科學管理理論　(B) 行政管理理論　(C) 行為管理理論　(D) 權變理論。

（　）5. 權變理論中，下列哪一情境因素不是影響領導效能的重大因素？　(A) 部屬的成熟度　(B) 職權　(C) 領導者與部屬間的關係　(D) 工作結構。

（　）6. 關於「控制幅度」（Span of Control）的敘述，下列何者正確？　(A) 組織運作越穩定，控制幅度可增大　(B) 工作難度越高，控制幅度可增加　(C) 扁平式組織中主管的控制幅度較高架式組織為小　(D) 主管可用的時間越多，控制幅度宜縮小。

（　）7. 路徑目標模式、管理者會清楚告知部屬任務、如何做及做什麼，屬於　(A) 領導式領導　(B) 支持性領導　(C) 參與式領導　(D) 成就取向領導。

（　）8. 有關菲德勒的領導情境模式，在不利的領導情境下，何種領導風格績效較高？　(A) 任務導向　(B) 關係導向　(C) 兩者兼具　(D) 無為而治。

（　）9. 百貨工作將部門劃分為服飾部、電器部、化妝品部等，是哪一種部門劃分方式？　(A) 產品別　(B) 地區別　(C) 顧客別　(D) 功能別。

（　）10. 管理方格理論（Managerial Grid Theory）中，會關注人員需求是否獲得滿足而疏忽工作績效，是下列哪一種領導型態？　(A) (1, 1) 型　(B) (1, 9) 型　(C) (9, 1) 型　(D) (9, 9) 型。

（　）11. 情境領導模型中，所提出影響領導效能的三個情境變數，不包括下列何者？　(A) 領導者與成員間的關係　(B) 領導型態轉變的頻繁度　(C) 任務結構　(D) 地位權力。

（　）12.路徑－目標理論的建議關懷（consideration），將導致較高的員工滿意，當 (A) 任務是缺乏結構化的　(B) 任務是明確的　(C) 部屬是成熟的　(D) 領導者與成員之關係是合適的。

（　）13.管理方格裡，最佳的領導風格應該是　(A) (9,1)　(B) (1,9)　(C) (5,5)　(D) (9,9)。

（　）14.在路徑－目標理論（Path-Goal Theory）中，領導者藉由下列何者來增加激勵效果？　(A) 減少下屬取得獎勵途徑，減少下屬價值或需要的獎酬　(B) 清楚定義下屬取得獎酬途徑，增加下屬價值或需要的獎酬　(C) 設立達成任務的獎酬，並協助下屬辨認獲取獎酬的方法　(D) 強調高品質績效，強調改善目前的績效。

（　）15.機關的決策由大家分享，領導者對部屬使用鼓勵和教導的方式，主管以身作則，屬哪一種領導方式？　(A) 民主式領導　(B) 放任式領導　(C) 獨裁式領導　(D) 交易型領導。

（　）16.根據管理方格論，對人員及工作皆表高度關心的組織氣候類型，稱為 (A) (1,1) 的無為型　(B) (1,9) 的懷柔型　(C) (9,1) 的業績中心型　(D) (9,9) 的理想型。

（　）17.情境領導模型建議，當領導者發現其領導情境屬於有利及不利兩個極端時，最好採取何種導向的領導型態，才能獲得高度的績效？　(A) 任務導向　(B) 職位導向　(C) 指引導向　(D) 情境導向。

（　）18.可以是十年、甚至二十年或更長的長期計畫，也可能是一年一季一月或更短的短期計畫，採取何種觀點？　(A) 自時間觀點　(B) 涵蓋範圍觀點　(C) 自企業經營能觀點　(D) 自空間觀點。

（　）19.當組織的成員彼此之間發生衝突的時候，管理者必須適當的解決並激勵員工，請問這是屬於管理的哪一項功能？　(A) 規劃　(B) 組織　(C) 領導　(D) 控制。

（　）20.組織化結果所表現方式。傳統管理理論所探討的組織功能，就是這種意義下的組織，由於組織功根據組織系統圖、組織章程、職位說明等文件加以規定，稱之為　(A) 正式組織　(B) 非正式組織　(C) 組織系統圖　(D) 組織化。

得　分

工業工程與管理

CH04

研究發展

班級：＿＿＿＿＿＿＿＿＿

學號：＿＿＿＿＿＿＿＿＿

姓名：＿＿＿＿＿＿＿＿＿

( )1. 下列何者是企業發展新產品的原因？　① 避免遭受淘汰；② 提高利潤；③ 提高成本；④ 適應顧客需求型態的改變　(A) ①②③④　(B) ①②③　(C) ①②④　(D) ②③④。

( )2. 消費者購買東西時是先從外視的吸引力加以選擇的，因此產品的外形亦是決定消費者購買與否的重要因素之一。請問，是指何種新產品？　(A) 完全的新產品　(B) 發展舊有產品之新用途　(C) 改變包裝的新產品　(D) 以上皆非。

( )3. 將普通的電熨斗改良為自動噴水蒸氣的電熨斗，請問，這是指何種產品？　(A) 完全的新產品　(B) 發展舊有產品之新用途　(C) 改變包裝的新產品　(D) 部分新產品。

( )4. 任何一種產品在市場上都有其生命週期，下列何者排序正確？　① 幼年期；② 青年期；③ 壯年期；④ 老年期　(A) ①②③④　(B) ②③④　(C) ①②③　(D) 以上皆非。

( )5. 由於時尚、嗜好等的改變，顧客對產品的要求也隨著發生變化，或由於所得水準的提高，顧客對產品的要求更嚴格化，這是考慮到發展新產品的哪一因素？　(A) 避免遭受淘汰　(B) 提高利潤　(C) 降低成本　(D) 適應顧客需求型態的改變。

( )6. 在不妨礙原有產品之機能下，改變產品的設計或包裝以節省不必要的材料與工時之浪費，是考慮到何項因素？　(A) 避免遭受淘汰　(B) 提高利潤　(C) 降低成本　(D) 適應顧客需求型態的改變。

( )7. 「零件估價」是在何種階段中進行？　(A) 企劃階段　(B) 試作階段　(C) 設計階段　(D) 量產階段。

( )8. 下列何者屬於量產階段的程序？　① 零件發包入廠；② 正式量產；③ 量產改善試作；④ 量產試作　(A) ①②　(B) ①②③　(C) ②③④　(D) ①④。

( )9. 下列何者屬於設計階段？　① 分析資料、規格；② 材料成本計算；③ 設計生產方法，完成作業指導書；④ 成本損益計算　(A) ①②④　(B) ①②③　(C) ②③④　(D) ①③④　(E) ①②③④。

( ) 10.根據市場調查的資料,可以看出消費者對我們構想中的產品的需求程度,再考慮其他因素後,就可決定是否要生產,是指企劃階段中的哪一程序? (A) 製造決策 (B) 市場調查 (C) 資金預算。

( ) 11.指在早期設計階段,聚集設計人員與製造工程人員同時研發產品和製程。上述為 (A) 同步化工程 (B) QFD (C) 品質機能展開 (D) CAD。

( ) 12.開發一種全新而種類不同的產品,需要新的產品設計,生產方式以及市場活動。上述為 (A) 完全的新產品 (B) 部分新產品 (C) 改變包裝的新產品 (D) 科技產品。

( ) 13.產品構思來自五個來源,下列何者不是? (A) 供應商提供訊息與競爭對手的產品 (B) 業務人員市場搜集訊息 (C) 政府法規的要求 (D) 經營者決定。

( ) 14.量產階段確保正常運轉,工作內容除了正式量產,另一項工作為 (A) 模具發包 (B) 樣品確認 (C) 零件發包入廠 (D) 性能改善試作。

( ) 15.指產品與服務在發展過程時融入顧客心聲,並將顧客要求的因素分解進入製程每一層面。上述為 (A) 同步化工程 (B) 品質機能展開 (C) 電腦輔助設計 (D) 零件表。

( ) 16.產品試作階段包含之步驟,下列何者為非? (A) 樣品確認 (B) 零件發包入場 (C) 模具發包 (D) 性能改善試作。

( ) 17.公司將所有研究發展設備與人力集中在一地點,除了總部所設定的研究室外,其它分支結構皆沒有研究發展的活動。上述為何種組織? (A) 矩陣式組織 (B) 分權式組織 (C) 集權式組織 (D) 正式組織。

( ) 18.同步化工程之主要優點,下列何者不是? (A) 設計與製造間的長期溝通隔閡難以克服 (B) 基於對生產能力的了解,製造人員能對製程的選擇有相當的幫助 (C) 考量技術的可行性,可避免生產時有重大缺失 (D) 重點放在解決真正的問題,而非解決衝突。

( ) 19.不論創意之來源為何,產品之最終目的皆是交給消費者使用,故在設計之前,須先進行什麼,才能瞭解消費者真正的需求,減少上市後的失敗機率? (A) 市場調查 (B) 製造決策 (C) 資金預算 (D) 零件估價。

( ) 20.「模具發包、樣品確認」是在何種階段中進行? (A) 企劃階段 (B) 試作階段 (C) 設計階段 (D) 量產階段。

得　分

工業工程與管理

CH05

工作研究

班級：_____

學號：_____

姓名：_____

(　) 1. 工作衡量之技術，就資料之取得方式而言，可以分成直接法與合成法兩種，直接法因素為　(A) 碼錶時間研究（Stop-watch Time Study）　(B) 預定動作時間標準法（PMTS）　(C) 標準資料法（Standard Data）　(D) 以上皆是。

(　) 2. 要使隱藏成本降低，最容易由何種分析工具顯現出來？　(A) 操作程序圖（Operation Process Chart）　(B) 人機程序圖（Man-Machine Chart）　(C) 流程程序圖（Flow Process Chart）　(D) 操作人程序圖（Operator Process Chart）。

(　) 3. 下列哪一個敘述不符合動作經濟原則？　(A) 雙手的動作應同時、反向、對稱　(B) 手之動作應以級次最低者為之　(C) 儘量應用物之自然重力　(D) 直線且有方向轉折的運動較曲線運動為佳。

(　) 4. 下列敘述何者為正確？　(A) 操作程序圖依照物料移動程序，視情況運用操作、搬運、儲存、延遲及檢驗等五種符號，來顯示由原物料的進料到最後包裝完成的整個過程　(B) 人機程序圖是為研究、分析以及改善一特定工作站時所用的工具，此圖可顯示人員工作週期與機器運轉週期兩者間準確的時間關係　(C) 將操作程序圖上之所有活動，在圖像式的工廠佈置平面圖的對應位置，以動線標示出來，就稱為動線圖　(D) 組作業程序圖最適用於一人操作多部機器之程序分析。

(　) 5. 時間研究的程序中，不包括下列哪一項？　(A) 訂定寬放　(B) 建立公式　(C) 劃分單元　(D) 針對操作員的表現進行評比。

(　) 6. 設有某項操作，經過碼錶測時後所得到的平均時間為 1.2 分鐘，評比為 115%，若寬放值設為 12%，則其正常時間為　(A) 0.82 分鐘　(B) 0.92 分鐘　(C) 0.93 分鐘　(D) 1.55 分鐘。

(　) 7. 在做流程程序圖（Flow Process Chart）時，正方形符號「□」代表　(A) 操作　(B) 搬運　(C) 儲存　(D) 檢驗。

(　) 8. 流程程序圖常被用來描述一個製品的完整製造程序，程序圖中最重要之因素為　(A) 距離　(B) 時間　(C) 流程　(D) 方法。

(　) 9. 在進行方法研究的程序分析中，▽是指　(A) 操作　(B) 搬運　(C) 儲存　(D) 檢驗。

(　　) 10. 作業員每天工作 8 小時，其空閒率為 15%，平均績效指標為 110%，日產量為 420 件，試求每件標準時間為幾分？　(A) 0.883 分　(B) 0.257 分　(C) 1.143 分　(D) 1.069 分。

(　　) 11. 下列何者屬於程序分析？　(A) 多人圖（multi-man chart）　(B) 人機程序圖（man-machine chart）　(C) 線圖（flow diagram）　(D) 操作人程序圖（operator process chart）。

(　　) 12. 下列哪一個敘述不符合動作經濟原則？　(A) 曲線運動較直線且有方向轉折的運動為佳　(B) 雙手的動作應同時、反向、對稱　(C) 手之動作應以級次最高者為之　(D) 儘量應用物之自然重力。

(　　) 13. 某一操作在碼錶觀後所得平均時間為 0.7 分，若評比 110%，寬放率 15%，則一天工作八小時之合理工作量為多少件？　(A) 483 件　(B) 542 件　(C) 656 件　(D) 733 件。

(　　) 14. 流程程序圖繪製而成後可接著製作以下哪一種圖？　(A) 工作中心負荷圖　(B) 組作業程序圖　(C) 人機程序圖　(D) 線圖。

(　　) 15. 碼表觀測某一操作，所得平均時間為 0.84 分，若評比 115%，寬放率 15%，則一天工作八小時之合理工作量為多少件？　(A) 773 件　(B) 756 件　(C) 571 件　(D) 432 件。

(　　) 16. 下列何者為無效動素？　(A) 選擇　(B) 裝配　(C) 使用　(D) 拆解。

（110 年工業工程師－工作研究）

(　　) 17. 下列何者並非應用泰勒先生（Frederick W. Taylor）提倡的科學管理原則？　(A) 可根據動作分析結果來優化工作　(B) 可使用按件計酬的方式來給予薪資　(C) 應將工作合理分配給管理者與員工　(D) 應依照學歷來分配職務並執行工作。

（110 年工業工程師－工作研究）

(　　) 18. 有關記錄與分析工具，下列敘述何者正確？　(A) 操作程序圖（operation process chart）以宏觀角度分析整個製程　(B) 人機程序圖（worker machine process chart）以細微的角度呈現動素順序　(C) 組作業程序圖（gamg process chart）可用以觀察搬運與儲存作業的效率　(D) 流程程序圖（flow process chart）主要用來呈現與分析移動路徑。　（110 年工業工程師－工作研究）

(　　) 19. 使用速度評比時，如果標準工時為 60 秒，給予放寬為 17% 及評比 80 時，其估測時間最接近以下何者？　(A) 45 秒　(B) 55 秒　(C) 60 秒　(D) 65 秒。

（110 年工業工程師－工作研究）

(　　) 20. 流程程序途中符號▽、□、○所代表之意義，何者為非？　(A) 操作　(B) 檢驗　(C) 延遲　(D) 儲存。　（110 年工業工程師－工作研究）

得　分

工業工程與管理

CH06

設施規劃

班級：＿＿＿＿＿＿＿＿

學號：＿＿＿＿＿＿＿＿

姓名：＿＿＿＿＿＿＿＿

（　　）1. 醫院手術室應屬於何種佈置方式？　(A) 固定式佈置　(B) 產品式佈置　(C) 程序別佈置　(D) U 型佈置。

（　　）2. 最適合應用「生產線平衡」技術的工廠佈置類型為何？　(A) 產品式佈置　(B) 程序別佈置　(C) 群組技術佈置　(D) 固定式佈置。

（　　）3. 少量多樣化、訂貨生產方式的工廠，應採用何種工廠佈置方式較為適宜？　(A) 固定式佈置　(B) U 型佈置　(C) 產品式佈置　(D) 程序別佈置。

（　　）4. 下圖之佈置型式為何？

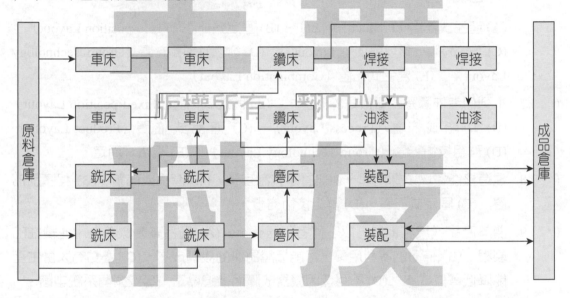

　　　　(A) 產品式佈置　(B) 固定式佈置　(C) 群組技術佈置　(D) 程序別佈置。

（　　）5. 下列工廠佈置類型中何者容易產生較高之在製品庫存？　(A) 程序別佈置　(B) 產品式佈置　(C) 固定式佈置　(D) 群組技術佈置。

（　）6. 下圖工廠之佈置為何種佈置？

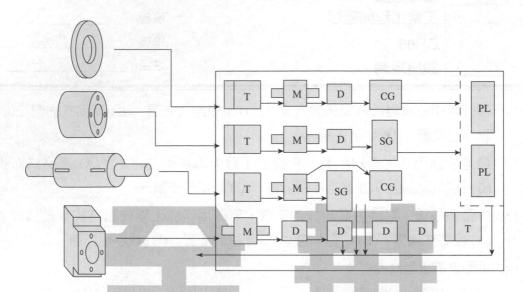

(A) 產品式佈置（Product Layout）　(B) 固定式佈置（Fixed-position Layout）
(C) 程序別佈置（Process Layout）　(D) 群組技術佈置（Group Technology Layout）　(E) 混合式佈置（Combination Layout）。

（　）7. 下列何者佈置是工廠最好的佈置？　(A) 固定式佈置（Fixed-position Layout）　(B) 功能式佈置（Process Layout）　(C) 產品式佈置（Product Layout）　(D) 群組技術佈置（Group Technology Layout）　(E) 視情況而定。

（　）8. 建造核能電廠以採用哪一種佈置方式為宜？　(A) 產品式佈置　(B) 程序別佈置　(C) 固定式佈置　(D) 群組技術佈置。

（　）9. 關於產品式設施佈置，以下何者不正確？　(A) 適合高度標準化、連續性的製程　(B) 佈置的高利用率，可能抵銷昂貴的設備成本　(C) 優點為大量生產能降低單位成本　(D) 不可能因機器故障而被迫停工，導致整個系統中斷。

（　）10.不同類型的生產系統，就有不同的設施配置方式。飛機製造作業應採哪種佈置？　(A) 群組技術佈置（Group Technology Layout）　(B) 功能式佈置（Process Layout）　(C) 固定式佈置（Fix-position Layout）　(D) 混合式佈置（Combination Layout）。

（　）11.系統化佈置規劃（SLP）中之 AEIOUX 之 X 代表　(A) 未知項　(B) 很不重要　(C) 預留擴展空間　(D) 具排斥性　(E) 極端重要。

（　）12.系統化佈置規劃（SLP）中之 AEIOUX 用途為　(A) 標示活動區重要性　(B) 決定空間大小　(C) 標示相對關聯性大小　(D) 分析 Flow 和 Non-flow 關係　(E) 沒用途。

（　）13.工廠佈置中，若把功能相近之機具或輔助設施集中於同一區域，此稱為 (A) 固定式佈置（Fixed-position Layout） (B) 程序別佈置（Process Layout） (C) 產品式佈置（Product Layout） (D) 混合式佈置（Combination Layout）。

（　）14.下列何者，不屬於廠址選擇應考慮之因素？ (A) 原料供應 (B) 勞工供應 (C) 產品責任 (D) 法規與服務。

（　）15.關於設施佈置的策略，以下何者為非？ (A) 小規模接單式生產的作業，適合採用功能（process）式佈置 (B) 大量重覆性的作業，適合採用功能（process）式佈置 (C) 少量多種零工式的作業，不適合採用產品（Product）式佈置 (D) 不適當的佈置，會因提高總完工時間、整備時間，以及在製品（WIP）存貨。

（　）16.工作站之設備大多數為通用機械，且使用頻率高，加工產品多樣化，此種生產型態機械佈置宜用？ (A) 固定式佈置（Layout By Fixed Position） (B) 程序式佈置（Layout By Process） (C) 產品式佈置（Layout By Product） (D) 綜合式佈置（Layout By Combination）。 （110-1 工業工程師—設施規劃）

（　）17.在系統化佈置規劃程序 S.L.P. 的手法中，基本資料建立以字母來代表，其中何者有誤？ (A) P 表程序，即 Prccess (B) Q 表數量，即 Quantity (C) R 表途程，即 Routing (D) S 表輔助服務設施，即 Supporting Service。

（110-1 工業工程師—設施規劃）

（　）18.下列何者不是設施規劃的主要目標？ (A) 減少物料、產品搬運時間 (B) 減少單位產品成本 (C) 提升產品品質 (D) 提升人力運用之效率。

（110-1 工業工程師—設施規劃）

（　）19.某人規劃投資開設便利商店，評估 5 個可能的選址地點，應用加權因素評分法，分析得分如下。假設店址條件、商圈評估、投資效益三項因素之權重分別為 0.5、0.25 及 0.25，你建議選擇哪一地點？ (A) A (B) B (C) D (D) E。 （110-1 工業工程師—設施規劃）

可能店址					
因素	A	B	C	D	E
店址條件	9	7	7	8	9
商圈評估	9	10	6	7	8
投資效益	7	8	8	10	9

（請沿虛線撕下）

(　　) 20.某工廠有四個生產基地，目前該場正規劃配銷中心倉庫的位置。提供下列四個生產基地座標位置及各生產基地與配銷中心倉庫間每月的貨運資料，請已決定配銷中心倉庫的最佳座標位置？　(A)（2.5, 5.25）　(B)（3.55, 4.225）　(C)（4.75, 2.725）　(D)（5.125, 3.225）。

（109-1 工業工程師—設施規劃）

生產基地	座標位置(X,Y)	貨運量
F1	(2,3)	75
F2	(3,5)	70
F3	(5,4)	30
F4	(8,6)	25

得　分

工業工程與管理

CH07

人因工程

班級：＿＿＿＿＿＿＿＿＿

學號：＿＿＿＿＿＿＿＿＿

姓名：＿＿＿＿＿＿＿＿＿

（　）1. 人體執行各種操作或進行各種活動時，處於活動狀態下的各部位尺寸測量稱作　(A) 靜態人體測計　(B) 動態人體測計　(C) 安靜人體測計　(D) 活躍人體測計。

（　）2. 人因工程類別，下列何者不是？　(A) 實體人因工程　(B) 認知人因工程　(C) 組織人因工程　(D) 生產組人因工程。

（　）3. 人因工程目的，下列何者為是？　(A) 工作上涉及的產品、設備與環境的沒有交互作用　(B) 不用了解人體的能力與限制　(C) 了解生產進度　(D) 作業環境中以安全、有效、舒適的方法發揮最大績效。

（　）4. 1900 年代之初 Gilbreth 夫婦開始致動研究，可視為人因工程的　(A) 前導期　(B) 誕生期　(C) 成長期　(D) 普及期。

（　）5. 影響人體尺寸之因素，下列何者不是？　(A) 年齡　(B) 性別　(C) 職業　(D) 生產組織。

（　）6. 下列哪個工作設計原則不符合人因工程？　(A) 工作盡量安排至簡單且合乎自然的節奏　(B) 直線且斷續的動作優於平滑且連續的動作　(C) 安排工作場所和椅子的高度，使得站立或坐姿工作可輕易地變　(D) 當每個手指都在從事某些特定的移動，每隻手指的負荷應協調及均勻。

（　）7. 在水平作業面上進行雙手的作業活動時，所謂「正常工作區域」係指　(A) 以身體中心為軸，自然伸展整隻手臂時，手部輕鬆可及的範圍　(B) 上臂在體側自然伸展的姿勢下，以肘為中心揮掃時，手部努力可及範圍　(C) 以肩膀為軸，儘量伸展整隻手臂時，手部努力可及的範圍　(D) 上臂在體側自然下垂的姿勢下，以肘為中心揮掃時，手部輕易可及範圍。

（　）8. 下列何者不是管理人員用來控制噪音水準的適當方法？　(A) 使用防護設備　(B) 訓練員工適應噪音　(C) 降低噪音源的噪音水準　(D) 有效隔離噪音源。

（　）9. 勞工任何時間不得暴露於峰值超過多少分貝的衝擊性噪音？　(A) 90 分貝　(B) 115 分貝　(C) 135 分貝　(D) 140 分貝。

（　）10.廣義的視覺，包括有三種不同之生理知覺，下列何者不是？　(A) 光覺（Light sense）　(B) 適應（Adaptation）　(C) 色覺（Color sense）　(D) 型態覺（Figure sense）。

（　）11.插座開關排列與燈光位置之關係屬於何種類型之相容性？ (A) 概念相容 (B) 移動相容 (C) 空間相容 (D) 模態相容。

（　）12.正常人耳可聽到的聲音頻率在最多在哪個範圍之內？ (A) 20 ～ 20,000 Hz (B) 120 ～ 60,000 Hz (C) 200 ～ 30,000 Hz (D) 2,000 ～ 40,000 Hz。

（　）13.絕對閾是指刺激人員感受器所需的最低物理量，心理學家將之定義為察覺 多少百分比的刺激強度的強度水準？ (A) 50% (B) 40% (C) 30% (D) 60%。

（　）14.根據資訊理論，從 26 個英文字母中，決定其中一個字母其資訊量為 (A) 26 bits (B) 13 bits (C) 6.5 bits (D) 4.7 bits。

（　）15.人類眼睛可見光譜的範圍介於 (A) 100 ～ 500 nm (B) 450 ～ 1,000 nm (C) 380 ～ 780 nm (D) 20 ～ 2,000 nm。

（　）16.照明是影響人的心理與生理狀況最顯著的環境因素。選擇照明條件，應考慮 以下基本因素，何者為非？ (A) 對環境亮度品質的主觀印象 (B) 執行任務 的速度與準確度 (C) 照明水準對作業績效的影響 (D) 應不計較高成本、豪 華美觀為主，來設計環境。 （107-2 工業工程－人因工程）

（　）17.一般之工作均會以坐姿為優先考量，但若作業需要肢體活動或需出較大的力 量，則會安排立姿作業，立姿作業的工作面高度考量以何者為主？ (A) 工 作面高度應設在手肘高 (B) 工作面高度應設在胸口高 (C) 工作面高度應設 在腰部高 (D) 工作面高度隨便設計即可。 （107-2 工業工程－人因工程）

（　）18.希克海曼定律（Hick-Hyman Law）說明了哪二者的數量關係？ (A) 單一反 應時間與作業困難度 (B) 選擇反應時間與作業選擇項數 (C) 動作反應時間 與作業困難度 (D) 反應速度與正確率。 （107-2 工業工程－人因工程）

（　）19.依照美國職業安全衛生署所公布的最高噪音容忍限值，人體在不戴耳罩或防 護器具之下，不得暴露多少以上的連續性噪音？ (A) 85 分貝 (B) 90 分貝 (C) 100 分貝 (D) 115 分貝。 （107-2 工業工程－人因工程）

（　）20.下列何者不是優良符碼的特徵？ (A) 可察覺性 (B) 可區辨性 (C) 具創新 性 (D) 有意義性。 （106-2 工業工程－人因工程）

得　分

工業工程與管理

CH08

生產作業管理

班級：＿＿＿＿＿＿＿＿＿

學號：＿＿＿＿＿＿＿＿＿

姓名：＿＿＿＿＿＿＿＿＿

（　）1. 下列何者不是生產計畫所包括的範疇？　(A) 產品設計　(B) 製造途程之安排（Routing）　(C) 工作指派（Dispatching）　(D) 製造日程之安排（Scheduling）。

（　）2. 某工廠的設計產能為 6,000 單位／天，有效產能為 4,000 單位／天，實際產出為 3,600 單位／天，則下列何者正確？　(A) 生產效率為 45%　(B) 生產效率為 90%　(C) 產能利用率為 67%　(D) 產能利用率為 50%。

（　）3. 作業資源由所謂的作業管理的 5P 所構成，以下何者不是？　(A) 計畫（Plan）　(B) 廠房（Plant）　(C) 零件（Parts）　(D) 製程（Process）。

（　）4. 「三個臭皮匠勝過一個諸葛亮」的想法，是指哪種預測方法？　(A) 市場調查研究法　(B) 歷史類推法　(C) 專家意見法　(D) 德爾菲（Delphi）法　(E) 以上皆是。

（　）5. 下列何種方法進行生產預測時所使用之數據最少？　(A) 移動平均法　(B) 季節因素法　(C) 指數平滑法　(D) 迴歸分析法。

（　）6. 如果一個工廠需要生產的產品很多種，這些產品的加工途程和加工順序頗有差異，但又需共用生產設備，在此情況下，你會建議用何種類型的生產系統？　(A) 流線型生產（Flow Shop）　(B) 訂單式生產（Make-to-Order）　(C) 零工型生產（Job Shop）　(D) 存貨式生產（Make-to-Stock）。

（　）7. 功能型佈置最主要適用於哪種生產模式？　(A) 零工型生產（Job Shop）　(B) 流線型生產（Flow Shop）　(C) 專線重複型生產（Dedicated Repetitive）　(D) 連續型生產（Continuous Production）。

（　）8. 下列關於連續生產（Continuous Production）之敘述，何者不正確？　(A) 產品標準化且產量龐大　(B) 員工技術水準較低　(C) 使用特殊用途專用機器或自動化生產方式　(D) 容易變更產品種類與產出率。

（　）9. 假設設計產能（Design Capacity）為每天 500 單位，有效產能（Effective Capacity）為每天 400 單位，實際產能（Actual Capacity）為每天 300 單位，則效率及利用率分別為　(A) 85%，60%　(B) 75%，60%　(C) 75%，70%　(D) 85%，70%。

( ) 10.不同的最終產品只需要較少的次組裝與零件即可裝配成大多數的成品屬於何種產品定位策略？ (A) 組裝式（Assembly to Order） (B) 訂單式（Make to Order） (C) 存貨式（Make to Stock） (D) 工程式（Engineering to Order）。

( ) 11.某工廠 101 年生產了 1,000 單位的產品，原料成本 150 元，勞力成本 100 元，製造費用 250 元；102 年生產了 1,500 單位的產品，原料成本 180 元，勞力成本 150 元，製造費用 270 元，以下敘述何者為非？ (A) 101 年總生產力為 2（單位／元） (B) 102 年總生產力為 2.5（單位／元） (C) 總生產力成長率為 20% (D) 101 和 102 年的勞動生產力皆為 10（單位／元）。

( ) 12.下列何者不是物料需求計畫（Material Requirement Planning, MRP）之主要輸入項目？ (A) 採購訂單 (B) 物料清單 (C) 存貨記錄 (D) 主生產排程計畫。

( ) 13.某公司採指數平滑法進行銷售預測，假如平滑係數為 0.3。該公司前一期銷售預測值為 50 萬元，而實際銷售預測值為 60 萬元，則本期銷售預測值應為多少萬元？ (A) 57 萬元 (B) 53 萬元 (C) 50 萬元 (D) 47 萬元。

( ) 14.某工廠生產了 90,000 單位的產品，原料成本 8,000，勞工成本 13,000，製造費用 9,000，此工廠的總生產力為 (A) 0.25 (B) 4.00 (C) 0.30 (D) 3.00。

( ) 15.簡單線性迴歸分析預測法是利用下列何種方法推導出來的預測模式？
(A) 最小平方（Least Square） (B) 絕對均差（Mean Absolute Deviation）
(C) 指數平滑法（Exponential Smoothing） (D) 加權移動平均（Weighted Average）。

( ) 16.管理人員找出過去十個月的訂單資料（單位：個）銷售量整理如表 1。若管理人員準備採用 3 個月期和 5 個月期的簡易移動平均進行需求預測，下列敘述何者正確？

表 1　過去十個月的訂單

月份	1	2	3	4	5	6	7	8	9	10
銷售量（個）	120	90	100	75	110	50	75	130	110	90

(A) 3 個月期的移動平均預估 5 月份的訂單需求為 90.4 個
(B) 5 個月期的移動平均預估 8 月份的訂單需求為 84.0 個
(C) 3 個月期的移動平均預估 8 月份的訂單需求為 100.3 個
(D) 針對 10 月份的訂單需求預測 5 個月期的移動平均數較 3 個月期的移動平均數準確。　　　　　　　　　　　（110-1 工業工程師—生產作業與管理）

( ) 17.假設 A 生產線的設計產能（design capacity）為每日生產 100 件產品，上個月的資料顯示這條生產線的有效產能（effective capacity）為每日 90 件，而利用率（utilization）為 80%，則這條生產線上個月的效率（efficiency）約為多少？ (A) 92% (B) 89% (C) 87% (D) 85%。

（110-1 工業工程師—生產作業與管理）

( ) 18.Fruit 水果店 11 月香蕉的預測銷售量為 90 公斤，但實際銷售量為 110 公斤。若採用指數平滑法（exponential smoothing）預測 12 月的銷售量，且平滑常數設為 0.1 時，則 12 月預測銷售量應為多少？ (A) 91 公斤 (B) 92 公斤 (C) 93 公斤 (D) 94 公斤。　　　　（109-1 工業工程師—生產作業與管理）

( ) 19.根據表 2 隨身硬碟過去五年銷售資料，以最小平方法預測第 6 年的銷售數量約為？

表 2　過去 5 年隨身硬碟銷售量

年度	1	2	3	4	5
銷售數量（個）	216	238	220	244	260

(A) 264 個 (B) 267 個 (C) 270 個 (D) 273 個。

（109-1 工業工程師—生產作業與管理）

( ) 20.NB 電腦裝配廠的設計產能（design capacity）為每日 1,000 臺，有效產能（effective capacity）為每日 900 臺，實際產出（actual output）為每日 810 臺，則該廠的產能利用率（capacity utilization）為多少？ (A) 60% (B) 72% (C) 81% (D) 93%。　　（109-1 工業工程師—生產作業與管理）

（請沿虛線撕下）

得　分

工業工程與管理

CH09

物料管理

班級：＿＿＿＿＿＿＿＿＿

學號：＿＿＿＿＿＿＿＿＿

姓名：＿＿＿＿＿＿＿＿＿

（　）1. 做好何種管理，是降低成本最有效的方法？　(A) 行銷管理　(B) 事務管理　(C) 財務管理　(D) 物料管理。

（　）2. 訂購成本（Ordering Cost）是　(A) 隨著訂購數量的增加而減少的　(B) 隨著訂購數量的增加而增加的　(C) 不隨著訂購數量的增加而改變　(D) 以上皆非。

（　）3. 物料分類的基本原則，不包括　(A) 一致性　(B) 周延性　(C) 完整性　(D) 唯一性。

（　）4. 最基本的分類方式，因為把相同用途的物料置於同一類時，可以很容易的找到代替品而增加工作效率，是何種分類的方法？　(A) 用途分類　(B) 材料分類　(C) 交易行業分類　(D) 產品成本結構分類。

（　）5. 物料編號的功能，不包括　(A) 便於管理　(B) 便於電腦化作業　(C) 不考慮於電腦化作業　(D) 即時登錄。

（　）6. 物料編號的方法，數字編號（Number System）包括　(A) 流水式編號　(B) 英文字母編號　(C) 數字編號　(D) 分類編號。

（　）7. 在「ABC 存貨控制方法」中，A 類物料的價值約占全部物料價值的　(A) 10%　(B) 30%　(C) 70%　(D) 90%。

（　）8. ABC 分析法中，所謂 C 類物料是指　(A) 數量多價值高　(B) 數量少價值高　(C) 數量少價值低　(D) 數量多價值低的物料。

（　）9. 物料存貨控制方法中之重點分類管理法，將貨品項目少、數量少、價值高之物料歸類為　(A) A 類　(B) B 類　(C) C 類　(D) D 類。

（　）10.使物料的每一單位成本達到最小的購買量，稱為　(A) 請購點　(B) 理想安全存量　(C) 經濟採購量　(D) 安全存量。

（　）11.編號儘量符合簡明易懂原則，不但容易記憶，而且減少錯誤發生，這是符合編號原則的　(A) 簡單明瞭　(B) 專人負責　(C) 一料一號　(D) 即時登錄。

（　）12.所有編號均依序排列，並與物料之名稱、規格及數量等資料一起登錄，這是符合編號原則的　(A) 簡單明瞭　(B) 專人負責　(C) 一料一號　(D) 即時登錄。

（　）13.採取複倉（Two-bin system）管制法，之物料歸類為　(A) A 類　(B) B 類　(C) C 類　(D) D 類。

（　）14.訂購成本（Ordering cost）是隨著訂購數量的增加而　(A) 減少　(B) 增加　(C) 不變　(D) 不一定。

（　）15.儲存成本（Carrying cost）是隨著訂購數量的增加　(A) 減少　(B) 增加　(C) 不變　(D) 不一定。

（　）16.物料編碼中必須注意一些編碼的原則，在編碼中常在最後一碼使用檢查碼，其主要可以滿足哪一個編碼的原則？　(A) 分類展開性　(B) 周延性　(C) 充足性　(D) 互斥性。　　　　　　　　　（109 鐵路人員考試－材料管理）

（　）17.下列何者不是減少呆廢料的措施？　(A) 減少產品設計變更　(B) 加強產銷協調　(C) 減少因為數量折扣的大量採購　(D) 對客戶進行信用管制。

（109 鐵路人員考試－材料管理）

（　）18.下列何者不是物料需求計畫 MRP（Material Requirement Planning）的主要輸出項目？　(A) 需要採購的零件淨需求　(B) 需要生產的成品淨需求　(C) 需要採購的零件需求日期　(D) 銷售的成品銷售日期。

（109 鐵路人員考試－材料管理）

（　）19.倉儲活動主要創造下列何種經濟效用？　(A) 形式效用　(B) 時間效用　(C) 擁有效用　(D) 地點效用。　　　　（109 鐵路人員考試－材料管理）

（　）20.下列關於 EOQ（Economic Order Quantity）模式的敘述何者正確？　(A) 若訂購量大，則訂購次數減少，存貨持有成本也隨之減少　(B) 若訂購量減少，則訂購次數增加，存貨持有成本也增加　(C) EOQ 是指年存貨成本總和最小化下的訂購量　(D) 持有成本增加，則 EOQ 數量增加。

（109 鐵路人員考試－材料管理）

得　分

工業工程與管理

CH10

全面品質管理

班級：＿＿＿＿＿＿＿＿＿

學號：＿＿＿＿＿＿＿＿＿

姓名：＿＿＿＿＿＿＿＿＿

( ) 1. 查檢表數據可分為哪幾種？　(A) 記錄用　(B) 檢查用　(C) 以上皆是　(D) 以上皆非。

( ) 2. 國際標準化組織的英文是什麼？　(A) TC　(B) PC　(C) AC　(D) ISO　(E) TOS。

( ) 3. 品管活動資料分析工具，什麼手法是蒐集資料往往是指標分析的第一步驟？ (A) 檢核表　(B) 直方圖與長條圖　(C) 柏拉圖　(D) 散佈圖。

( ) 4. 為明瞭兩個品質特性間或原因影響結果的相關程度或相關軌跡之技巧為 (A) 直方圖　(B) 柏拉圖　(C) 特性要因圖　(D) 散佈圖。

( ) 5. 倡導「全公司品管（CWQC）」的是下列哪一位學者？　(A) 石川馨　(B) 費根堡　(C) 克勞斯比　(D) 朱蘭。

( ) 6. 下列哪一項不包含在品質三部曲中？　(A) 品質規劃　(B) 品質改善　(C) 品質稽核　(D) 品質管制。

( ) 7. 要完成六標準差目標的企業改造，應用 DMAIC 模式，D 步驟代表改善內容為　(A) 以改善排除關鍵因素的不穩定性　(B) 以流程觀點確認機會與核心問題　(C) 以分析了解造成問題的關鍵因素　(D) 統計製程管制技術，確保所有的指標落在控制範圍之內。

( ) 8. 全面品質管制（TQC）之觀念是由哪一位學者所提出？　(A) Feigenbaum (B) Shewhart　(C) Deming　(D) Taguchi。

( ) 9. 「Zero-Defect」之觀念是由哪一位學者所提出？　(A) Feigenbaum (B) Shewhart　(C) Deming　(D) Crosby。

( ) 10. 與「品質、品質管制」相關之教育訓練費用是屬於　(A) 預防成本　(B) 評估成本　(C) 內部失敗成本　(D) 外部失敗成本。

( ) 11. 下列何者為記錄造成品質問題之原因的工具？　(A) 直方圖　(B) 散佈圖 (C) 特性要因圖　(D) 管制圖。

( ) 12. 修改不合格品所產生之成本是屬於　(A) 預防成本　(B) 評估成本　(C) 內部失敗成本　(D) 外部失敗成本。

（　）13.處理顧客抱怨之成本是屬於　(A) 預防成本　(B) 評估成本　(C) 內部失敗成本　(D) 外部失敗成本。

（　）14.下列何者不為品質成本的項目？　(A) 固定製造費用　(B) 預防成本　(C) 鑑定成本　(D) 內部失敗成本與外部失敗成本。

（　）15.假設有 6 種缺點項目，其發生次數為 A=30，B=10，C=5，D=3，E=1，F=1。在繪製柏拉圖時，請問累積至缺點 B 之累積百分比為多少？　(A) 95%　(B) 80%　(C) 20%　(D) 30%。

（　）16.全面品質管理架構的主要元素或特徵不包括哪一個？　(A) ISO9000　(B) 重視顧客　(C) 持續改善　(D) 全員參與。　（110-1 工業工程師—品質管理）

（　）17.以下說明何者為非？　(A) 全面品質管理（TQM）源自全面品質管制（TQC）與全公司品質管制（CWQC）　(B) TQC 觀念由費根堡（Feigenbaum）所倡導，提出品質三部曲　(C) 石川馨（Ishikawa）倡導全公司品質管制（CWQC），推行品管圈擴大作業階層參與品質改善活動　(D) TQM 除以品質為中心外，也重視營運績效、創造價值、企業倫理與社會責任。

（110-1 工業工程師—品質管理）

（　）18.下列關於全面品質管理（TQM）的敘述何者不正確？　(A) TQM 是一種經營文化　(B) TQM 需要高階管理的承諾　(C) TQM 是一種持續改善的活動　(D) TQM 活動是依賴經驗判斷的。　（110-1 工業工程師—品質管理）

（　）19.下列敘述何者正確？　(A) 朱蘭（Juran）提出品質三部曲　(B) 克勞斯比（Crosby）提出 PDCA 循環　(C) 柏拉圖（Pareto）提出管制圖之概念　(D) 蕭華特（Shewhart）提出柏拉圖。　（110-1 工業工程師—品質管理）

（　）20.全面品質管制（TQC）之觀念是由哪一位學者所提出？　(A) 費根堡（Feigenbaum）　(B) 蕭華特（Shewhart）　(C) 戴明（Deming）　(D) 田口玄一（Taguchi）。　（110-1 工業工程師—品質管理）

得　分		

全華圖書（版權所有，翻印必究）

工業工程與管理

CH11

工程經濟

班級：＿＿＿＿＿＿＿＿＿

學號：＿＿＿＿＿＿＿＿＿

姓名：＿＿＿＿＿＿＿＿＿

（　　）1. A 公司向銀行借了 100 萬元購買設備，利率為 10%，為期 5 年，每年的年底必須償還相同金額。請問：A 公司在未來 5 年償還的貸款中，付出的利息為多少？　(A) 26.40 萬元　(B) 28.50 萬元　(C) 31.90 萬元　(D) 34.20 萬元。

（　　）2. Jack 有 Bank 銀行信用卡，上個月的帳款只繳交最低繳款金額，還有 $10,000 的帳款未付。若銀行信用卡的循環信用利率為年利率 24%，每月複利一次，若該筆循環金額預計兩個月後才要繳納，請問 Jack 兩個月後應付的利息為多少？　(A) 404 元　(B) 408 元　(C) 412 元　(D) 416 元。

（　　）3. 某專業經理人的聘約為期 6 年，聘期內公司於每年底提撥 $1,000,000 的離職準備金於年利率為 10% 的存款帳戶，則第 6 年底聘約期滿時，此專業經理人的離職金總額為多少元？　(A) $6,105,100　(B) $7,715,600　(C) $9,487,200　(D) $9,684,200。

（　　）4. 東大公司現在以年利率 10% 借入 100 萬元，第 1 和第 2 年各還款 30 萬元，第 2 年底尚有多少未還餘額？　(A) 55 萬　(B) 56 萬元　(C) 57 萬元　(D)58 萬元。

（　　）5. 當年息為 10% 時，請問現在你擁有的 100 元與下列何者等值？　(A) 一年前的 111.11 元　(B) 兩年後的 121 元　(C) 今後每一年領取 67.62 元共兩年　(D) 一年後的 91 元。

（　　）6. 若 $i = 10\%$，則以下現金流量圖中，總收入與總支出為等值之 F 值為何？　(A) 4.89A　(B) 5.11A　(C) 6.72A　(D) 7.02A。

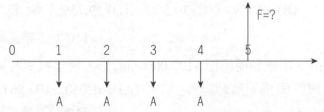

（　　）7. 假設鴻大公司對其股票持有人依其持股股數每年配發 10% 的股票股利。如果你從第 1 年起連續 5 年每年買進一張鴻大公司股票（一張股票＝ 1,000 股），請問第 6 年時，你共有多少股？　(A) 6,105 股　(B) 6,316 股　(C) 6,587 股　(D) 6,715 股。

（請沿虛線撕下）

( ) 8. 於表達一企業在特定期間的經營結果，亦為動態報表，是什麼報表？ (A) 損益表 (B) 資產負債表 (C) 財務狀況變動表 (D) 現金交易表。

( ) 9. 用於代表一企業在特定日期的財務狀況（Financial Position），是一種靜態的報表，是什麼報表？ (A) 損益表 (B) 資產負債表 (C) 財務狀況變動表 (D) 現金交易表。

( ) 10. 向別人借 \$100，每年付出利息 \$6，則每年利率為 (A) 6% (B) 3% (C) 1.5% (D) 12%。

( ) 11. 借款 \$30,000，為期 1 年，以年利率 9%，則一年利息為 (A) \$5,400 (B) \$2,700 (C) \$1,350 (D) \$32,700。

( ) 12. 某信貸公司借給一位工程人員 \$2,000，以年利率 5%，為期 3 年，單利計息，3 年後應償還多少錢？ (A) \$2,600 (B) \$2,150 (C) \$2,400 (D) \$2,300。

( ) 13. 甲老師欲購買一輛新車，總價為 \$2,000,000 元，頭期款為 \$800,000 元，餘款分五年償還，如果年利率為 12%，每月複利一次，則每月應等額付款多少？ (A) \$20,000 (B) \$22,890 (C) \$25,860 (D) \$26,690。

( ) 14. 現今投資 \$10,000，n 年後可望成為 \$20,000，若此項投資之投資報酬率為 10% 則 n 最接近下列何數 (A) 6 (B) 8 (C) 10 (D) 12。

( ) 15. 若 i=10%，則以下現金流量圖中，Q 和 A 之關係為何？ (A) 4.36A = 6.86Q (B) 4.36A = 4.38Q (C) 3.79 = 6.86Q (D) 79A = 4.38Q。

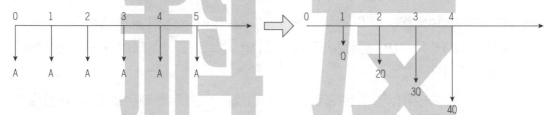

( ) 16. 若年名目利率為 18%，按季複利計息，則年實質利率最接近以下何者？ (A) 19.10% (B) 19.25% (C) 19.50% (D) 19.75%。

（110-1 工業工程師－工程經濟）

( ) 17. 某公司發行 5 年後到期給付 \$100,000 的債券，若年實質利率為 10%，則該債券現在購買的價格不應超過多少？ (A) \$61,050 (B) \$61,380 (C) \$62,090 (D) \$62,380。 （110-1 工業工程師－工程經濟）

( ) 18. 若有一筆本金為 \$500,000 的定期存款，每年期滿自動續存本金與利息，若年實質利率為 10%，則要使總利息金額超過定存本金，至少須存款幾年？ (A) 5 年 (B) 6 年 (C) 7 年 (D) 8 年。 （110-1 工業工程師－工程經濟）

( ) 19. 某銀行提供銀髮族以房養老，可領 15 年年金的方案，15 年期滿房子歸銀行所有。若年實質利率為 10%，則現值 $5,000,000 的房屋，自第一年起每年可以領取多少等額養老年金？　(A) $157,500　(B) $197,000　(C) $657,350　(D) $886,000。　　　　　　　　　　　　　　（110-1 工業工程師－工程經濟）

( ) 20. 某投資案每年年底的現金流入量（單位：萬元）如下：

年底	1	2	3	4	5
現金流入	$1,000	$2,000	$3,000	$4,000	$5,000

若年實質利率為 10%，則這 5 年現金流入量的總現值為多少？　(A) $6,862 萬元　(B) $9,896 萬元　(C) $10,653 萬元　(D) $12,967 萬元。

　　　　　　　　　　　　　　（110-1 工業工程師－工程經濟）

（請沿虛線撕下）

得　分

工業工程與管理

CH12

行銷管理

班級：＿＿＿＿＿＿＿＿＿

學號：＿＿＿＿＿＿＿＿＿

姓名：＿＿＿＿＿＿＿＿＿

( )1. 下列有關馬斯洛（Maslow）的「需求層級理論」（hierarchy of needs theory）的敘述，何者正確？ (A) 一個產品不可能同時滿足多種需求 (B) 同一個產品，不可以依滿足需求的層次，給予不同的訴求 (C) 在較低層次需求尚未滿足前，一個人不可能追求更高層次的需求 (D) 追求需求的滿足，是消費者之問題確認的動機來源。

( )2. 下列何種研究的主要目的是經由分析消費者的個人特性、態度、興趣和動機，來找出其可能的消費者是誰？ (A) 廣告研究 (B) 消費者研究 (C) 市場研究 (D) 策略研究。

( )3. 下列何者不是馬斯洛需要層級裡所定義的人類需要？ (A) 生理需要 (B) 安全需要 (C) 尊重需要 (D) 權力需要。

( )4. 產品的「包裝」已成為一項行銷工具，下列何者說明為非？ (A) 有效的包裝是「五秒鐘的商業廣告」 (B) 可以保護產品 (C) 無法傳達產品的相關資訊 (D) 可以保護智財權。

( )5. 在滿足顧客與賺取利潤同時，企業應該維護整體社會與自然環境的長遠利益。上述為何種行銷導向？ (A) 社會行銷導向 (B) 行銷導向 (C) 銷售導向 (D) 生產導向。

( )6. 總體行銷環境，下列何者不是？ (A) 科技環境 (B) 人口環境 (C) 能源與自然資源環境 (D) 供應商。

( )7. 生產觀念的作法係組織中追求高生產效率及取得廣泛的通路系統，思考邏輯在於需求遠大於供給；因此只要有生產即會有需求，不過在此過程中忽略了人性需求的存在。上述為何種行銷導向？ (A) 生產導向 (B) 銷售導向 (C) 行銷導向 (D) 社會行銷導向。

( )8. 通過制定適當的市場行銷組合，使消費者的信念和態度向著對本企業有利的方向發展，成為本企業的品牌忠誠者，包括群居性、冒險性、自信心與自尊，此為何種因素？ (A) 人口因素 (B) 個人因素 (C) 人格因素 (D) 社會及經濟因素。

( )9. 下列何者不屬於總體行銷環境因素？ (A) 政治與法律環境 (B) 供應商 (C) 社會與文化環境 (D) 能源與自然資源環境。

( ) 10. 影響總體環境的主要因素為 (A) 經濟、科技、競爭、社會文化、道德、法律與政治 (B) 地理、人口統計變項、心理 (C) 動機、態度、認知與生活型態 (D) 社會、文化、參考群體、家庭。

( ) 11. 影響企業的行銷環境不包括下列何項環境？ (A) 人口統計環境 (B) 經濟環境 (C) 廠商議價力 (D) 文化環境。

( ) 12. 人們所成長的社會，形成人的信念、規範與價值觀，此稱之為 (A) 文化環境 (B) 經濟環境 (C) 政治環境 (D) 技術環境。

( ) 13. 只看到眼前的產品，卻忽略了行銷環境的變化與消費者真正的需求，會導致 (A) 行銷近視症 (B) 行銷遠視症 (C) 生產導向近視症 (D) 行銷導向近視。

( ) 14. 行銷策略的 4P 指的是 (A) 定位、產品、價格、市場 (B) 產品、價格、促銷、通路 (C) 促銷、通路、優勢、涉入 (D) 產品、價格、購買、定位。

( ) 15. (A) 行銷觀念 (B) 產品觀念 (C) 社會行銷觀念 (D) 銷售觀念會導致「行銷短視症」，亦即太重視產品，而忘了顧客的需要。

( ) 16. 下列何者是影響消費者購買行為的心理因素？ (A) 性別 (B) 社會地位 (C) 動機 (D) 年齡。

（109 臺灣菸酒股份有限公司從業職員及從業評價職位人員甄試）

( ) 17. 關於「消費者購買決策過程」的順序，下列敘述何者正確？
(A) 問題或需求確認→資訊蒐集→方案評估→購買決策→購後行為
(B) 資訊蒐集→問題或需求確認→方案評估→購買決策→購後行為
(C) 問題或需求確認→方案評估→資訊蒐集→購買決策→購後行為
(D) 問題或需求確認→方案評估→資訊蒐集→購買決策→購後行為。

（109 臺灣菸酒股份有限公司從業職員及從業評價職位人員甄試）

( ) 18. 下列何者是用來區隔市場的消費者人口統計變數？ (A) 消費採購程序 (B) 消費者購買時機 (C) 消費者購買頻率 (D) 消費者所得。

（109 臺灣菸酒股份有限公司從業職員及從業評價職位人員甄試）

( ) 19. 關於「差異化行銷」與「無差異化行銷」的敘述，下列何者錯誤？ (A) 無差異化行銷又稱為大眾行銷 (B) 差異化行銷又稱為區隔行銷 (C) 無差異化行銷又稱為利基行銷 (D) 無差異化行銷是企業。

（109 臺灣菸酒股份有限公司從業職員及從業評價職位人員甄試）

( ) 20. STP 行銷不包括下列何種步驟？ (A) 選定市場 (B) 區隔市場 (C) 定位產品 (D) 決定成本。

（109 臺灣菸酒股份有限公司從業職員及從業評價職位人員甄試）

得 分

工業工程與管理

CH13

人力資源管理

班級：_____

學號：_____

姓名：_____

( ) 1. 根據赫茲柏格（F.Herzberg）的雙因子理論：「工作本身」屬於　(A) 激勵因子　(B) 保健因子　(C) 是保健因子也是激勵因子　(D) 不是保健因子也不是激勵因子。

( ) 2. 以下對 X 理論與 Y 理論的敘述何者為非？　(A) X 理論主張外部控制　(B) Y 理論主張外部控制　(C) X 理論為傳統時期之人性假定　(D) Y 理論影響組織發展。

( ) 3. Herzberg 的雙因子理論包含哪兩種因子？　(A) 保健因子和激勵因子　(B) 衛生因子和維持因子　(C) 激勵因子和正常因子　(D) 以上皆非。

( ) 4. MBO 為　(A) 情境管理　(B) 組織管理　(C) 科學管理　(D) 目標管理。

( ) 5. 雙因子理論下，何者不為激勵因子？　(A) 薪酬　(B) 升遷　(C) 成長　(D) 成就感。

( ) 6. 係每一位員工根據公司的總目標建立其特定的工作目標，並自行負責規劃、執行及控制考評的管理方法，此種方法為　(A) 貢獻記錄法　(B) 目標管理　(C) 績效標準評估法　(D) 直接指標評估法。

( ) 7. 下列哪一項結果，可作為獎懲的依據？　(A) 工作評價　(B) 工作規範　(C) 工作分析　(D) 工作說明書　(E) 績效評估。

( ) 8. 下列哪一種薪資結構與員工的績效無關？　(A) 本薪加津貼　(B) 本薪加獎金　(C) 計件制薪資　(D) 獎金加津貼。

( ) 9. 工作分析之後，我們可以具體得到工作規範及_____？　(A) 薪資水準　(B) 工作說明書　(C) 工作評價　(D) 組織結構。

( ) 10.下列哪一種產出基礎型評估績效評估方法具有直接衡量績效的好壞，通常用在評估管理者？　(A) 目標管理法　(B) 績效標準評估法　(C) 直接指標評估法　(D) 貢獻記錄法。

( ) 11.下列何者不屬於人力資源管理的範圍？　(A) 市場調查　(B) 人員任用　(C) 在職訓練　(D) 工作分析。

( ) 12.下列何種訓練課程，可使新進人員認識企業營運概況及瞭解各部門的運作功能？　(A) 學徒訓練　(B) 進階訓練　(C) 職前訓練　(D) 在職訓練。

（請沿虛線撕下）

( ) 13. 下列哪一項結果可做為獎懲的依據？ (A) 績效評估 (B) 工作分析 (C) 工作說明書 (D) 工作評價。

( ) 14. 美華公司提供子女獎助學金，凡員工子女學校成績表現優異者皆可申請，請問提供子女獎助學金是何種的福利措施？ (A) 經濟性福利 (B) 娛樂性福利 (C) 設施性福利 (D) 教育性福利。

( ) 15. 由員工本人與主管共同訂定工作目標，再以工作目標的達成度來決定考績，是績效評估法中的 (A) 目標管理法 (B) 排列法 (C) 重要事件法 (D) 因素評價法。

( ) 16. 馬斯洛需求層級理論指出了人們有哪幾種需求？ (A) 生理需求、安全需求 (B) 社會需求 (C) 尊敬需求與自我實現的需求 (D) 以上皆是。

( ) 17. 激勵理論中的內容理論有多種論述，下列哪一理論不屬於該等學說範疇？ (A) 需求理論 (B) 二元因素理論 (C) X 理論與 Y 理論 (D) 公平理論。

( ) 18. 說明擔任工作的工作者所應具備的條件，這是指 (A) 工作規範 (B) 工作說明書 (C) 工作報告 (D) 工作計畫。

( ) 19. 依據企業策略與經營環境，分析人力需求、獲取質量兼具的人力、達成組織目標的系統化程序！這是指人力資源管理的哪一項功能？ (A) 工作分析 (B) 人力資源規劃 (C) 人員招募與訓練 (D) 績效管理。

( ) 20. 對員工供社交性和康樂活動，增進員工身心健康的福利措施，稱之為 (A) 經濟性福利 (B) 娛樂性福利 (C) 設施性福利 (D) 活動性福利。

得　分

工業工程與管理

CH14

分析與設計

班級：＿＿＿＿＿＿＿＿＿

學號：＿＿＿＿＿＿＿＿＿

姓名：＿＿＿＿＿＿＿＿＿

（　　）1. 資料經過搜集、儲存，在某一時點上，由於使用者的需求，因此，透過一套處理程序而產生，期望有助於決策。上述為　(A) 資訊（Information）(B) 資料（Data）　(C) 系統（System）　(D) 設計（Design）。

（　　）2. 由一群交互作用之分子所組成，經由其整體之運作而達成其特定之目標。上述為　(A) 資訊（Information）　(B) 資料（Data）　(C) 系統（System）(D) 設計（Design）。

（　　）3. 系統分析通常是研究某些工商業電腦化的功能，作為後繼階段作業的依據，下列何者不是其包含階段？　(A) 決定需求的來源　(B) 將需求結構化(C) 可行性方案的產生　(D) 系統診斷。

（　　）4. 系統不會受其環境影響產生任何改變，是屬於　(A) 模組化設計　(B) 封閉型系統　(C) 開放式系統　(D) 系統分解。

（　　）5. 可定義為「利用電腦設備從事資料之收集、整理、儲存、傳送等之作業」。(A) 資訊系統（Information System）　(B) 管理系統（Management System）(C) 資訊流（Information Flow）　(D) 資訊分析（Information Analysis）。

（　　）6. 電子資料處理系統所常用的資料登錄陸設備，可分為哪幾大類？　(A) 兩大類　(B) 六大類　(C) 四大類　(D) 五大類。

（　　）7. 系統細分成一些元件，是屬於　(A) 模組化設計　(B) 封閉型系統　(C) 開放式系統　(D) 系統分解。

（　　）8. 資料處理的對象中，由於項目繁多，分類又極複雜，為了瞭解每一項目，本身的特性與相關項目之關係，得利用一組字元來取代原來項目的名稱，這樣的一組字元就叫做　(A) 原始憑證（Source Document）　(B) 交易（Transaction）　(C) 記錄（Record）　(D) 代碼（Code）。

（　　）9. 系統與其環境之間可自由地互動，是屬於　(A) 開放式系統　(B) 封閉型系統(C) 系統分解　(D) 模組化設計（Modularity）。

（　　）10.制式化地分解系統，以利重新設計、組裝或系統改造時予以再利用，是屬於　(A) 開放式系統　(B) 封閉型系統　(C) 系統分解　(D) 模組化設計。

（請沿虛線撕下）

( ) 11. 調查、研究系統的需求與實際作業狀況，並探討其問題癥結所在，然後研討、評估使用電腦處理的各種可行方案，從中找出最佳的方案，以為建立電子資訊系統的準則。上述為 (A) 系統分析 (B) 系統設計 (C) 系統開發 (D) 系統整合。

( ) 12. 由系統分析師根據系統分析結果，研究規劃以電腦為工具的新作業系統，這個新系統除了要符合使用者需求外，並且要比現行系統更有效而理想。上述為 (A) 系統分析 (B) 系統設計 (C) 系統開發 (D) 系統整合。

( ) 13. 系統設計定案之後，整個系統即可以進入系統之發展階段，首要步驟為 (A) 擬定系統發展計畫 (B) 程式定義模組設計 (C) 撰寫程式規範圖 (D) 程式設計。

( ) 14. 程式定義（Program Definition）是要詳細描述每一個程式的輸出入資料檔（或資料庫）處理需求（Processing Requirement），下列何者不是？ (A) 資料格式（Input Data Layout） (B) 輸出報表格式（Output Reports Layout） (C) 文件（Document） (D) 資料檔或資料庫格式（Fire Layout or Data Base Layout）。

( ) 15. 程式是電腦化資訊系統的命脈，其品質的高低可直接影響系統的作業效率與程式維護工作，為提高程式設計品質，所有程式設計工作必須予以標準化、制度化，也就是程式語言要統一、設計方法要劃一，欲達成這些目的，系統分析師應預先制定何種內容，以為程式設計師所遵循？ (A) 處理需求（Processing Requirement） (B) 格式（coding） (C) 程式設計工作（Programming） (D) 程式規範書（Program Specification）。

( ) 16. 系統分析工作完成以後，接著應進行系統接合（Synthesis）的工作，「接合」將分解後的事務重新加以組合的意思，而系統的「接合」就是指 (A) 系統分析 (B) 系統開發 (C) 系統設計 (D) 系統整合。

( ) 17. 輸出設計的目的，主要是要確定下列三件事，下列何者不是？ (A) 系統應輸出的內容為何？ (B) 系統輸出的媒體為何？ (C) 系統輸出的格式應如何？ (D) 系統輸出的效率。

( ) 18. 指交易（Transaction）發生時的原始資料表單，例如購物時統一發票，請假時之請假單及訂購貨品之訂購單 (A) 代碼（Code） (B) 原始憑證（Source Document） (C) 記錄（Record） (D) 表格（Table）。

( ) 19. 媒體之資料記錄單位是 (A) 代碼（Code） (B) 原始憑證（Source Document） (C) 記錄（Record） (D) 表格（Table）。

( ) 20.由於輸出的資訊是要提供給使用者閱讀使用,因此設計時應注意下列各點要求下列何者不是? (A) 輸出報表紙或螢光幕之內容不一定要清晰、正確而簡便 (B) 報表紙或畫面均應標註表頭、日期及頁數,使易於了解 (C) 選用合適的媒體 (D) 資料之編排應合乎邏輯。

得　分

工業工程與管理

CH15

企業資源規劃

班級：＿＿＿＿＿＿＿＿＿

學號：＿＿＿＿＿＿＿＿＿

姓名：＿＿＿＿＿＿＿＿＿

（　　）1. MRP 全名為何？　(A) Material Requirement Planning　(B) Material Resource Planning　(C) Manufacturing Requirement Planning　(D) Manufacturing Resource Planning。

（　　）2. 循序漸進（Step-by-Step）的優點，下列何者不是？　(A) 專案導入時間較長　(B) 單位時間內所需投入人力較少　(C) 變革過程較為平順　(D) 導入成本有較長時間分攤。

（　　）3. MRP II 的全名為何？　(A) Extend MRP Plan　(B) Material Resource Planning　(C) Manufacturing Requirement Planning　(D) Manufacturing Resource Planning。

（　　）4. ERP 是什麼？　(A) 企業資源規劃系統　(B) 物料需求規劃系統　(C) 製造資源規劃系統　(D) 以上皆是。

（　　）5. 就下列發展時間之先後順序：A.ERP；B.MRP；C.MRP II；D.ERP+SCM，其排列為　(A) BCAD　(B) ABCD　(C) BCDA　(D) CBDA。

（　　）6. 從很多企業導入經驗顯示，下列何者非為 ERP 系統導入成功關鍵因素之一？　(A) 企業的大小　(B) 合適的顧問　(C) 高階主管的支持　(D) 強而有效的專案管理。

（　　）7. 導入 ERP 系統可分為幾個階段？　(A) 四個　(B) 三個　(C) 二個　(D) 一個。

（　　）8. 以下何者非 ERP 系統導入的效益？　(A) 企業流程 BPR 的最佳時機　(B) 透過資訊整合提供各種查核報表　(C) 利用 IT 技術快速處理大量資料　(D) 有效提升資產報酬率。

（　　）9. 導入 ERP 系統的第一階段為何？　(A) 前期準備階段　(B) 運作流程規劃　(C) 準備與轉換測試　(D) 系統正式啓用及運作。

（　　）10. 由導入團隊配合諮詢顧問，結合公司營運特性與 ERP 流程，設計出最有利的作業流程。上述為導入 ERP 系統的哪個程序？　(A) 前期準備階段　(B) 運作流程規劃　(C) 準備與轉換測試　(D) 系統正式啓用及運作。

（　　）11. 企業導入 ERP 的策略，下列何者不是？　(A) 循序漸進（Step-by-Step）　(B) 大刀闊斧一次完成（Big bang）　(C) 階段式逐步導入（Modified big bang）　(D) 全運作（all operation）。

（請沿虛線撕下）

（　）12.BOM 的真正全名為　(A) Bill of material　(B) Basic of material　(C) Bill of manufacturing。

（　）13.ERP 系統的績效發揮大約在下列哪個時點？　(A) 系統建置完成一段時間，運作穩定，並經流程微調後　(B) 系統建置完成時　(C) 系統建置開始時　(D) 系統建置完成後一時間。

（　）14.企業導入 ERP 系統時，下列何者需要關心？　(A) 企業流程的調整　(B) 員工的教育訓練　(C) 高階主管的支持　(D) 以上皆是。

（　）15.請就下列發展時間之先後順序予以排列　(1) ERP；(2) MRP；(3) MRP II；(4) ERPII　(A) 2314　(B) 1234　(C) 2341　(D) 3142。

（　）16.下列何項不是 MRP 系統的輸出？　(A) 工單　(B) 產品結構表　(C) 採購單　(D) 重新排程通知。

（　）17.下列對 ERP 的描述何者不正確？　(A) 建置 ERP 系統即可確保企業的競爭優勢　(B) ERP 必須和企業流程結合才能發揮功能　(C) ERP 是一個套裝軟體　(D) ERP 是一個複雜的系統。

（　）18.何者不是企業導入 ERP 系統的原因？　(A) 政府法令規定　(B) 將企業流程與資訊系統徹底整合　(C) 取代舊有的資訊系統　(D) 因應企業規模的成長。

（　）19.請問何類產品上市時間較 ERP 系統時間晚？　(A) MRP　(B) ERPII　(C) MRPII　(D) 會計資訊系統。

（　）20.ERP 系統導入企業之後，為什麼不能馬上獲得預期利益？　(A) 員工的抗拒　(B) 流程可能未達到最佳化，必須要持續改善　(C) 企業對 ERP 期待過高，以致有落差　(D) IT 以及系統的不穩定。

<table>
<tr><td rowspan="4">得　分

</td><td>工業工程與管理</td><td>班級：＿＿＿＿＿＿＿＿＿</td></tr>
<tr><td>CH16</td><td>學號：＿＿＿＿＿＿＿＿＿</td></tr>
<tr><td>工業工程與管理之其他相關議題</td><td>姓名：＿＿＿＿＿＿＿＿＿</td></tr>
</table>

（　　）1. 2012 年德國聯邦政府提出落實「2020 高科技戰略」的十大未來計畫之一，大量運用自動化機器人、感測器物聯網、供應鏈互聯網、銷售及生產大數據分析，首次提出　(A) 工業 3.0（Industry 3.0）　(B) 工業 4.0（Industry 4.0）　(C) 工業 5.0（Industry 5.0）　(D) 工業 6.0（Industry 6.0）。

（　　）2. PZB 服務品質概念模式，主要概念為顧客是服務品質的決定者，企業要滿足顧客的需求，就必須要彌平此模式的五項缺口，第五個缺口為　(A) 顧客期望與體驗後的服務缺口　(B) 服務傳達與外部溝通的缺口　(C) 服務品質規格與服務傳達過程的缺口　(D) 經營管理者與服務規格之間的缺口。

（　　）3. 利用先進的智能技術（如專家系統、模糊邏輯、類神經網路等）和知識庫建立具有智慧或自我決策能力的製造系統，以便有效率地完成生產線上的關鍵作業程序，順遂達到降低生產成本之最終目的，是哪一系統？　(A) 智慧型製造系統　(B) 精實生產系統　(C) E 化製造系統　(D) 可製造性設計系統。

（　　）4. PZB 模式中，服務品質構面，企業透過管理與評量分析去改進其服務品質，指可信賴且準確地實現所承諾之服務的能力，是哪一項目？　(A) 可靠性　(B) 反應性　(C) 確實性　(D) 有形性。

（　　）5. PZB 模式中，服務品質構面，企業透過管理與評量分析去改進其服務品質，指協助顧客與提供及時服務的意願，是哪一項目？　(A) 可靠性　(B) 反應性　(C) 確實性　(D) 有形性。

（　　）6. 供應鏈管理三大特色，何者不是？　(A) 以顧客需求為導向的後拉式系統　(B) 全球性資源整合系統　(C) 充分運用資訊工具　(D) 以顧客需求為導向的推式系統。

（　　）7. 服務品質規格與服務傳達過程的缺口，是指　(A) 缺口 1　(B) 缺口 2　(C) 缺口 3　(D) 缺口 4。

（　　）8. 飛機的座位沒人座、圖書館開門沒有讀者上門，表示服務能量的空間，是指　(A) 服務能量是隨時而逝的　(B) 經濟規模有限　(C) 顧客在哪裏，服務地點就在哪裏　(D) 服務的控制是分散式的。

（　　）9. 服務傳達與外部溝通的缺口，是指　(A) 第五個缺口　(B) 第四個缺口　(C) 第三個缺口　(D) 第二個缺口。

（　）10.下列哪一活動，涉及產銷過程中與原物料、設備、產品運輸有關的活動，包括訂單處理、原物料及產品之倉儲、存量管制、檢驗、包裝、配銷、運輸及顧客服務等活動？　(A) 運籌　(B) 運籌管理　(C) 智慧生產　(D) 物料管理。

（　）11.工業 4.0 的第一步為　(A) 技術改變　(B) 關係整合　(C) 資訊透明　(D) 大量生產。

（　）12.精實系統思考法的第一原則，精實系統以關鍵性起步點為　(A) 確定價值（Specify value）　(B) 價值溪流（Value stream）　(C) 暢流（flow）　(D) 拉力（pull）。

（　）13.精實系統思考法的第三原則，是把所有工作的基本步驟及連續流程、創造成具價值的步驟使其成為一　(A) 顧客需求為導向的後拉式系統　(B) 顧客需求為導向的推式系統　(C) 全球性資源整合系統　(D) 充分運用資訊工具。

（　）14.下列哪一管理項目，是企業進行市場的行銷、產品設計、顧客滿意調查、生產、採購、後勤補給、供應商以及庫存等整體管理體系的經營，其核心的精神便是快速反映市場的變化與顧客的需求，以創造大的綜效？　(A) 運籌　(B) 運籌管理　(C) 智慧生產　(D) 物料管理。

（　）15.服務管理，是組織將服務視為競爭優勢，重視組織與顧客接觸的　(A) 投入（Input）　(B) 資源（Resources）　(C) 關鍵時刻（Moment of Truth, MOT）　(D) 共同生產者（Co-producer）。

（　）16.顧客對服務的需求通常以一種週期性的行為，有尖峰和離峰的變動。面對服務需求的變動和服務能量的易逝性，服務管理者可以採取三種策略，何者不是？　(A) 讓顧客不用來　(B) 調整服務能量　(C) 讓顧客等待　(D) 分散需求。

（　）17.大量運用自動化機器人、感測器物聯網、供應鏈互聯網、銷售及生產大數據分析（Cyber-Physical System），以人機協作方式提升全製造價值鏈之生產力及品質，打造軟硬系統整合的智慧製造解決方案，協助企業快速升級。此種方案稱為　(A) 工業 1.0　(B) 工業 2.0　(C) 工業 2.0　(D) 工業 4.0。

（　）18.精實管理（Lean Management, LM），「精」是指其精神在「追求 _____，止於完善」　(A) 全面品管　(B) 全面生管　(C) 全面物料管理　(D) 全面製造管理。

（　）19.精實系統思考法的第二原則是確認價值溪流（Identify the Value Stream），三個關鍵性管理工作，何者不是？　(A) 解決問題任務　(B) 物理轉化任務　(C) 化學轉化任務　(D) 資訊管理任務。

(　　) 20. PZB 服務品質概念模式。主概念為顧客是服務品質的決定者，企業要滿足顧客的需求，必須要彌平模式的五項缺口，缺口 1 為　(A) 不知道顧客的期望　(B) 錯誤的服務標準　(C) 服務績效缺口　(D) 執行的錯誤，服務傳達與外部溝通的缺口。

版權所有‧翻印必究